轻松搞定
家装水电设计

QINGSONG GAODING
JIAZHUANG SHUIDIAN SHEJI

阳鸿钧 等 编著

内 容 提 要

本书以全彩图文精讲方式介绍了家装水电设计，包括家装设计概述，家装水电设计基础知识，电设备、设施及线材选择，家装电气设计，水路设备、设施及管材选择，水路设计等。内容涵盖基础知识、必备知识、设计技巧、设计心得、设计资料速查，帮助读者打下扎实的理论基础，掌握现场设计与施工的完美结合，培养灵活应用的变通能力。

本着懂设计会施工的原则，本书对城镇家装水电设计与新农村家装水电设计均进行了介绍，适用面广，适合家装水电设计师、装饰装修水电工、建筑水电工、物业水电工、家装工程监理人员及广大业主阅读参考。

图书在版编目（CIP）数据

轻松搞定家装水电设计 / 阳鸿钧等编著. — 北京：中国电力出版社，2017.6
ISBN 978-7-5198-0187-8

Ⅰ. ①轻… Ⅱ. ①阳… Ⅲ. ①住宅-室内装修-给排水系统-设计②住宅-室内装修-电气设备-设计 Ⅳ. ①TU821②TU85

中国版本图书馆CIP数据核字（2016）第 314105 号

出版发行：中国电力出版社
地　　址：北京市东城区北京站西街 19 号（邮政编码 100005）
网　　址：http://www.cepp.sgcc.com.cn
责任编辑：莫冰莹（iceymo@sina.com）
责任校对：朱丽芳
装帧设计：王英磊　赵姗姗
责任印制：蔺义舟

印　　刷：北京博图彩色印刷有限公司
版　　次：2017 年 6 月第一版
印　　次：2017 年 6 月北京第一次印刷
开　　本：880 毫米 × 1230 毫米　32 开本
印　　张：7.875
字　　数：288 千字
印　　数：0001-3000 册
定　　价：**49.00** 元

PREFACE

家是人们生活的港湾，安全、健康、美满的家离不开好家装。本书以全彩图文精讲方式介绍了家装水电设计，希望能够为读者打下扎实的理论基础，掌握现场设计与施工的完美结合，培养灵活应用的变通能力。

本书本着既懂设计又懂施工的原则，既有成熟、实用的经验设计，也有授人以渔的计算讲解。既适合学习设计，也适合学习施工，不仅适合专业设计施工人员参考阅读，也为装修求人不如求己的人士提供了必要的支持。

另外，为了满足读者的需求，本书对城镇单元式家装水电设计介绍的同时，也对新农村等独栋带庭院家装水电设计进行了必要的介绍，从而使读者能够全面、全能地掌握水电设计技能。

本书编写过程中，得到了许多同行和朋友的支持和帮助，参考了相关技术资料、技术白皮书和一些厂家的产品资料，在此向提供帮助的朋友们、资料文献的作者和机构表示由衷的感谢和敬意！

为更好地服务读者，凡有关内容支持、购书咨询、合作探讨等事宜，可发邮件至 suidagk@163.com。

由于编者的水平和经验有限，书中存在不足之处，敬请广大读者批评指正。

编者

2017 年 5 月

CONTENTS

第1章

家装设计概述

1.1 家装设计有关术语

家装设计有关术语见表 1–1。

表 1–1 家装设计有关术语

名　称	解　说
住宅	住宅是供家庭居住使用的建筑
套型	套型是按不同使用面积、居住空间组成的成套住宅类型
居住空间	居住空间系指卧室、起居室（厅）的使用空间
卧室	卧室是供居住者睡眠、休息的空间
起居室（厅）	起居室（厅）是供居住者会客、娱乐、团聚等活动的空间
厨房	厨房是供居住者进行炊事活动的空间
卫生间	卫生间是供居住者进行便溺、洗浴、盥洗等活动的空间
使用面积	房间实际能使用的面积，不包括墙、柱等结构构造和保温层的面积
标准层	平面布置相同的住宅楼层
层高	上下两层楼面或楼面与地面间的垂直距离
室内净高	楼面或地面到上部楼板底面或吊顶底面间的垂直距离
阳台	供居住者进行室外活动、晾晒衣物等的空间
平台	供居住者进行室外活动的上人屋面或由住宅底层地面伸出室外的部分
过道	住宅套内使用的水平交通空间
壁柜	住宅套内与墙壁结合而成的落地储藏空间
吊柜	住宅套内上部的储藏空间
跃层住宅	套内空间跨跃两楼层及以上的住宅
自然层数	按楼板、地板结构分层的楼层数
中间层	底层和最高住户入口层间的中间楼层
单元式高层住宅	由多个住宅单元组合而成，每单元均设有楼梯、电梯的高层住宅
塔式高层住宅	以共用楼梯、电梯为核心布置多套住房的高层住宅
通廊式高层住宅	由共用楼梯、电梯通过内、外廊进入各套住房的高层住宅
走廊	住宅套外使用的水平交通空间
地下室	房间地面低于室外地平面的高度超过该房间净高的 1/2 者
半地下室	房间地面低于室外地平面的高度超过该房间净高的 1/3，并且不超过 1/2 者
服务阳台	一般和厨房相连，可将燃气炉或燃气热水器、洗衣机、燃气立管、燃气表等置于其中的阳台
固定家具	固定于室内墙面、顶面、地面等部位的家具
储藏空间	储藏空间是以墙体、隔断、固定家具等围合而成，用于家庭物品的存放、收藏等功能的空间

续表

名　称	解　说
居住建筑装修装饰	为了保护民用住宅室内建筑建构，完善居住环境的使用功能，美化家庭居室，采用了装修装饰材料和饰物，对居住室内即空间进行的各种处理过程。对室内顶、地、墙面的造型与饰面进行的施工安装，以及美化布置、灯光配置、环境艺术饰物的配置，由此产生的室内装饰整体效果就是居住建筑装修装饰。居住建筑装修装饰包括室内水电项目施工过程
隐蔽工程	隐蔽工程是装饰面覆盖的室内各分项工程。隐蔽工程包括管线分项工程、结构分项工程、防水工程。其中，管线分项工程主要有强电布线、弱电布线、给排水管路、空调排风管道系统。结构分项工程有吊顶、装饰墙内部固定、支撑载荷的内部构造，以及防锈、防腐、防潮基层处理
墙体饰面工程	墙体饰面工程是采用装饰材料对室内墙体进行修饰、美化的施工工程

1.2 设计概述

居住建筑装修装饰工程需要进行设计，并且根据规定达到设计深度的施工图、文件的要求。居住建筑装修装饰工程设计需要符合规划、消防、环保、节能等有关规定。

居住建筑装修装饰工程设计的单位需要对建筑进行实地勘察，设计深度应满足施工需求。居住建筑装修装饰工程设计必须保证建筑物的结构安全和主要使用功能。当涉及主体和承重结构改动或增加荷载时，应有原结构设计单位或具备相应资质的设计单位核查有关原始资料，对既有建筑结构的安全性进行核验、确认。

居住建筑装修装饰工程的防火、防雷和抗震设计，需要符合现行国家标准的规定。当墙体与吊顶内的管线可能产生冰冻或结露时，需要进行防冻或防结露设计。

案例：四室三厅四卫常见功能设置设计平面图如图 1–1 所示。

1.3 家居功能设计

1.3.1　套型

家居住宅应按套型设计，每套住宅一般需要设卧室、起居室（厅）、厨房、卫生间等基本空间。普通住宅套型分为一到四类，其居住空间个数与使用面积不宜小于表 1–2 的规定。

表 1–2　　套型分类

类型	居住空间数（个）	使用面积（m^2）
一类	2	34
二类	3	45
三类	3	56
四类	4	68

注　表内使用面积均未包括阳台面积。

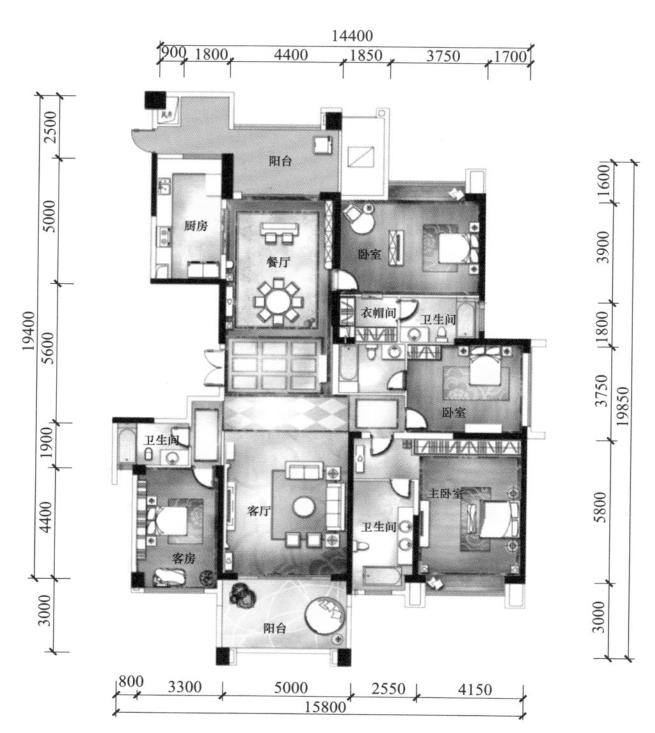

图 1-1　四室三厅四卫常见功能设置设计平面图

案例：四室两厅四卫常见空间个数如图 1-2 所示。

图 1-2　四室两厅四卫常见空间个数

1.3.2　常见的套型

常见的套型功能间见表 1–3。

表 1–3　　常见的套型功能间

名称	图　例
三室两厅三卫常见功能设置	 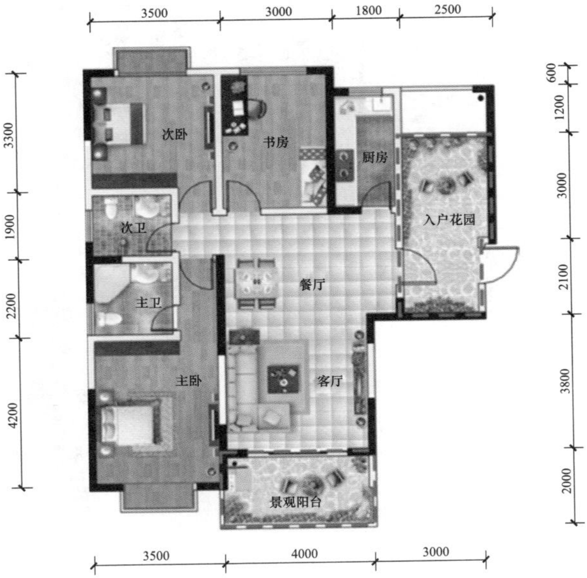

续表

名称	图例
三室两厅两卫常见功能设置	
两室两厅一卫常见功能设置	

续表

名称	图例
两室两厅一卫常见功能设置	
别墅常见功能设置	

别墅 1 负一层

别墅 1 一层

续表

名称	图　例
别墅常见功能设置	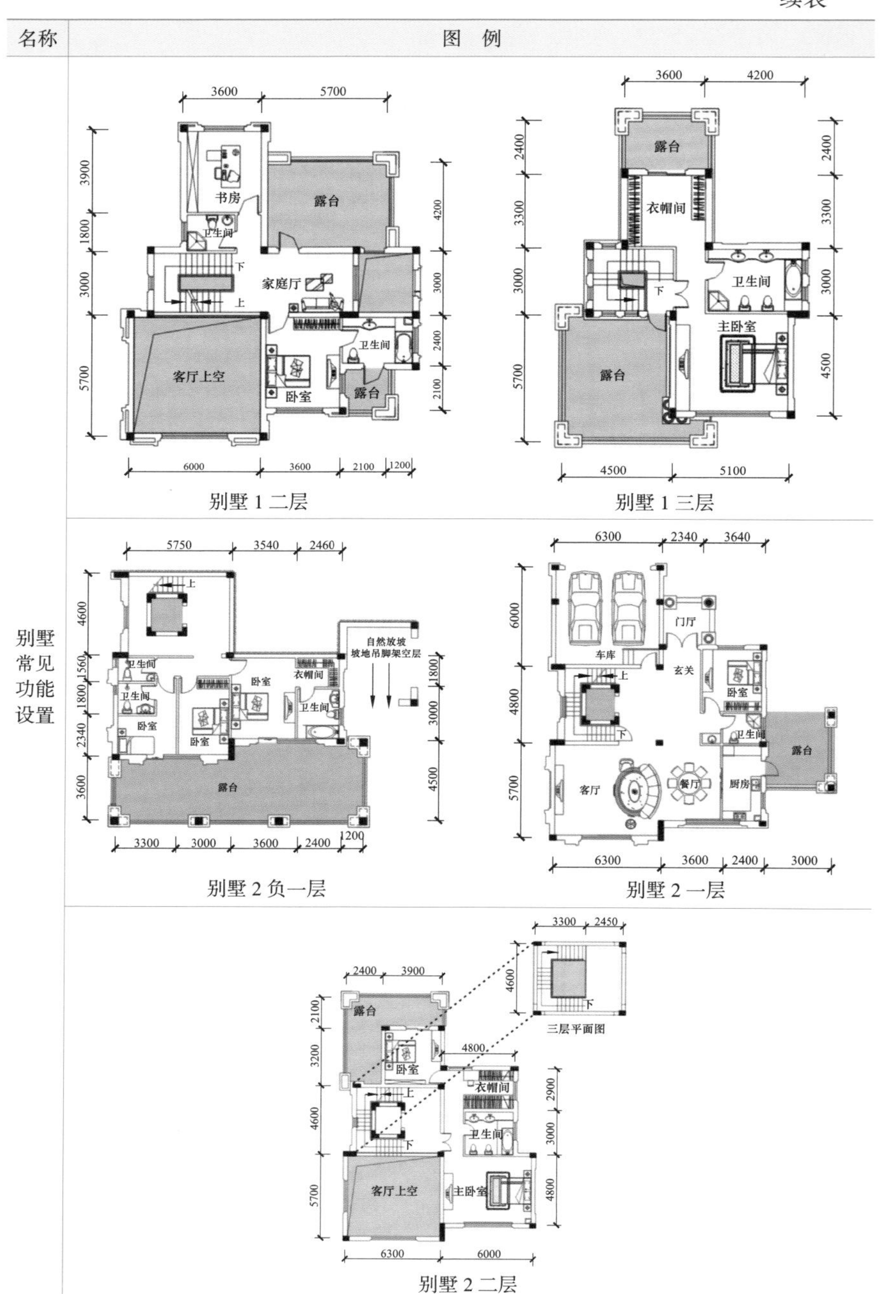

1.4 层高与室内净高

层高与室内净高的常用尺寸：

（1）普通住宅层高一般设计为 2.80m。

（2）厨房、卫生间的室内净高不应设计低于 2.20m。

（3）厨房、卫生间内排水横管下表面与楼面、地面净距不得设计低于 1.90m，且不得影响门、窗扇开启。

（4）卧室、起居室（厅）的室内净高不应设计低于 2.40m，局部净高不应设计低于 2.10m，且其面积不应设计大于室内使用面积的 1/3。

（5）利用坡屋顶内空间作卧室、起居室（厅）时，其 1/2 面积的室内净高不应设计低于 2.10m。

1.5 各部位门洞的最小尺寸

各部位门洞的最小尺寸见表 1–4。

表 1–4　　各部位门洞的最小尺寸

类别	洞口宽度（m）	洞口高度（m）
公用外门	1.20	2.00
户（套）门	0.90	2.00
起居室（厅）门	0.90	2.00
卧室门	0.90	2.00
厨房门	0.80	2.00
卫生间门	0.70	2.00
阳台门（单扇）	0.70	2.00

注　1. 表中门洞口高度不包括门上亮子高度。
　　2. 洞口两侧地面有高低差时，以高地面为起算高度。

常见的标准规格门洞口标志尺寸系列见表 1–5。

表 1–5　　常见的标准规格门洞口标志尺寸系列　　单位：mm

标志尺寸	洞口宽度	700	800	900	1000	1200	1500	1800
洞口宽度	序号	1	2	3	4	5	6	7
2100	1							
2400	2							

续表

标志尺寸	洞口宽度	600	900	1200	1500	1800
洞口宽度	序号	1	2	3	4	5
600	3	□	□	□	□	□
900	4	□	□	□	□	□
1200	5	□	□	□	□	□
1500	6	□	□	□	□	□
1800	7	□	□	□	□	□

1.6 卧室、起居室（厅）设计要求

（1）起居室（厅）的地面宜设计采用防滑、耐磨的地砖、地板。

（2）起居室（厅）的墙面宜设计采用涂料、墙纸。

（3）起居室（厅）的顶面不宜全部设计采用装饰性吊顶。

（4）起居室（厅）应设计设置空调机或预留空调机安装条件，空调机送风口不宜设置于正对人长时间停留的地方。

（5）卧室的墙面与顶面宜设计采用涂料或墙纸，顶面不宜全部设计采用装饰性吊顶。

（6）非低温辐射地板采暖的卧室地面不宜设计采用地砖、石材等材料。

（7）卧室应设计安装空调机或预留空调机安装的条件，空调机送风口不应对床。

（8）卧室宜设计采用照明双控开关，以及分别设置于卧室床头与卧室入口。

（9）卧室间不应穿越，卧室应有直接采光、自然通风，其使用面积不应小于下列规定：双人卧室为 $10m^2$，单人卧室为 $6m^2$，兼起居的卧室为 $12m^2$。

（10）起居室（厅）应有直接采光、自然通风，其使用面积不应小于 $12m^2$。

（11）起居室（厅）内的门洞设计布置需要综合考虑使用功能要求，减少直接开向起居室（厅）的门的数量。起居室（厅）内布置家具的墙面直线长度应设计大于 3m。

（12）卧室门开启后的净宽度设计不应小于 0.80m。

卧室、起居室（厅）设计的案例图例如图 1-3 所示。

1.7 厨房设计要求

（1）厨房的使用面积不应设计小于下列规定：一类和二类住宅为 $4m^2$，三类和四类住宅为 $5m^2$。

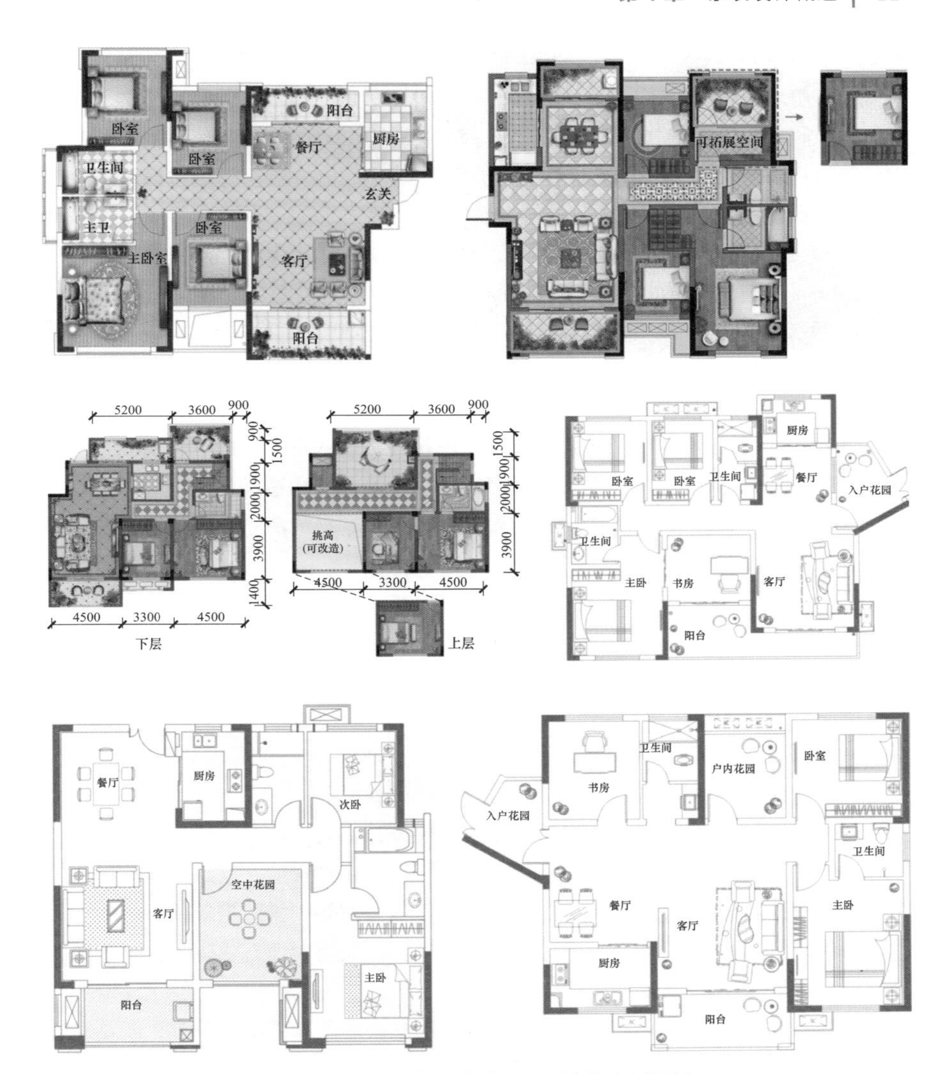

图 1-3　卧室、起居室（厅）设计的案例图例

（2）厨房应设计有直接采光、自然通风，以及宜设计在套内近入口处。

（3）厨房应设计洗涤池、案台、炉灶、排油烟机等设置或预留位置，并且根据炊事操作流程排列，操作面净长不应设计小于 2.10m。

（4）单排布置设备的厨房净宽不应设计小于 1.50m；双排布置设备的厨房其两排设备的净距不应设计小于 0.90m。

（5）厨房地面宜设计采用防滑、耐磨、易清洁的地砖。

（6）厨房的储藏空间最小净容量不应设计小于 0.90m^3。

（7）厨房门宜设计可视窗。

（8）厨房应设计燃气泄漏报警装置与燃气感应切断装置。

（9）厨房应设计洗涤池、操作台、炉灶、排油烟机、橱柜等设备设施，厨房操作台宜设计按洗、切、烧流程连续布置。

（10）厨房门开启后的净宽度不应设计小于 0.70m，厨房门下部应设计留有不小于 12mm 的进风空隙或设计有效截面积不小于 0.02m^2 的固定百叶。

（11）厨房应设计灶具、排油烟机、热水器、电冰箱、微波炉、电饭煲等基本厨房电器位置及对应的插座。

（12）厨房应设计安装燃气热水器或预留燃气热水器安装条件。

（13）厨房吊柜的安装位置应设计不影响排气横管的排布。

（14）厨房水平排气口应设计防倒灌、防污染墙面的构造措施。

（15）厨房墙面宜设计采用防火、耐水、耐腐蚀、易清洁、具有相应强度的墙砖或板材。

（16）厨房操作台面应设计用无毒无害、耐水、耐腐蚀、易清洁、具有相应强度的材料。

（17）厨房宜设计做吊顶、管道井，吊顶应结合设备检修需要，在适宜的位置设置成品检修口。

（18）厨房的设计首先要满足洗、切、炒的三大基本功能。如果厨房面积大，则还可以考虑放置冰箱、洗衣机，以及兼做餐厅的功能。

（19）为便于操作，洗、切、炒需要按顺序设计安放，不能穿插安放。

（20）厨房的管道较多，设计包括暖气管、上下水管管道、双路供水等。

（21）厨房需要设计预留的 2~3 个插座，以便微波炉、排风扇等使用。

（22）厨房的操作台面，一般设计选择大理石、人造大理石、防水板，这样便于清洗、卫生。

（23）厨房的煤气与天然气管道，一般不随意改动。如果不得不改，需要经过物业公司的同意。改动时，一般由煤气、天然气公司或物业公司指定的专业公司负责改动。

厨房设计的案例图例如图 1–4 所示。

厨房的设计图例如图 1–5 所示。

1.8 厨房设计不同油烟机的效果

厨房设计不同油烟机的效果是不同的，因此，对于水电的具体要求也可能存在差异，如图 1–6 所示。

图 1–4　厨房设计的案例图例

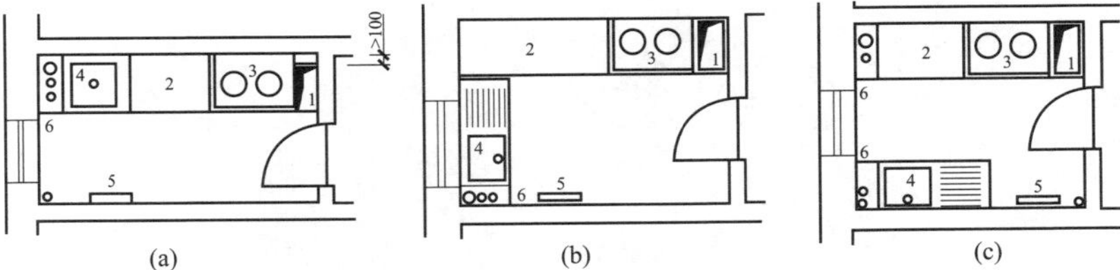

图 1–5　厨房的设计图例

(a) 厨房设备单排型布置；(b) 厨房设备 L 型布置；(c) 厨房设备双排型布置

1—厨房变压式排风道；2—操作台；3—燃气灶；4—洗涤池；5—散热器；6—竖向管线区

1.9 厨房设计不同消毒柜的效果

厨房设计不同消毒柜的效果是不同的，因此，对于水电的具体要求也可能存在差异，图例如图 1–7 所示。

图 1-6　厨房设计不同油烟机的效果

图 1-7　厨房设计不同消毒柜的效果

1.10　卫生间设计要求

（1）每套住宅应设计卫生间。第四类住宅宜设计两个或两个以上卫生间。

（2）无前室的卫生间的门不应设计直接开向起居室（厅）或厨房。

（3）卫生间吊顶宜设计选用金属扣板或防水石膏板等材料。

（4）卫生间管道井、吊顶应结合设备检修需要，在适宜的位置设计成品检修口。

（5）卫生间无吊顶时，顶面应设计采用防水涂料，以及应在排气道上设计排风装置。

（6）卫生间门宜设计漫射透光窗。

（7）卫生间不应设计直接布置在下层住户的卧室、起居室（厅）、厨房的上层，可设计布置在本套内的卧室、起居室（厅）、厨房上层。

（8）卫生间应设计有防水、隔声、便于检修的措施。

（9）套内应设计洗衣机的位置。

（10）卫生间地面应设计采用防滑、耐磨、易清洁的地砖。

（11）卫生间墙面应设计采用防水、耐磨、易清洁的墙砖或板材。

（12）卫生间淋浴房宜设计采用钢化玻璃，玻璃门应设计采用推拉或向外开启的方式，以及角度大于 90°，并且设计有固定的下部挡水踢脚线（台）。

（13）厨房、卫生间宜设计竖向排风道，竖向排风道应设计具有防火、防倒灌、防串味、均匀排气的功能。

（14）厨房、无外窗的卫生间应设计有通风措施，以及应设计预留安装通风器的位置、条件。采用竖向通风道时，应设计采取防止支管回流、竖井泄漏的措施。

（15）套内共用卫生间平面布局宜设计干湿分区。

（16）卫生间应设计物品分类搁置的空间或搁板，宜设计选用成品洗脸化妆台。

（17）采用整体卫浴部品时，应设计预留的安装条件。

（18）卫生间门开启后的净宽度不应设计小于 0.60m，卫生间门下部应设计留有不小于 12mm 的进风空隙或设计有效横截面积不小于 $0.02m^2$ 的固定百叶。

（19）厨房、卫生间的排气道出口应设计防雨防倒灌风帽。

（20）卫生间排风道的性能，对未启用排风装置的楼层，排风口静压不应设计大于 5Pa；对已启用排风装置的楼层，厨房排油烟机的排气量宜设计为 $300\sim500m^3/h$，卫生间排风机的排气量宜设计为 $80\sim100m^3/h$。

（21）开放式厨房与其他空间交界处宜设置挡烟垂壁，挡烟垂壁高度不宜小于 350mm，其底部距地面完成面净距不应小于 2000mm。

（22）每套住宅至少应设计三件卫生洁具，不同洁具组合的卫生间使用面积不应小于下列规定：

1）设计便器、洗面器两件卫生洁具的为 2m^2；

2）单设计便器的为 1.10m^2;

3）设计便器、洗浴器（浴缸或喷淋）、洗面器三件卫生洁具的为 3m^2；

4）设计便器、洗浴器两件卫生洁具的为 2.50m^2。

（23）卫生间应设计采取如下防外溢措施。

1）楼地面向地漏方向找坡 1%。

2）卫生间应设计挡水门槛或楼地面高差，门槛高度或高差不应大于 15mm。卫生间的设计图例如图 1-8 所示。

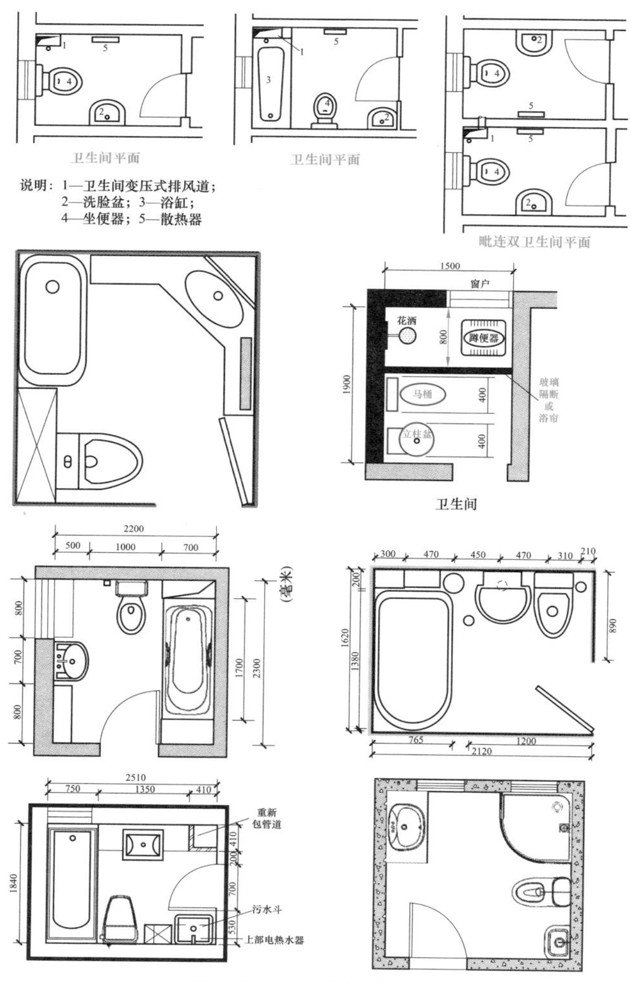

图 1-8 卫生间的设计图例

1.11 卫浴间的性能指标

卫浴间的性能指标见表 1–6。

表 1–6　　卫浴间的性能指标

项目		部位	性能要求
通电		电器设备	工作正常、安全
照度		卫浴间内	>70lx
		洗面器上方 150mm 处	>150lx
耐湿热性		玻璃纤维增强塑料制品	表面无裂纹、无气泡、无剥落，没有明显变色
电绝缘	绝缘电阻	带电部位与金属配件之间	>5MΩ
	耐电压	电器设备	施加 1500V 电压，1min 后无击穿和烧焦现象
强度	耐砂袋冲击	壁板、防水盘	没有裂纹、剥落，破损等异常现象
刚度	挠度	顶板	≤ 6mm
		壁板	≤ 5mm
		防水盘	≤ 3mm
连接部位密封性		壁板与壁板、壁板与顶板、壁板与防水盘连接处	无漏水和渗漏现象
配管检漏		给水管、排水管	无渗漏现象

1.12 卫生间的设计容易造成的失误

（1）锐角大台面，给走动添烦恼。

（2）白色与黑色不耐脏。

（3）浴缸使用率不高。

（4）话机没处放，留着插座当摆设。

（5）地面斜坡不够，下水要等半天。

（6）水管走向错误，花洒成了歪脖子。

（7）设计错误，挡水效果不好。

1.13 住宅卫生间排水设计方式

住宅卫生间设计采用同层排水方式：

（1）住宅卫生间内的污水排水横管宜设计在本层套内，也就是卫生间的卫生器具排水管不宜设计穿越楼板进入他户，排水支管宜设计以本户为界。

（2）同层排水横管敷设方式可设计分为墙体敷设、地面敷设。地面敷设可设计采用结构降板（整体降板或局部降板）或不降板的形式。

（3）卫生器具排水宜分别设计独立接入排水立管，以及尽量设计减少横管长度，以改善排水管系内水力工况。接入排水立管的横管，废水管宜设计在污水管的上方。

（4）应设计采用污废水合流系统。

（5）卫生器具应设计在同一侧墙面上，当受条件限制不能做到时，应设计在相邻墙面。

（6）便器应设计采用挂壁式坐式大便器，坐式大便器的排出管径宜设计为 90mm；冲洗水箱应设计采用扁薄型或超扁薄型隐蔽式水箱。

1.14 卫生间管道距墙（或地面）与相互间尺寸

卫生间管道距墙（或地面）与相互间尺寸如下：

（1）有压管立管外壁（含保温层）敷设，应设计距墙距离不小于 100mm。管道间净距（含保温层），应设计不小于 150mm。

（2）无压管立管外壁（含保温层）距墙距离，应设计不小于 80mm。管道间净距（含保温层），应设计不小于 150mm。

1.15 卫生间设备距墙与相互间尺寸

卫生间设备距墙与相互间尺寸见表 1–7。

表 1–7　卫生间设备距墙与相互间尺寸

名称	相关尺寸
电热水器	电热水器储水箱侧面距墙不应小于 100mm。太阳能热水器储水箱侧面距墙，设计不应小于 100mm
蹲便器	蹲便器中心距侧墙有竖管时不应小于 450mm。无竖管时，不应小于 400mm。中心距侧面器具不应小于 350mm；后面距墙不应小于 200mm，距器具设计不应小于 400mm
淋浴器	淋浴器喷头中心距墙，设计不应小于 450mm。喷头中心与器具水平距离不应小于 350mm
洗面器	洗面器中心距侧墙不应小于 550mm；侧距一般器具不应小于 100mm；前边距墙、距器具不应小于 600mm
洗衣机	洗衣机后面距墙不应小于 50mm；侧面距墙不应小于 100mm；前边距墙、距器具不应小于 600mm
浴盆	浴盆在人体进出面一边，设计不应小于 600mm
坐便器	坐便器中心距侧墙有竖管时不应小于 450mm；无竖管时，不应小于 400mm；中心距侧面器具不应小于 350mm；后面距墙不应小于 550mm；距器具不应小于 500mm

1.16 卫浴间管道、管线及风道尺寸

卫浴间管道、管线及风道尺寸如图 1–9 所示。

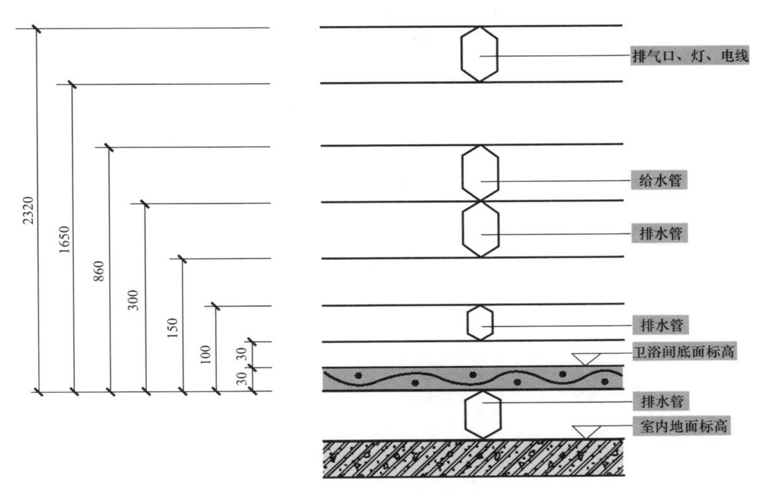

图 1–9　卫浴间管道、管线及风道尺寸

1.17 整体卫浴间概述

卫浴间的类型、尺寸见表 1–8~ 表 1–10，以及图 1–10。

表 1–8　　卫浴间的类型

型式	卫浴间的类型	代号	功能
双功能组合式	坐便、盥洗类型 坐便、淋浴类型 坐便、盆浴类型 盆浴、盥洗类型 盥洗、淋浴类型	TL TS TB BL LS	供排便、洗漱用 供排便、淋浴用 供排便、盆浴用 供洗浴、洗漱用 供洗漱、淋浴用
多功能组合式	坐便、盆浴、盥洗类型 坐便、盥洗、淋浴类型	TBL–1 TLS	供排便、盆浴、洗漱用 供排便、洗漱、淋浴用
	坐便、盆浴、盥洗组合类型 坐便、盆浴、淋浴、盥洗组合类型	TBL–2 TBSL	供排便、盆浴与洗漱分为两种类型组合 供排便、盆浴、淋浴与洗漱分为两种类型组合

注　所有的浴盆上宜加淋浴喷头。

表 1–9　　卫浴间尺寸系列表（净尺寸）　　单位：mm

方向		尺寸系列
水平方向	宽	1200（1300）、1500（1600）、1800、2100（2200）、2400、2700、3000、3300
	长	1500（1600）、1800、2100、（2100）、（2200）、2400、2700、3000
垂直方向	高	2100、2200、2300、2400

表 1–10　　卫浴间平面组合尺寸系列表（净尺寸）　　单位：mm

长边（进深）	宽边（开间）							
	1200（1300）	1500（1600）	1800	2100（2200）	2400	2700	3000	3300
1500（1600）	—	—	○	◎	◎	◎	—	—
1800	○	○	◎	◎	◎	◎	○	—
2100（2200）	○	◎	◎	◎	◎	○	○	○
2400	—	◎	◎	◎	◎	○	○	○
2700	—	◎	◎	◎	○	○	○	○
3000	—	—	○	○	○	○	○	○

注 1. 卫生间长、短边长度之比不应大于 1.8。
2. 卫生间内应设置两件或两件以上的卫生洁具。
3. ◎表示常用组合尺寸，○表示推荐的组合尺寸。
4. 非标尺寸由设计确定。

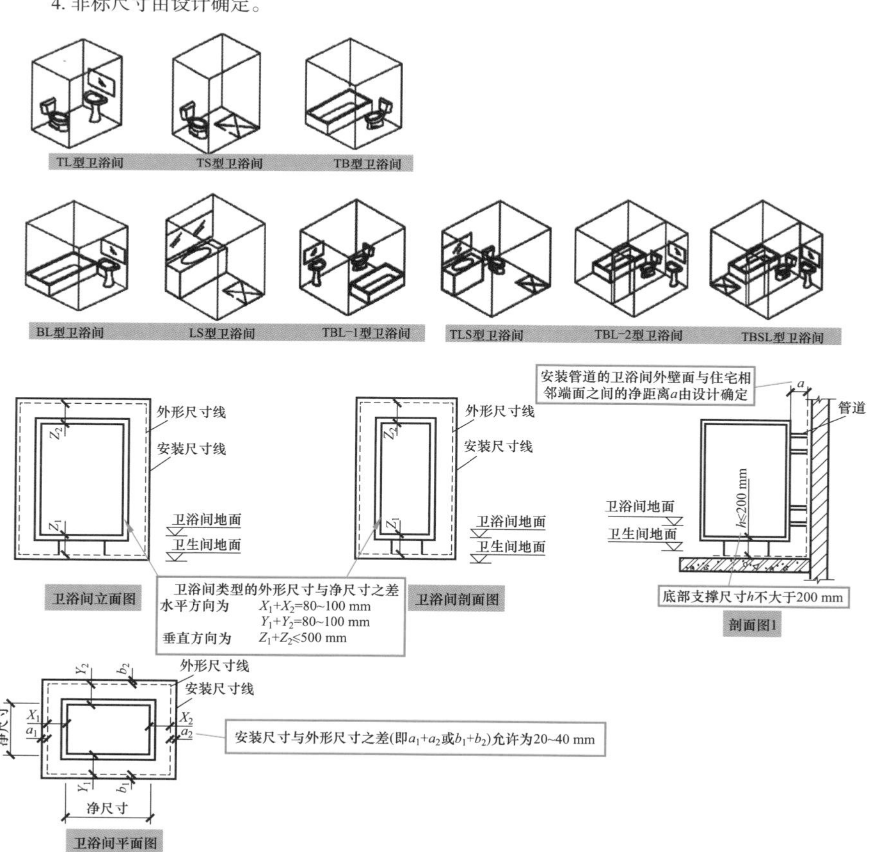

图 1–10　常见卫浴间的类型及尺寸（一）

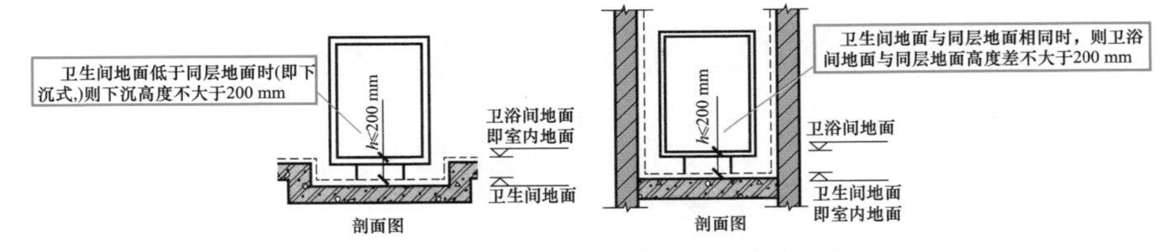

图 1–10　常见卫浴间的类型及尺寸（二）

1.18 不同卫生器具组合的整体卫生间的尺寸要求

不同卫生器具组合的整体卫生间，最小安装尺寸不应小于表 1–11 的规定。

表 1–11　整体卫生间最小安装尺寸

整体卫生间外形尺寸（标志尺寸）(mm)		最小安装尺寸（mm）			说明
长度	宽度	长度	宽度	高度	
1775	1296	1875	1346	2700	为浴室单元，设有浴盆
1770	1755	1870	1805	2700	
2120	1755	2220	1805	2700	
2330	1870	2430~2530	1970~2070	2700	为浴室、盥洗单元，设有浴盆、洗面器
2890	1770	2990~3090	1870~1970	2700	
3240	1770	3340~3440	1870~1970	2700	
1470	1070	1510	1110	2175	为厕所、浴室、盥洗单元，设有坐便器、浴盆、洗面器
1670	1170	1710	1210	2175	
1670	1270	1710	1310	2175	
2080	1680	2210	1810	2500	

其他相关设计要求：

（1）整体卫生间安装管道的侧面与墙面间应留有 50~10mm 空隙，以确保管道安装。

（2）整体卫生间的底部与楼地面间应留有 200~400mm 空隙，用于调整。

1.19 洗衣单元功能与设施的配置设计

洗衣单元功能与设施的配置设计见表 1–12。

表 1–12　洗衣单元功能与设施的配置设计

必须设置	建议设置
洗衣机位、给水管、排水管、给水龙头、地漏、照明灯具、单项三眼电插座	晾衣架、电源插座、烫衣板、供热水管道系统

1.20 厕所、浴室单元功能和设施设计的配置

厕所、浴室单元功能和设施的配置设计见表 1–13。

表 1–13 厕所、浴室单元功能和设施的配置设计

<table>
<tr><th colspan="2">必须设置</th><th>建议设置</th></tr>
<tr><td>蹲便器、淋浴器</td><td rowspan="3">散热器或采暖设施、照明灯具、手纸盒、肥皂盒、给水管、排水管、供热水管道系统、地漏、排气道（暗单元）、浴巾杆、浴帘杆、搁板、电源插座</td><td rowspan="3">排气扇（暗单元）、洗浴扶手</td></tr>
<tr><td>坐便器、小型浴盆或淋浴器</td></tr>
<tr><td>坐便器、中型浴盆带淋浴器</td></tr>
</table>

1.21 厕所、盥洗单元功能和设施的配置设计

厕所、盥洗单元功能和设施的配置设计见表 1–14。

表 1–14 厕所、盥洗单元功能和设施的配置设计

<table>
<tr><th colspan="3">必须设置</th><th>建议设置</th></tr>
<tr><td>蹲便器、小型洗面器</td><td rowspan="3">照明灯具、毛巾杆、电插座、手纸盒、给水管、排水管、地漏、排气道（暗单元）、肥皂盒</td><td>小型镜箱或镜子搁板</td><td rowspan="3">供热水管道系统</td></tr>
<tr><td>坐便器、中 1 型洗面器</td><td>中 1 型镜箱或镜子搁板</td></tr>
<tr><td>坐便器、中 2 型洗面器</td><td>中 2 型镜箱或镜子搁板</td></tr>
</table>

1.22 厕所、洗衣单元功能和设施的配置设计

厕所、洗衣单元功能和设施的配置设计见表 1–15。

表 1–15 厕所、洗衣单元功能和设施的配置设计

<table>
<tr><th colspan="2">必须设置</th><th>建议设置</th></tr>
<tr><td>蹲便器</td><td rowspan="2">单项三眼电插座、手纸盒、洗衣机位、给水管、排水管、给水龙头、地漏、照明灯具、排气道（暗单元）</td><td rowspan="2">排气扇（暗单元）、供热水管道系统、电源插座、晾衣架</td></tr>
<tr><td>坐便器</td></tr>
</table>

1.23 浴室、盥洗单元功能和设施的配置设计

浴室、盥洗单元功能和设施的配置设计见表 1–16。

表 1–16 浴室、盥洗单元功能和设施的配置设计

<table>
<tr><th colspan="3">必须设置</th><th>建议设置</th></tr>
<tr><td>淋浴器、小型洗面器</td><td rowspan="3">毛巾杆、浴巾杆、浴帘杆、洗浴扶手、搁板、给水管、排水管、供热水管道系统、排气道（暗单元）、散热器或采暖设施、照明灯具、电源插座、肥皂盒</td><td>小型镜箱或镜子搁板</td><td rowspan="3">排气扇（暗单元）</td></tr>
<tr><td>小型浴盆、中 1 型洗面器</td><td>中 1 型镜箱或镜子搁板</td></tr>
<tr><td>中型浴盆、中 2 型洗面器</td><td>中 2 型镜箱或镜子搁板</td></tr>
</table>

1.24 盥洗、洗衣单元功能和设施的配置设计

盥洗、洗衣单元功能和设施的配置设计见表 1–17。

表 1–17 盥洗、洗衣单元功能和设施的配置设计

<table>
<tr><th colspan="3">必须设置</th><th>建议设置</th></tr>
<tr><td>小型洗面器</td><td rowspan="3">肥皂盒、给水龙头、单项三眼电插座、洗衣机位、给水管、排水管、照明灯具、电插座、毛巾杆、地漏</td><td>小型镜箱或镜子搁板</td><td rowspan="3">供热水管道系统、电源插座、排气扇（暗单元）、晾衣架</td></tr>
<tr><td>中 1 型洗面器</td><td>中 1 型镜箱或镜子搁板</td></tr>
<tr><td>中 2 型洗面器</td><td>中 2 型镜箱或镜子搁板</td></tr>
</table>

1.25 厕所、浴室、盥洗单元功能和设施的配置设计

厕所、浴室、盥洗单元功能和设施的配置设计见表 1–18。

表 1–18 厕所、浴室、盥洗单元功能和设施的配置设计

<table>
<tr><th colspan="3">必须设置</th><th>建议设置</th></tr>
<tr><td>蹲便器、淋浴器、小型洗面器</td><td rowspan="3">照明灯具、电源插座、毛巾杆、浴巾杆、浴帘杆、洗浴扶手、给水管、排水管、排气道（暗单元）、供热水管道系统、散热器（或采暖设施）、搁板、肥皂盒</td><td>小型镜箱或镜子搁板</td><td rowspan="3">排气扇（暗单元）</td></tr>
<tr><td>坐便器、小型浴盆、中 1 型洗面器</td><td>中 1 型镜箱或镜子搁板</td></tr>
<tr><td>坐便器、中型浴盆带淋浴器、中 2 型洗面器</td><td>中 2 型镜箱（或镜子搁板）</td></tr>
</table>

1.26 厕所、盥洗、洗衣单元功能和设施的配置设计

厕所、盥洗、洗衣单元功能和设施的配置设计见表 1–19。

表 1–19 厕所、盥洗、洗衣单元功能和设施的配置设计

<table>
<tr><th colspan="3">必须设置</th><th>建议设置</th></tr>
<tr><td>蹲便器、小型洗面器</td><td rowspan="3">毛巾杆、洗衣机位、给水龙头、单项三眼电插座、给水管、排水管、排气道（暗单元）、照明灯具、电源插座、搁板、肥皂盒、手纸盒</td><td>小型镜箱或镜子搁板</td><td rowspan="3">排气扇（暗单元）、供热水管道系统</td></tr>
<tr><td>坐便器、中 1 型洗面器</td><td>中 1 型镜箱或镜子搁板</td></tr>
<tr><td>坐便器、中 2 型洗面器</td><td>中 2 型镜箱或镜子搁板</td></tr>
</table>

1.27 整体卫生间设施的配置设计

整体卫生间设施的配置设计见表 1–20。

表 1-20　　整体卫生间设施的配置设计

卫生单元类型		设施设计的配置
单间单元	便溺单元	坐便器等
	盥洗单元	洗面器等
	盆浴单元	浴盆等
	淋浴单元	淋浴器等
合间单元	便溺、盆浴单元	坐便器、浴盆等
	便溺、盥洗单元	坐便器、洗面器等
	便溺、淋浴单元	坐便器、淋浴器等
	盆浴、盥洗单元	浴盆、洗面器等
	淋浴、盥洗单元	淋浴器、洗面器等
	便溺、盆浴、盥洗单元	坐便器、浴盆、洗面器等
	便溺、淋浴、盥洗单元	坐便器、淋浴器、洗面器等
	便溺、盆浴 / 盥洗单元	坐便器、浴盆 / 洗面器等

1.28 管道沿墙敷设时，管道间设计安装距离要求

（1）供水管外壁（含保温层）距墙不小于 20mm。

（2）排水管外壁一边距墙不小于 80mm，另一边距墙不小于 50mm。

1.29 基本卫生设备参考尺寸

基本卫生设备参考尺寸见表 1-21。

表 1-21　　基本卫生设备参考尺寸

名称	型号	外形平面标志尺寸（长 × 宽）（mm × mm）
浴盆	小型 中型	1200 × 700 1500 × 720
洗面器	小型 中 1 型 中 2 型	460 × 360 510 × 410 560 × 460
大便器	蹲便器 坐便器	（610~640）×（280~430） （740~780）×（420~500）（组合尺寸） （680~740）×（380~540）（连体式）
洗衣机	双缸 全自动	700 × 420 600 × 600
镜箱或镜子	小型 中 1 型 中 2 型	450 × 350 500 × 400 550 × 450

1.30 尺寸协调

1.30.1 尺寸协调概述

多大的客厅，放置多大的沙发和茶几，设计多远的距离摆放电视等，才能够使客厅成为一个舒适协调的空间。这就要考虑尺寸的协调性。

餐厅是一家人团聚最多的地方，也是居室中较为拥挤的空间。餐厅有餐桌、餐椅需要放置，还需要设计电视、火锅等插座。餐厅设备的尺寸一般需要精打细算，并且需要注意各尺寸协调，使其成为一个温馨的地方。

卧室里的家具一般为床、大衣柜、床头柜等。卧室家具一般不是很多，但这些家具一般体积较大。有时候摆放得不合适或者尺寸不协调，则会使本来不宽敞的卧室显得更加拥挤。如果合理设计，并且注意整体尺寸协调，就能够把卧室设计成为温馨的空间。

为达到尺寸协调，需要了解一些设备的尺寸、建筑模数，以及有关设计尺寸协调的经验。同时，也可以首先在做效果图时，体会不同尺寸的配合是否达到最佳协调美。

1.30.2 20~40m^2 客厅尺寸协调

20~40m^2 客厅尺寸协调见表 1–22。

表 1–22 20~40m^2 客厅尺寸协调

项目	尺寸	解说
电视组合柜的最小尺寸	200cm × 50cm × 180cm	小户型的客厅，电视组合柜是非常实用的。 电视组合柜一般是由大小不同的方格组成，上部适合摆放一些工艺品，柜体厚度至少要保持 30cm；下部摆放电视的柜体厚度则至少要保持 50cm。 设计选购电视柜时，还要考虑组合柜整体的高度、横宽与墙壁的面宽是否协调
长沙发或扶手沙发的椅背高	85~90cm	沙发用来满足人们的放松、休息的需求，所以设计需要注重舒适度。 沙发的高度需要将头完全放在沙发背上，让颈部得到充分放松。如果沙发的沙发背、扶手过低，则需要设计增加一个垫，以获得舒适度。如果空间不是特别宽敞，则沙发一般需设计靠墙摆放
扶手沙发与电视机间预留的距离	3m 左右	设计 3m 左右，是指 29in（1in ≈ 0.025m）的电视与扶手沙发或和长沙发间最短的距离。另外，摆放电视机的柜面高度一般设计要在 40~120cm，以便看者非常舒适
与容纳三个人的沙发搭配，茶几的设计选择	120cm × 70cm × 45cm 或 100cm × 100cm × 45cm	沙发体积很大或两个长沙发摆在一起的情况下，一般设计选择矮茶几。茶几的高度最好设计与沙发坐垫的位置持平

续表

项目	尺寸	解说
照明灯具距桌面的高度	白炽灯泡照明灯具距桌面的设计高度： 15W 为 30cm 25W 为 50cm 40W 为 65cm 60W 为 100cm 日光灯照明灯具距桌面的设计高度： 20W 为 110cm 30W 为 140cm 40W 为 150cm 8W 为 55cm	

1.30.3　10~20m² 餐厅尺寸协调

10~20m² 餐厅尺寸协调见表 1–23。

表 1–23　　10~20m² 餐厅尺寸协调

项目	尺寸	解说
六人餐桌的设计选择	140cm × 70cm	设计选择长方形、椭圆形的餐桌，选择该尺寸是最合适的。目前，餐厅空间一般设计为长方形的。因此，大方桌、圆桌较少设计选择。 长方形的六人餐桌是最普遍的。如果家里人口不多，考虑省地方，则可以设计选购可以伸缩的餐桌，以便平时占面积很少，同时满足有客来时，再打开
餐桌离墙的距离	80cm	一般人们用餐时，还希望能有一个宽敞的空间，以便随意的进出。如果餐桌离墙距离过近，会使用餐不太舒适。 设计 80cm 是包括把椅子拉出来，以及能使就餐的人方便活动的最小距离
餐桌的标准高度	72cm 左右	设计 72cm 左右是桌子的合适高度。一般餐椅的高度为 45cm 较为舒适。 目前，市场上餐椅的高度有差别，选择时，最好试坐，以便设计与餐桌的高度协调
六人餐桌大约占多大的面积	300cm × 300cm	设计需要为直径 120cm 的桌子留出空地，以及同时为在桌子四周就餐的人留出活动的空间。 一张六人餐桌大约占 300cm × 300cm 的方案比较适合较大的餐厅
灶台	65~70cm	灶台一般设计 65~70cm。无论使用平底锅，还是尖底锅，均需要用锅架把锅撑起，以便最大限度地利用火力
锅架离火口	4cm	锅架离火口设计 4cm 为宜
抽油烟机离灶台	70cm	抽油烟机离灶台设计 70cm 为宜

1.30.4　12~30m² 卧室尺寸协调

12~30m² 卧室尺寸协调见表 1–24。

表 1-24　　$12\sim30m^2$ 卧室尺寸协调

项目	尺寸	解说
双人主卧室的最小面积	$12m^2$	夫妻二人的卧室，一般要求不能设计比这面积更小了。卧室除了放置床外，还需要设计放一个双开门的衣柜（大概 120cm×60cm）与两个床头柜。如果房间大一些，则可以设计放更大一点的衣柜，或者选择小一些的双人床。如果房间 $16m^2$，则可以设计在摆放衣柜的地方选择一个带推拉门的大衣柜
大衣柜的高度	240cm 左右	大衣柜设计高度 240cm 左右是考虑到了在衣柜里能够放下长一些的衣物（大概为 160cm），以及在上部留出了放换季衣物的空间（大概为 80cm）。 大衣柜设计高度 240cm 左右。如果是定做的衣柜，则可以设计成到顶的衣柜，然后考虑安置一个推拉门。这样可以节省地方，又可以多放一些衣物
容纳一张双人床、两个床头柜、衣柜的侧面，一面墙的距离	400cm 或 420cm	设计尺寸 400cm 或 420cm 是墙面可以放下一张 160cm 宽的双人床与侧面宽度为 60cm 的衣柜，以及包括床两侧的活动空间，每侧大概 60~70cm。另外，柜门打开时，所占用的空间大约为 60cm。 如果衣柜门设计采用的是推拉门，则墙面再窄 50cm 也可以。如果设计采用流行的宽大双人床，则一般宽度可达到 200cm 左右，也就是至少也要达到该距离
衣柜被放在与床相对应的墙边，则两件家具间的距离	90cm	如果想方便打开衣柜门，不至于被绊倒在床上，设计 90cm 的距离是最合适的。如果大衣柜采用的是推拉门，则可以把该距离设计得小一点
床铺的高	床铺的高度以略高于使用者的膝盖为宜，使上、下床感到方便即可	
枕头的高度	设计枕头的高度一般需要与一侧肩宽相等，这样可以使头略向前弯曲，颈部肌肉充分放松，呼吸保持通畅。如果是不满周岁的婴儿，则设计不高于 6cm 为宜。如果是老年人，则枕头设计不宜过高，以免头部供血不足	

1.31 水电敷设方式

水电敷设方式有明装、暗装。另外，还可以根据敷设位置分为走地脚、走地、走顶、混合敷设等，相关图例如图 1-11 所示。

明敷就是导线沿墙壁、天花板表面、横梁、屋柱等处敷设。暗敷就是导线穿管埋设在墙内、地坪内或项棚里。一般而言，明配线安装施工、检查维修较方便，但是室内美观受影响，人能触摸到的地方有一定安全隐患。暗配线安装施工要求高，检查与维护难度较大。

配线方式有瓷（塑料）夹板配线、绝缘子配线、槽板配线、塑料护套线配线、线管配线等。家装暗配线一般采用线管配线，明敷一般采用槽板配线。

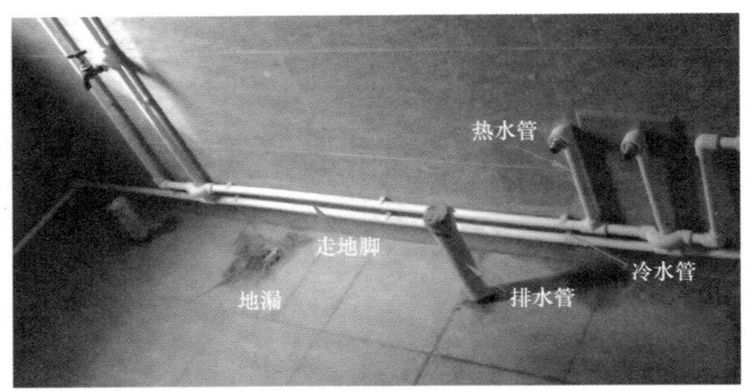

明装设计——走地脚

走地

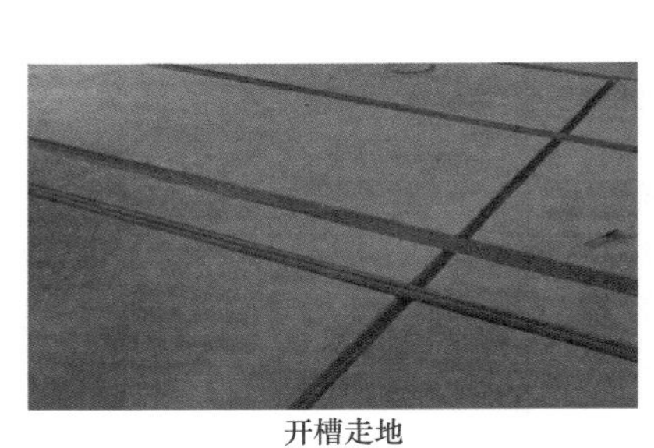

开槽走地

走顶直敷

走顶直敷

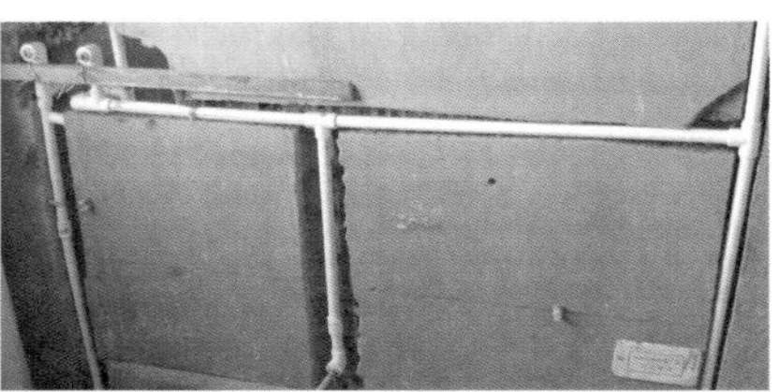

走墙暗敷

图 1-11 水电敷设方式(一)

混合敷设

浴霸的电线管可以走顶

图 1–11　水电敷设方式（二）

1.32 其他

1.32.1　美缝剂色彩设计选择

美缝剂色彩设计选择要正确，相关图例如图 1–12 所示。

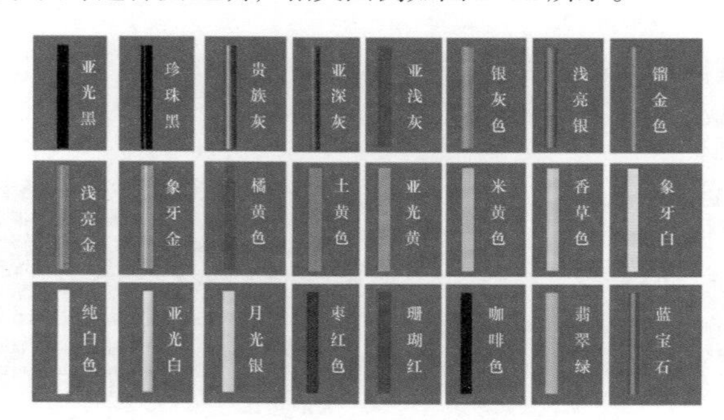

图 1–12　美缝剂色彩设计选择

美缝剂用量设计选择见表 1–25。

表 1-25　　美缝剂用量设计选择

瓷砖尺寸 \ 用罐	未打填缝剂的，缝里是空的 1mm	1.5mm	2mm	2.5mm	打过填缝剂的，缝里预留 2mm 深度 1mm	1.5mm	2mm	2.5mm	3mm
800mm × 800mm	18 平米 / 罐	15.0	14.0	10.0	22.0	20.0	18.0	15.0	12.0
400mm × 800mm	13.5 平米 / 罐	11.3	10.5	7.5	16.5	15.0	13.5	11.3	9.0
600mm × 600mm	13.5 平米 / 罐	11.3	10.5	7.5	16.5	15.0	13.5	11.3	9.0
500mm × 500mm	11.5 平米 / 罐	9.4	8.8	6.3	13.8	12.5	11.3	9.4	7.5
300mm × 600mm	10 平米 / 罐	8.4	7.8	6.0	12.3	11.2	10.1	8.4	6.7
400mm × 400mm	9.0 平米 / 罐	7.5	7.0	5.0	11.0	10.0	9.0	7.5	6.0
300mm × 300mm	6.8 平米 / 罐	5.6	5.3	3.8	8.3	7.5	6.8	5.6	4.5
200mm × 200mm	4.5 平米 / 罐	3.8	3.5	2.5	5.5	5.0	4.5	3.8	3.0
100mm × 100mm	2.3 平米 / 罐	1.9	1.8	1.3	2.8	2.5	2.3	1.9	1.5
50mm × 50mm	1.1 平米 / 罐	0.9	0.8	0.0	1.4	1.3	1.1	0.9	0.8

注　有的无需填缝剂打底也可以直接灌缝，但用量会增加。建议缝宽 2mm 以上。先用填缝剂打底，打底与否，效果都是一样的，固化后都是撬不动的。

1.32.2　玻璃胶的设计应用

玻璃胶的设计应用图例如图 1-13 所示。

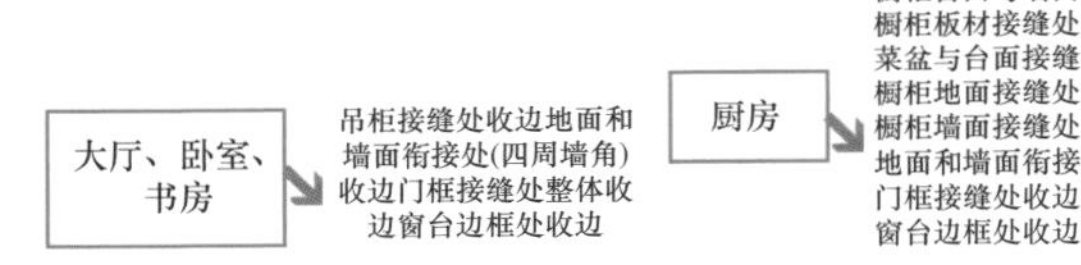

图 1-13　玻璃胶的设计应用图例

1.32.3　住宅内用成品楼梯

住宅内用成品楼梯有关图例如图 1-14 所示。

□ □ □　JG/T405-2013

现场成型方式

由下而上的梯段行进方式及其踏步数

主要受力结构件材质

示例：住宅内用成品楼梯ZS-MZ-ZP11/ZP13 JG/T 405-2013
木质装饰式楼梯，两梯段，直跑型，第一梯段11级踏步，第二梯段13级踏步

(a)

按现场成型方式分为：—— 组装式楼梯，代号为ZZ；
—— 装饰式楼梯，代号为ZS。

按主要受力结构件的材质分为：—— 木质楼梯，代号为MZ；
—— 金属楼梯，代号为JS；
—— 金属 —— 木质组合材楼梯，代号为ZH；

按梯段行进方式可分为：—— 直跑形楼梯，代号为ZP；
—— 弧形楼梯，代号为HX；

(b)

图 1-14　住宅内用成品楼梯有关图例

(a) 住宅内用成品楼梯标记；(b) 分类

第2章

家装水电设计基础

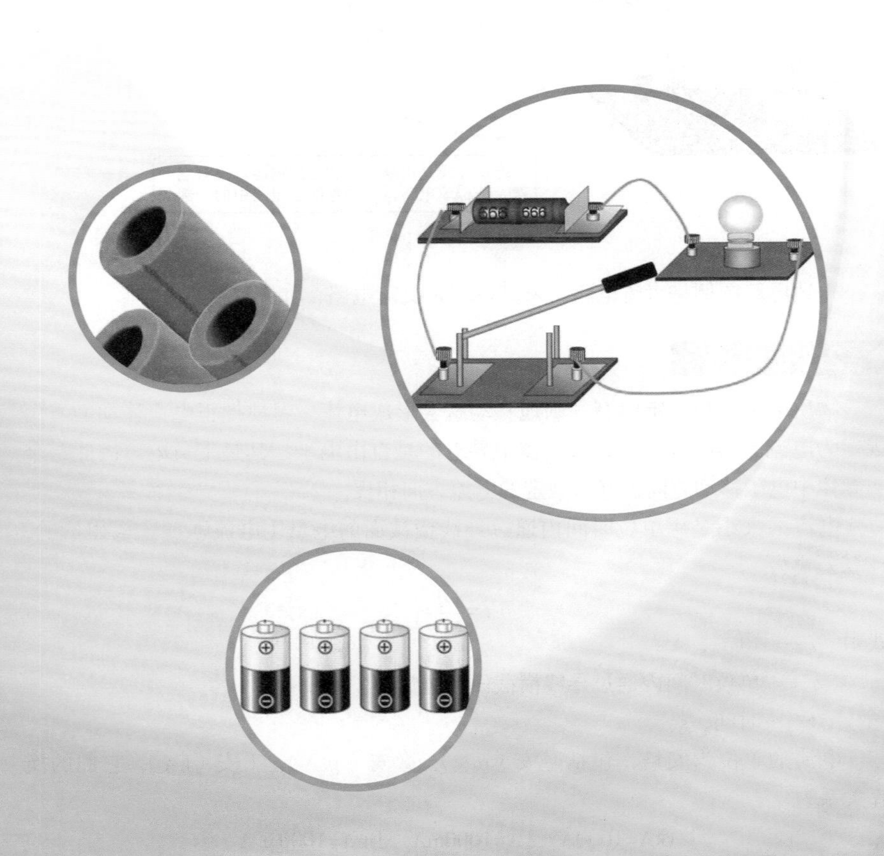

2.1 电路

电路就是电流流通的路径。电路的作用是传递、分配电能，并使电能与其他形式的能量相互转换。电路主要有以下三个部分组成：电源、负载、连接导线，如图 2–1 所示。

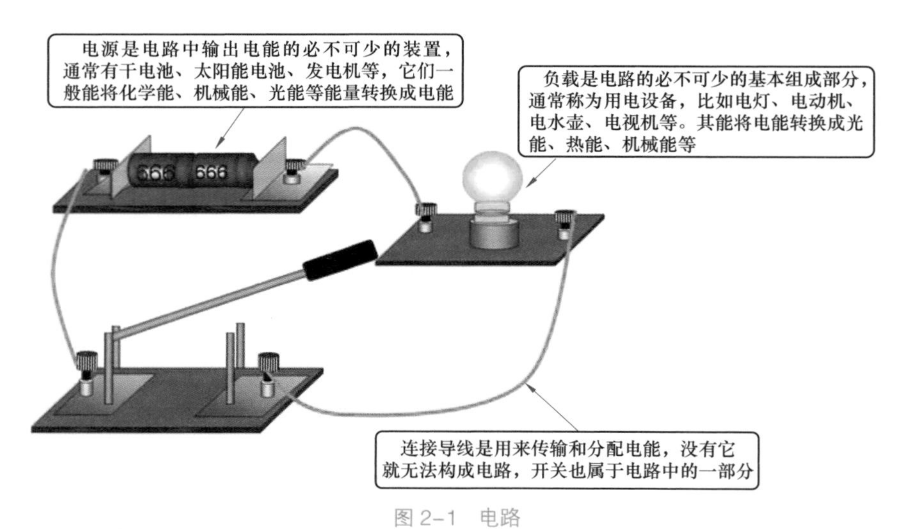

图 2–1　电路

上述电路图例是直流电路，家庭电路是交流电路，如图 2–2 所示。

2.2 电流

物质中带电粒子定向有规则地移动就会形成电流。习惯把正电荷移动的方向规定为电流的实际方向。金属导体中导电的是自由电子，其是带负电。因此，金属导体中电子移动方向正好与规定的电流方向相反。

电流的大小是用单位时间内通过导线横截面的电量（电流强度）来衡量的，计算公式为

$$I=\frac{q}{t}$$

式中　I——电流，A；

q——单位时间内通过导线横截面的电量，C；

t——时间，s。

电流的单位为安培，包括毫安（mA）、微安（μA）、千安（kA），它们的换算关系为

1kA=1000A　1A=1000mA　1mA=1000μA

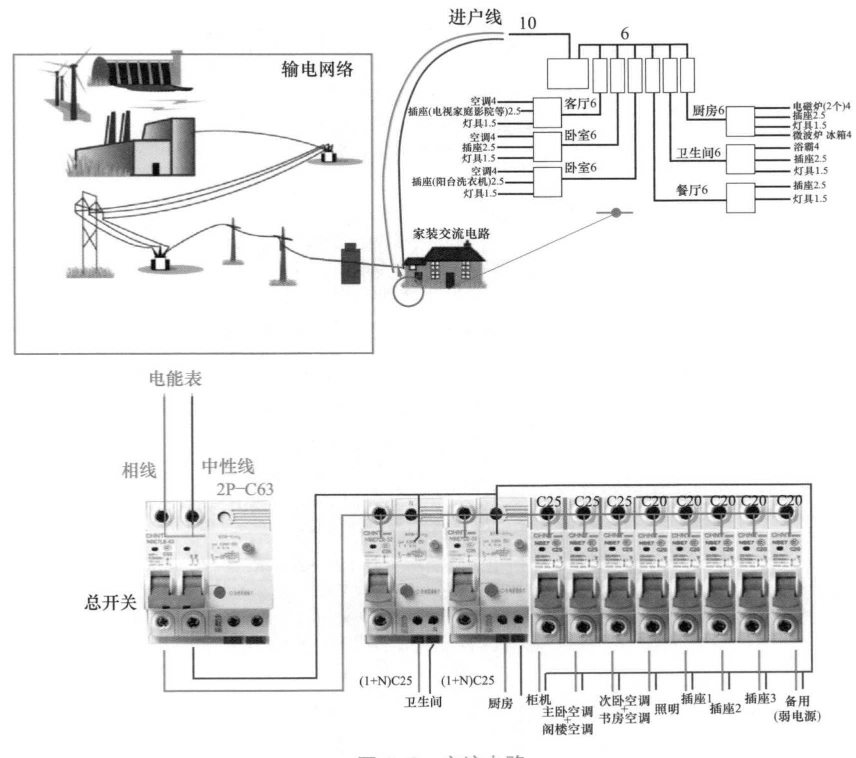

图 2–2　交流电路

电流的大小可以通过计算得到，也可以用电流表、万用表电流挡等电工工具或者仪表检测出来。

直流电流就是大小和方向都不随时间变化而改变的电流。交流电流就是大小和方向随时间变化而变化的电流。交流电流在公式中的符号，常用小写 i 表示。

电流方向是客观存在的，有时分析时难以立马判断出某支路中电流的实际方向，为了方便分析，常会任意假设一个方向作为电流的正方向，也就是参考方向。如果电流的实际反响与其正方向一致，则分析计算出的电流值就是正值。如电流的实际方向与假设的参考方向相反，则分析计算出的电流是负数。

电流参考方向在电路图上一般使用→表示，图纸上的方向一般都是指参考方向。

2.3 电流计算公式盘点

电流计算公式盘点见表 2–1。

表 2-1 电流计算公式盘点

名称	电流计算公式
欧姆定律	$I=U/R$ 式中 U——电压，V； R——电阻，Ω； I——电流，A
全电路欧姆定律	$I=E/(R+r)$ 式中 I——电流，A； E——电源电动势，V； r——电源内阻，Ω； R——负载电阻，Ω
并联电路总电流与分电流间的关系	并联电路总电流等于各个电阻上电流之和 $I=I_1+I_2+\cdots+I_n$ 式中 I——总电流，A； I_1、I_2、…、I_n——分电流，A
串联电路总电流与分电流间的关系	串联电路总电流与各电流相等 $I=I_1=I_2=I_3=\cdots=I_n$ 式中 I——总电流，A； I_1、I_2、…、I_n——分电流，A
纯电阻负载的功率求电流	纯电阻有功功率 $P=UI \rightarrow P=I^2R$，则 $I=\sqrt{P/R}$ 式中 U——电压，V； I——电流，A； P——有功功率，W； R——电阻，Ω
纯电感负载的功率求电流	纯电感无功功率 $Q=I^2 \times X_L$，则 $I=\sqrt{Q/X_L}$ 式中 Q——无功功率，W； X_L——电感感抗，Ω； I——电流，A
纯电容负载的功率求电流	纯电容无功功率 $Q=I^2 \times X_C$，则 $I=\sqrt{Q/X_C}$ 式中 Q——无功功率，W； X_C——电容容抗，Ω； I——电流，A
电功（电能）求电流	电功（电能）$W=UIt$，则 $I=W/Ut$ 式中 W——电功，J； U——电压，V； I——电流，A； t——时间，s
交流电路电流瞬时值与最大值	交流电路电流瞬时值与最大值 $I=I_{max} \times \sin(\omega t+\varphi)$ 式中 I——电流，A； I_{max}——最大电流，A； $(\omega t+\varphi)$——相位，其中 φ 为初相
交流电路电流最大值与有效值	交流电路电流最大值与有效值 $I_{max}=\sqrt{2} \times I$ 式中 I——电流，A； I_{max}——最大电流，A

续表

名称	电流计算公式
发电机绕组三角形联结的电流	发电机绕组三角形联结的电流 $I_{线}=\sqrt{3}\times I_{相}$ 式中　$I_{线}$——线电流，A； $I_{相}$——相电流，A
发电机绕组的星形联结的电流	发电机绕组的星形联结的电流 $I_{线}=I_{相}$ 式中　$I_{线}$——线电流，A； $I_{相}$——相电流，A
交流电的总功率求电流	交流电的总功率求电流 $P=\sqrt{3}\times U_{线}\times I_{线}\times\cos\varphi$ 式中　P——总功率，W； $U_{线}$——线电压，V； $I_{线}$——线电流，A； φ——初相角
变压器工作原理中的电流	变压器工作原理 $U_1/U_2=N_1/N_2=I_2/I_1$ 式中　U_1、U_2——一次、二次电压，V； N_1、N_2——一次、二次线圈圈数； I_2、I_1——二次、一次电流，A
电阻、电感串联电路中的电流	电阻、电感串联电路 $I=U/Z$，$Z=\sqrt{(R^2+X_L^2)}$ 式中　Z——总阻抗，Ω； I——电流，A； R——电阻，Ω； X_L——感抗，Ω
电阻、电感、电容串联电路中的电流	电阻、电感、电容串联电路中的电流 $I=U/Z$，$Z=\sqrt{[R^2+(X_L-X_C)^2]}$ 式中　Z——总阻抗，Ω； I——电流，A； R——电阻，Ω； X_L——感抗，Ω； X_C——容抗，Ω

2.4 电压

电荷移动需要力，推动电荷在电源外部移动，也就是在导线与负载上移动，这种力就是电场力。电场力将单位正电荷沿电路中的一点推向另一点所做的功称为电压。如果电路中没有电压就不会产生电流，并且做功越多电压就越大。

电路中的电压表现了电场力推动电荷做功的能力。与电流有直流、交流的区别一样，电压也有直流电压、交流电压之分。计算公式中，直流电压用大写字母 U 表示，交流电压用小写字母 u 表示。

电压的计算公式为

$$U_{AB}=\frac{W_{AB}}{q}$$

式中　U——代表电压；

W——代表电功率，J；

q——代表电量，C；

AB——是指定出点 A 到点 B 间的电压和这两点间的电功率。

没有带这两个参数的简写形式

$$u=\frac{W}{q}$$

电压的国际单位为伏特，简称伏，一般用大写字母 V 表示。它的常用单位有 1kV（千伏）、V（伏）、mV（毫伏）、μV（微伏）等。它们间的关系如下

1kV=1000V　　1V=1000mV　　1mV=1000μV

电压的大小可以通过计算，也可以用电压表、万用表电压挡等电工工具或者仪表检测出来。

2.5 电位差

一般情况下，物体所带正电荷越多，其电位越高。如果两个有电位差的不同带电体用导线连接起来，电位高的带电体中的正电荷便向低电位的那个带电体流去。这样，导体就产生了电流。

电路中每一点都有一定的电位。电路中某点的电位高低是一个相对值，与其所选取的参考点有关。

电路中任意两点间的电位差就是这两点间的电压，关系如下

$$U_{AB}=U_A-U_B$$

式中　A 与 B——分别表示电位参考点。

电位的单位也是电压的单位，常用伏特（V）表示。

电压的方向规定与电场力方向一致，从高电位指向低电位。电路图上所标的电压与电位的方向都是参考方向。电压的方向一般用→或 +、- 表示。

电压是一个绝对值，不随参考点的改变而改变。电位是一个相对值，随着参考点的改变而改变。

2.6 电压计算公式盘点

电压计算公式盘点见表 2-2。

表 2-2　　电压计算公式

名称	电流计算公式
欧姆定律	欧姆定律：$I=U/R$，则 $U=IR$ 式中　U——电压，V； R——电阻，Ω； I——电流，A

续表

名称	电流计算公式
全电路欧姆定律	全电路欧姆定律：$I=E/(R+r)$，则 $E=I(R+r)$ 式中 I——电流，A； E——电源电动势，V； r——电源内阻，Ω； R——负载电阻，Ω
串联电路总电压与分电压	串联电路中，总电压等于各个电阻上电压之和：$U=U_1+U_2+\cdots+U_n$ 式中 U——总电压，V； U_1、U_2、…、U_n——分电压，V
并联电路总电压与分电压	并联电路中，总电压与各电压相等：$U=U_1=U_2=U_3=\cdots=U_n$ 式中 U——总电压，V； U_1、U_2、…、U_n——分电压，V
纯电阻负载的功率求电压	纯电阻有功功率：$P=UI \rightarrow P=U^2/R$，则 $U=\sqrt{PR}$ 式中 U——电压，V； I——电流，A； P——有功功率，W
纯电感负载的功率求电压	纯电感无功功率：$Q=U^2/X_L$，则 $U=\sqrt{QX_L}$ 式中 Q——无功功率，V； X_L——电感感抗，Ω
纯电容负载的功率求电压	纯电容无功功率：$Q=U^2/X_C$，则 $U=\sqrt{QX_C}$ 式中 Q——无功功率，V； X_C——电容容抗，Ω
电功（电能）求电压	电功（电能）求电压：$W=UIt$，则 $U=W/(It)$ 式中 W——电功，J； U——电压，V； I——电流，A； t——时间，s
交流电路电压瞬时值与最大值的关系	交流电路电压瞬时值与最大值的关系：$U=U_{max}\times\sin(\omega t+\varphi)$ 式中 U——电压，V； U_{max}——最大电压，V； $(\omega t+\varphi)$——相位，其中 φ 为初相
交流电路电压最大值与在效值的关系	交流电路电压最大值与有效值的关系：$U_{max}=\sqrt{2}\times U$ 式中 U——电压，V； U_{max}——最大电压，V
发电机绕组星形联结电压关系	发电机绕组星形联结：$U_{线}=\sqrt{3}\times U_{相}$ 式中 $U_{线}$——线电压，V； $U_{相}$——相电压，V
发电机绕组的三角形联结电压关系	发电机绕组的三角形联结：$U_{线}=U_{相}$ 式中 $U_{线}$——线电压，V； $U_{相}$——相电压，V

续表

名称	电流计算公式
交流电的总功率求电压	交流电的总功率：$P=\sqrt{3}\times U_{线}\times I_{线}\times\cos\varphi$，则 $U_{线}=P/(\sqrt{3}\times I_{线}\times\cos\varphi)$ 式中 P——总功率，W； $U_{线}$——线电压，V； $I_{线}$——线电流，A； φ——初相角
变压器工作原理求电压	变压器工作原理：$U_1/U_2=N_1/N_2=I_2/I_1$ 式中 U_1、U_2——一次、二次电压，V； N_1、N_2——一次、二次线圈圈数； I_2、I_1——二次、一次电流，A
电阻、电感串联电路中的电压	电阻、电感串联电路中的电压：$U=\sqrt{(U_R^2+U_L^2)}$ 式中 U——电压，V； U_R——电阻电压，V； U_L——电感电压，V
电阻、电感、电容串联电路中的电压	电阻、电感、电容串联电路中的电压：$U=\sqrt{[U_R^2+(U_L-U_C)^2]}$ 式中 U——电压，V； U_R——电阻电压，V； U_L——电感电压，V； U_C——电容电压，V

2.7 电阻

导体对电流的阻碍作用叫做电阻。自由电子在金属导体里做定向有规则的移动时，要受到阻碍作用。计算公式中，电阻一般用英文字母 R 或 r 表示。

电阻是电路的基本参数之一，几乎所有的导体都有电阻，如电灯泡等用电设备都是具有电阻的元件。

电阻的主要物理特征就是可以变电能为热能，因此，热水器中的发热元件、电灯泡等就是利用了电阻的作用制成的。

电阻的大小与导体的尺寸、导体的材料是密切相关的，计算公式为

$$R=\rho\frac{L}{S}$$

式中 L——导电的导线长度，m。

S——导体的面积，mm^2。

ρ——导体的电阻率或者电阻系数，$\Omega\cdot mm^2/m$。

R——导体的电阻，Ω。

电阻的基本单位为欧姆（Ω），另外，还有千欧（kΩ）、兆欧（MΩ）。它们间的关系为

$$1M\Omega=1000k\Omega \qquad 1k\Omega=1000\Omega$$

2.8 部分电路中的欧姆定律

部分电路中的欧姆定律就是有关电压、电流、电阻间的关系定律。

部分电路，也就是指不包含电源的非闭合电路的欧姆定律。部分电路图例如图 2–3 所示。

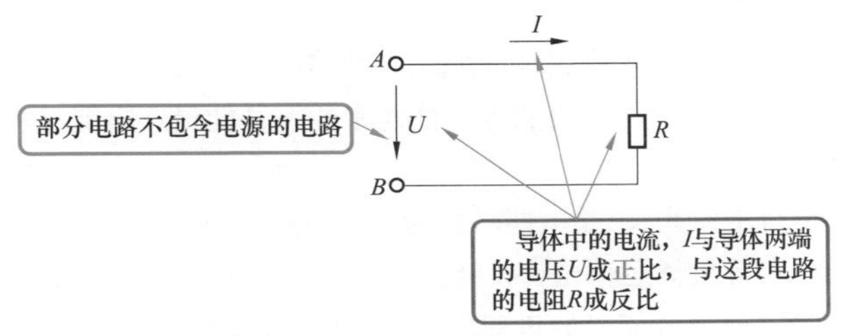

图 2–3　部分电路图例

部分电路欧姆定律的公式为

$$I=\frac{U}{R}$$

式中　I——电流，A；

U——电压，V；

R——电阻，Ω。

部分电路欧姆定律其他两种形式：

$$U=IR$$

$$R=\frac{U}{I}$$

电路中的电压、电流、电阻，可以通过万用表来测量得到，也可以通过计算得到。

2.9 闭合电路欧姆定律

闭合电路也就是考虑包含了电源的电路，如图 2–4 所示。

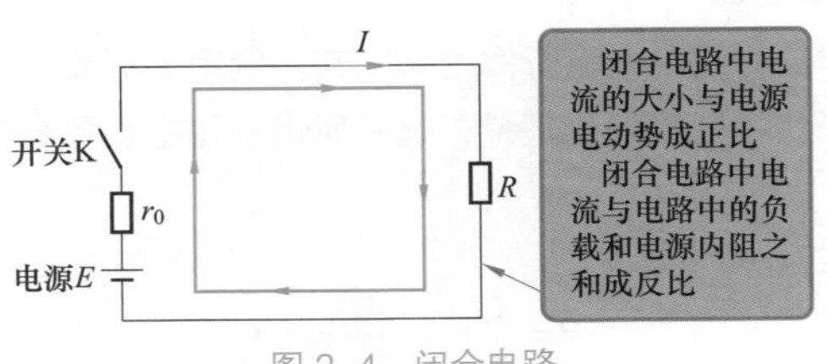

图 2–4　闭合电路

闭合电路欧姆定律的公式如下

$$I=\frac{E}{R+r_0}$$

式中 E——电源的电动势，V；

I——电路中的电流，A；

R——外部电路的总电阻，Ω；

r_0——电源内部的电阻，Ω。

2.10 电功

电功就是电流将电能转换成其他形式能量的过程所做的功。电能是其他形式的能量，如机械能、化学能、核能等转换而来的一种能量。电能又可以转换成为其他形式的能。

电流通过电灯泡发光，就是电能转换为光能、热能的过程。电流通过电动机后，电动机能带动风扇等机器运转做功，就是电能转换为机械能的过程。

电能转换为其他形式能量的过程，是通过电流做功来实现的。电场力推动电荷（产生电流）要做功。电场力移动电荷所做功的公式如下

$$W=q\times U$$

电流计算公式

$$I=q/t$$

可得

$$q=I\times t$$

电功的公式还可表示为

$$W=U\times I\times t=P\times t$$

式中 U——电压，V；

I——电流，A；

t——时间，s；

P——电功率，J。

2.11 电功率

电功率就是单位时间内电流所做的功，其一般用大写英文字母 P 表示。电功率是描述电流做功快慢程度的物理量，通常所讲的用电设备容量的大小，就是指电功率的大小。

电功率的公式为

$$P=\frac{W}{t}=\frac{qU}{t}=UI$$

式中 P——电功率，W；

U——电压，V；

I——电流，A；

q——电荷，C。

电功率的大小取决于电压与电流两个量的乘积。家居电器的电压一般使用的是 220V 的交流电。

对导体电阻而言，电阻上消耗的电功率的计算公式为

$$P=U\times I=U^2/R$$

$$P=I^2\times R$$

电功率常见单位为瓦特（W），简称瓦。1 瓦的电功率：

1 瓦 =1 伏 ×1 安，简写为 1W=1V · A

常用的电功率单位还有千瓦（kW）、马力等，它们的特点为

1 千瓦（kW）=1000 瓦（W）=10^3 瓦（W）

1 马力 =735.49875 瓦特

1 千瓦 =1.35962162 马力

功率的计算公式

$P=I\times U$，俗称万能公式，也就是什么时候都可以应用的公式。

$P=I^2\times R$，电路中电流相等或计算电热时应用的公式。

$P=U^2/\mathrm{R}$，电路中电压相等时应用的公式。

电功常用的单位是度，1 度电表示功率为 1 千瓦的电器使用 1 小时（1h）所消耗的电能，也就是

1 度 =1 千瓦 · 时

2.12 千瓦（kW）与千瓦时（kWh）的区别

千瓦（kW）与千瓦时（kWh）的区别：

（1）kW 表示的是瞬间的电力，kWh 表示的是其对时间的积分，即某一期间内的电力总和。

（2）kW 可称为电力，kWh 可称为电量。

（3）对于灯泡等照明器具而言，kW 与亮度有关，kWh 与电费有关。

（4）对于蓄电池而言，kW 与当时使用蓄电池的设备的数量有关，kWh 与可使用的时间有关。

（5）对于电暖气而言，kW 与温暖程度、制暖强度有关，kWh 与电费有关。

（6）对于涡轮发电机而言，kW 与涡轮的大小有关，kWh 与燃料的使用量有关。

（7）对于电动汽车而言，kW 与加速能力有关，kWh 与可续航距离有关。

2.13 电流的热效应

电流的热效应就是电流流过导体时，由于自由电子的碰撞，导体的温度会升高，也就是导体吸收电能转换成为热能的现象。

电流的热效应遵循焦耳－楞次定律：电流通过导体时所产生的热量与电流强度的平方、导体本身的电阻，以及电流通过的时间成正比。焦耳－楞次定律数学表达式为

$$Q=I^2Rt$$

式中　Q——电流通过导体所产生的热量，J；

I——通过导体的电流，A；

R——导体的电阻，Ω。

如果热量以卡为单位，则公式可写成

$$Q=0.24I^2Rt=0.24Pt$$

式中　t——电流通过导体的时间，s。

为了保证电器设备能正常工作，各种设备一般规定了限额，如额定电流、额定电压、额定电功率等。

电器设备的额定值通常用下标用 e 表示，如 I_e、U_e、P_e 等。

2.14 串联电路

串联电路就是一个接着一个成串地连接在一起的一个没有分支的电路。串联电路可以由纯粹的电阻组成，也可以由任何有阻值的元器件，包括负载、导线、开关、插座、电源等组成。

串联电路图例如图 2-5 所示。

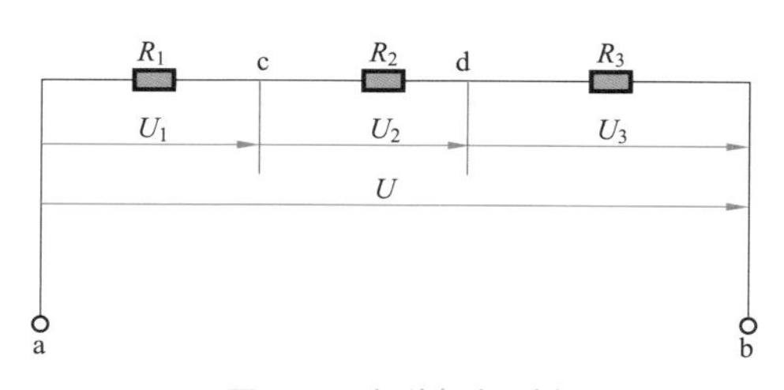

图 2-5　串联电路图例

串联电阻电流、电压、功率的大小如下：

1. 串联电路电流

串联电路没有分支，所以电路中电流是相同的，也就是不论是电阻大的地方，还是电阻小的地方，电流大小是相等的，则

$$I=I_1=I_2=I_3$$

式中　I——总电流，A；

I_1、I_2、I_3——支路电流，A。

2. 串联电路电压

串联电路各段电流是相同的，根据欧姆定律可知：电阻大的那段电路上承受的电压变大，电阻小的那段电路上承受的电压变小，即各段电路的电压对应的电阻成正比例分配，则

$$U_1 : U_2 : U_3=R_1 : R_2 : R_3$$

串联电路的总电压等于各段电压之和。如果总电压是已知的，则分电压的计算公式为（分压公式）

$$U_1=R_1 \div (R_1+R_2+R_3) \times U$$

$$U_2=R_2 \div (R_1+R_2+R_3) \times U$$

$$U_3=R_3 \div (R_1+R_2+R_3) \times U$$

利用电阻串联，可以起到限流、分压等作用。

3. 串联电路电功率

串联电路各段电流相同，因此，各段功率也与对应的电阻成正比例分配，则

$$P_1 : P_2 : P_3=R_1 : R_2 : R_3$$

2.15 并联电路

并联电路是有两个以上的电阻或者负载、电源、开关等首首相接，同时尾尾也相接的电路。

并联电路图例如图 2-6 所示。

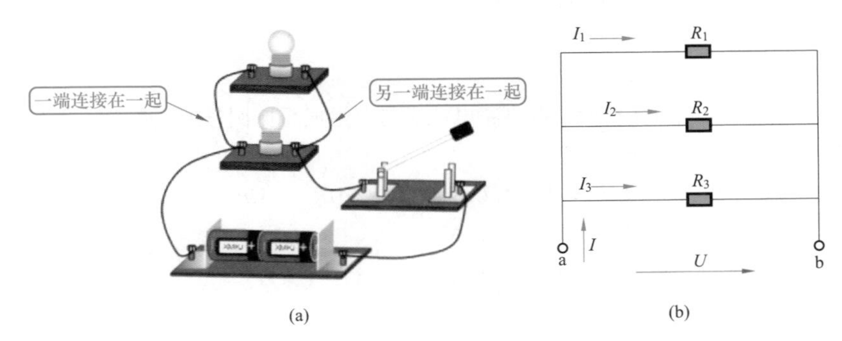

图 2-6　并联电路
（a）实物图；（b）电路图

1. 并联电路电压

并联电路各个支路一端连接在一起，另一端也连接在一起，承受同一电源的电压，所以各支路的电压是相同的，则

$$U=U_1=U_2=U_3=\cdots$$

式中 U——总电压，V；

U_1、U_2、U_3、…——各支路电压，V。

2. 并联电路电流

各个支路电压相等，根据欧姆定律可知：电阻小的支路电流大；电阻大的支路电流小。也就是并联各支路的电流与对应的电阻成反比例分配，则

$$I_1 : I_2 : I_3 = 1/R_1 : 1/R_2 : 1/R_3$$

式中 I_1、I_2、I_3——各支路电流，A；

R_1、R_2、R_3——各支路电阻，Ω。

两电阻并联电路中，如果总电流为已知，则分电流计算公式为

$$I_1 = \frac{R_2}{R_1 + R_2} I$$

$$I_2 = \frac{R_1}{R_1 + R_2} I$$

式中 I_1、I_2、I_3——各支路电流，A；

I——总电流，A；

R_1、R_2、R_3——各支路电阻，Ω。

3. 并联电路总电流

根据基尔霍夫电流定律可知：并联电路总电流等于各支路电流之和，则

$$I = I_1 + I_2 + I_3$$

式中 I_1、I_2、I_3——各支路电流，A；

I——总电流，A。

4. 并联电路电功率

各个并联支路电压相同，各支路电流又与电阻成反比例分配，各个支路电功率与电阻也成反比例分配，则

$$P_1 : P_2 : P_3 = U/R_1 : U/R_2 : U/R_3 = 1/R_1 : 1/R_2 : 1/R_3$$

式中 P_1、P_2、P_3——各支路电功率，W；

R_1、R_2、R_3——各支路电阻，Ω；

U——总电压，V。

5. 并联电路电阻

并联电路总电阻的倒数等于各支路电阻倒数之和，公式表示如下：

$$\frac{U}{R} = \frac{U}{R_1} + \frac{U}{R_2} + \frac{U}{R_3}$$

$$\frac{1}{R} = \frac{1}{R_1} + \frac{1}{R_2} + \frac{1}{R_3}$$

式中　R_1、R_2、R_3——各支路电阻，Ω；

U——总电压，V。

两个电阻并联的电路，总电阻公式为

$$\frac{1}{R}=\frac{1}{R_1}+\frac{1}{R_2}=\frac{R_1+R_2}{R_1R_2}$$

$$R=\frac{R_1R_2}{R_1+R_2}$$

式中　R——总电阻，Ω。

当 $R_1 \geqslant R_2$ 时，也就是两个阻值相差很悬殊的电阻并联后，其等值电阻更接近于小电阻值。

当 R_1=R_2 时

$$R=R_1/2$$

如果有 n 个阻值相同的电阻并联，则其等值电阻值为（也就是说，并联电阻数越多，等值电阻越小）

$$R=R_1/n$$

式中　n——连接电阻的数量。

2.16　电压源的并联

电压源的电路如图 2–7 所示。

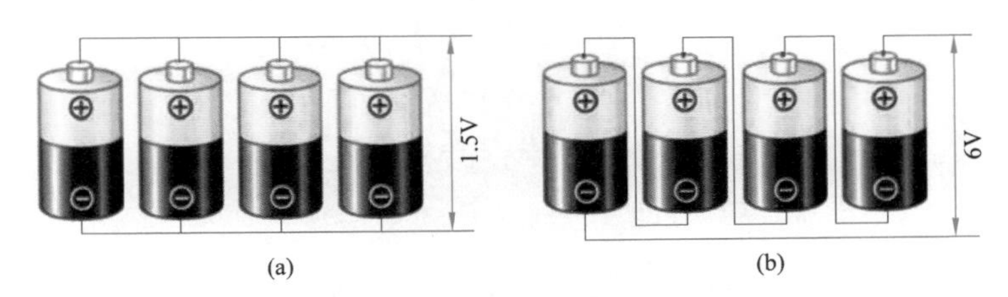

图 2–7　电压源的电路
(a) 并联；(b) 串联

当负载电压不超过一个电压源的电动势，而负载电流超过了电压源的额定电流时，需要使用并联电压源的方式。

电压源的并联条件：各个电压源的电动势必须相等，其内阻也必须相等，以免在电压源内形成很大的环流而烧毁电压源。

n 个电动势相等、内阻相等的电压源并联后，总电动势计算公式为

$$E=E_1=E_2=\cdots=E_n$$

n 个电动势相等、内阻相等的电压源并联后，总内阻计算公式为

$$r_0=r_{01}/n$$

2.17 基尔霍夫电流定律

基尔霍夫电流定律又被称为基尔霍夫第一定律，简称 KCL。

基尔霍夫电流定律应用于电路中的节点，对于电路中的任何一个节点而言，任何一个时间，流进节点的电流等于流出节点的电流。也就是说，节点电流之代数和恒等于零，即电流的汇合点处电流的代数和等于零。数学公式为

$$\Sigma I=0$$

2.18 基尔霍夫电压定律（基尔霍夫第二定律）

基尔霍夫电压定律又被称为基尔霍夫第二定律。

基尔霍夫电压定律：对于电路中的任一闭合路径而言，任何一个时间，沿任一回路绕行方向，回路中各段电压的代数和恒等于零。数学公式为

$$\Sigma U=0$$

基尔霍夫电压定律不仅应用于闭合回路，也可以推广到假想的闭合回路上应用。

2.19 正弦交流电路

正弦交流电是常见的一种交流电。正弦交流电动势的波形图如图 2–8 所示。

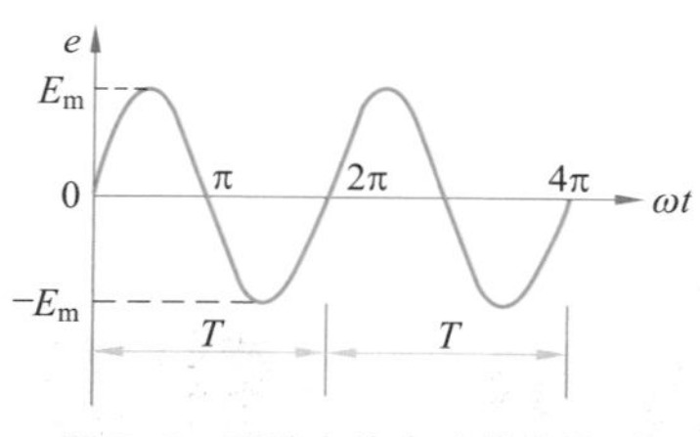

图 2–8 正弦交流电动势的波形

正弦交流电动势的波形特点：由零值增加到正最大值，然后又逐渐减少到零，再改变方向又由零值逐渐增加到反方向的最大值，最后减少到零。然后，循环进行。

正弦交流电循环变化一周所需的时间叫做周期，一般用字母 T 表示，单位为秒（s），常用的还有毫秒（ms）、微秒（μs）、纳秒（ns）等。

交流电在 1s 内完成周期性变化的次数，叫做交流电的频率，一般用 f 表示，单位为赫兹，简称赫，用 Hz 表示。常用的频率单位还有千赫（kHz）、兆赫（MHz）等。

周期与频率的关系表达为

$$T=\frac{1}{f}$$

式中 T——周期，s；

f——频率，Hz。

除了周期、频率描述交流电的变化快慢外，还有电角度（角频率）等可以来描述。角频率一般用 ω 表示，常见的单位为弧度 / 秒，用 rad/s 表示。角频率与频率的关系表达为

$$W=\frac{2\pi}{T}=2\pi f$$

式中　ω——角频率。

在我国，交流电的频率是 50Hz，周期为 $T=1/f=0.02$s，角频率为 $\omega=2\pi f=314$rad/s。

正弦交流电电动势波形图与其数学表达式如图 2-9 所示。

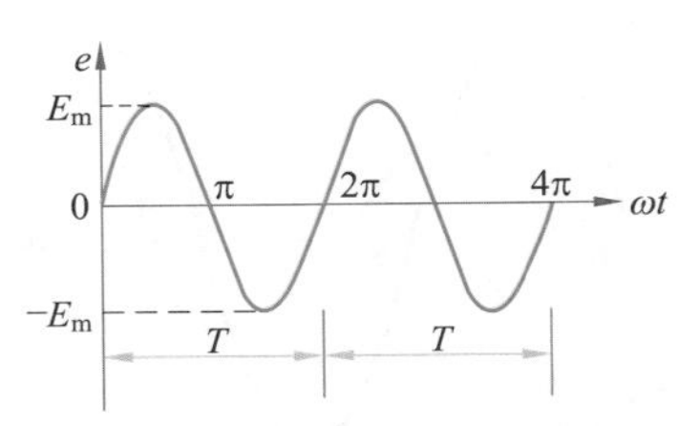

图 2-9　正弦交流电电动势波形图

$$e=E_m\sin\omega t$$

式中　E_m——电动势最大值；

e——电动势瞬时值；

t——时间。

交流电的大小是随着时间变化而变化的，瞬时值的大小是在零和正负峰值间变化的，最大值也仅是一瞬间数值。

交流电有效值的数值就是如果交流电与直流电分别通过同一电阻，两者在相同的时间内所消耗的电能相等，则该直流电的数值也叫做交流电有效值的数值。

正弦交流电的电动势、电压、电流的有效值一般分别用 E、U、I 来表示。常说的交流电的电动势、电压、电流的大小，均是指它的有效值。交流电电气设备上标的额定值、交流电仪表所指示的数值，均是指有效值。

正弦交流电的有效值与最大值间的关系为

$$e=\frac{E_m}{\sqrt{2}}\approx 0.707E_m$$

电压、电流正弦量的表达式为

$$u=U_m\sin\omega t$$

$$i=I_m\sin\omega t$$

电压、电流也有瞬时值、最大值、有效值。瞬时值一般是用小写字母等来表示（电压用 u 表示、电流用 i 表示）。最大值一般是用大写字母附有下标 m 字母表示（电压用 U_m 表示、电流用 I_m 表示）。有效值一般是用大写字母来表示（电压

用 U 表示、电流用 I 表示）。通常把最大值、初相角、角频率叫做正弦交流电的三要素。最大值与有效值的关系计算公式为

$$U=\frac{U_m}{\sqrt{2}}\approx0.707U_m$$

$$I=\frac{I_m}{\sqrt{2}}\approx0.707I_m$$

电压、电流正弦量的波形图如图 2–10 所示。

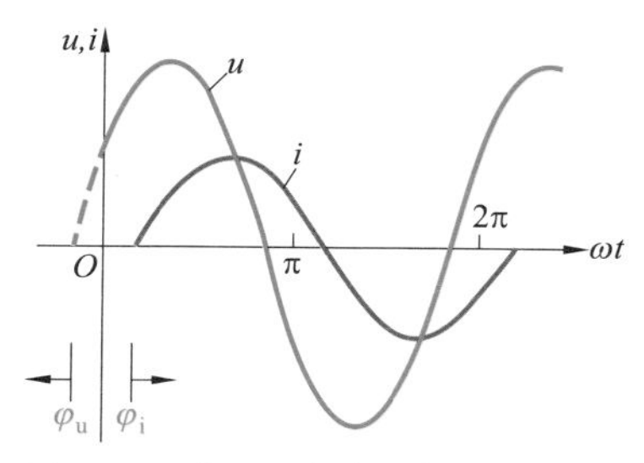

图 2–10　电压、电流正弦量的波形图

实际上，t=0 时，e 不一定为零。因此，一般正弦交流量的瞬时表达式为

$$e=E_m\sin(\omega t+\varphi_e)$$

$$u=U_m\sin(\omega t+\varphi_u)$$

$$i=I_m\sin(\omega t+\varphi_i)$$

式中 $(\omega t+\varphi)$——正弦量的相位，是表示正弦量变化进程的物理量。相位随时间不断变化，电动势 e 也就不断变化。相位是用角频率表示的，所以也称为相位角；

φ——正弦量的初相角，为 t=0 时的相位角，简称初相。

交流电路中经常要进行同频率正弦量间相位的比较。同频率正弦量的相位之差称为相位差，一般用 $\Delta\varphi$ 表示。

如果两同频率正弦量的初相相等，相位差为零，则称为同相。如果它们的相位差等于 $\pm\pi$（180°），则称为反相。

2.20 交流电纯电阻电路

交流电纯电阻电路如图 2–11 所示。

交流电纯电阻电路的基本性质是电流瞬时值与电阻两端电压的瞬时值成正比，其计算关系为

$$u_R=iR$$

电阻两端电压有效值与电阻中流过的电流有效值 I 的计算关系为

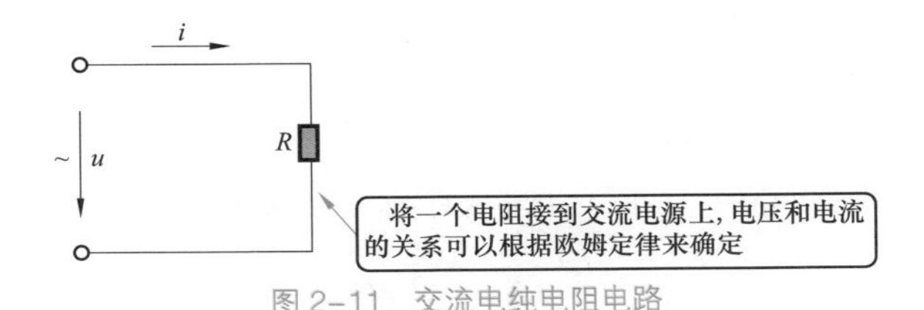

图 2-11 交流电纯电阻电路

$$I=\frac{U}{R}$$

式中 U——电阻两端电压有效值；

I——电阻中流过的电流有效值；

R——交流电纯电阻。

当电阻大小一定时，电压增大，电流也增大；电压为零，电流也为零。电流的正弦曲线与电压的正弦曲线波形起伏是一致的。

任意瞬间，电压瞬时值与电流瞬时值的乘积为瞬时功率，一般用 p 表示，计算关系为

$$p=u_{R}i_{R}=u_{Rm}\sin\omega t I_{Rm}\sin\omega t=U_{R}I_{R}（I-\cos2\omega t）$$

通常所说的电路的功率是指瞬时功率在一个周期内的平均值，也就是平均功率、有功功率。平均功率，一般用大写字母 P 表示，计算关系为

$$P=U_{R}I_{R}=I^{2}R$$

2.21 交流电纯电感电路

交流电纯电感电路如图 2-12 所示。

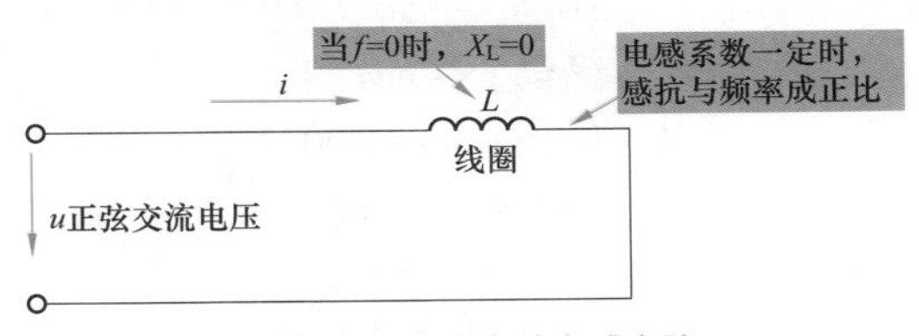

图 2-12 交流电纯电感电路

当交流电通过线圈时，在线圈中产生自感电动势。根据楞次定律，自感电动势总是阻碍电路内电流的变化，这种阻力作用就是电感电抗，简称感抗。感抗一般用符号 X_{L} 表示，常见单位为欧姆。

线圈电感越大，交流电频率越高，则其感抗越大。它们间的计算关系为

$$X_{L}=\omega L=2\pi fL$$

式中 f——交流电的频率，Hz；

L——自感系数，H；

X_L——线圈的感抗，Ω。

交流电纯电感电路中，线圈两端电压有效值与线圈中电流有效值间的关系为

$$I=\frac{U}{X_L}=\frac{U}{2\pi fL}$$

$$U=IX_L$$

式中 U——线圈两端电压有效值；

I——线圈中电流有效值。

交流电纯电感电路中，电感器元件上电压有效值与电流有效值满足欧姆定律。但是，瞬时值间不满足欧姆定律。

纯电感电路中的电功率图例如图 2-13 所示。

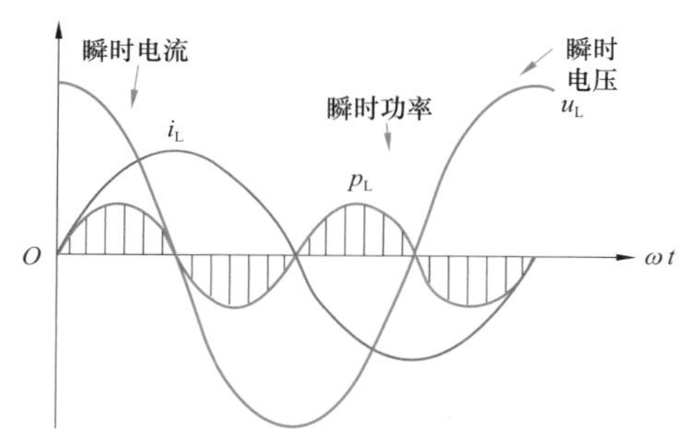

图 2-13 纯电感电路中的电功率图例

纯电感电路的瞬时功率等于电压 u_L 与电流 i_L 瞬时值乘积，计算关系为

$$i_L=I_{Lm}\times\sin\omega t$$

$$U_L=U_{Lm}\times\sin(\omega t+90°)$$

$$P=U_L\times I_L\times\sin\omega_t$$

纯电感电路，在一个周期内的有功功率为零。

无功功率就是纯电感电路中瞬时功率的最大值，其表示线圈与电源间能量交换规模的大小，一般用字母 Q_L 表示，计算关系为

$$Q_L=I_LU_L=I^2{}_LX_L=\frac{U^2{}_L}{X_L}$$

式中 Q_L——电路的无功功率，var 或 kvar；

U_L——线圈两端电压的有效值，V；

I_L——流过线圈电流的有效值，A；

X_L——线圈的感抗，Ω。

2.22 交流纯电容电路

交流纯电容电路图例如图 2-14 所示。

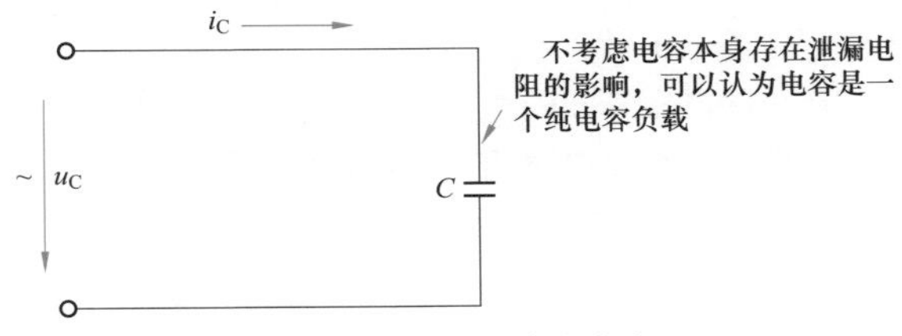

图 2-14　交流纯电容电路

电容充电、放电会在电路中形成电流。由于电容存储电荷的能力不是无限制的，为积有电荷或积满电荷时，就会对电流表现出一种抗拒的作用，也就是电容电抗。

电容电抗简称容抗，一般用符号 X_C 表示，常见单位为欧姆。

电容元件的电容越大，频率越高，则其容抗就越小。它们间的计算关系为

$$X_C=\frac{1}{2\pi fC}=\frac{1}{\omega C}$$

式中　f——频率，Hz；

C——电容容量，F。

当电容 C 一定时，容抗与频率成正比。当 f=0 时，$X_C=\infty$。

纯电容电路中，电容两级间电压的有效值 U_C 与电路中电流的有效值 I_C 间的计算关系为

$$I_C=\frac{U_C}{\frac{1}{2\pi AfC}}=2\pi fCU_C$$

式中　U_C——电容两级间电压的有效值；

I_C——电路中电流的有效值。

2.23 电阻与电感串联的正弦交流电路

电阻与电感串联的正弦交流电路图例（日光灯电路）如图 2-15 所示。

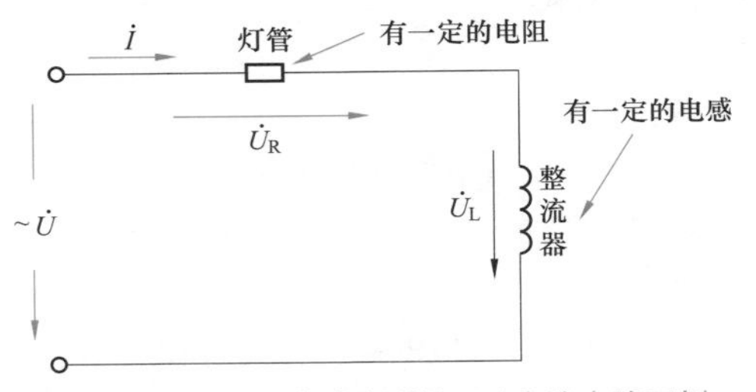

图 2-15　电阻与电感串联的正弦交流电路图例

电阻与电感串联的正弦交流电路图例（日光灯电路）有关电源电压 U 计算关系为

$$\dot{U}=\sqrt{\dot{U}_R^2+\dot{U}_L^2}=\sqrt{(\dot{I}R)^2+(\dot{I}X_L)^2}$$

式中 $\dot{U}_R$——电阻产生的电压降，V；

$\dot{U}_L$——电感产生的电压降，V。

电阻与电感串联的正弦交流电路图例（日光灯电路）有关三角形与相量图如图 2–16 所示。

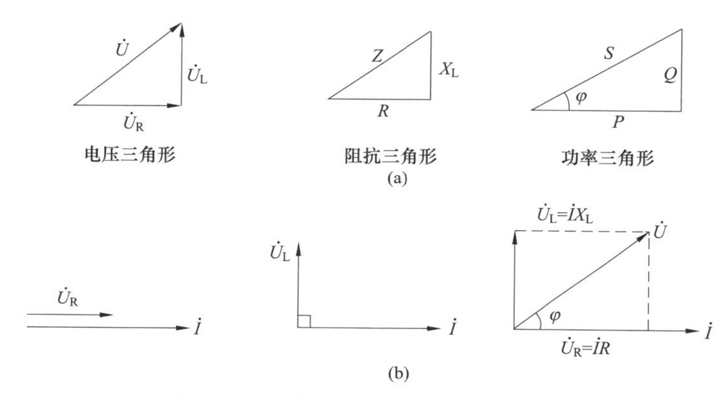

图 2–16 日光灯电路有关三角形与相量图

（a）三角形；（b）相量图

电阻与电感串联的正弦交流电路图例（日光灯电路）有关有功功率计算关系为

$$P=UI\cos\varphi$$

$$P=IU_R=I^2R$$

式中 R——耗能元件；

$\cos\varphi$——电路的功率因数；

U_R——电阻产生的电压降；

U——电源电压。

电感无功功率计算公式为

$$Q_L=IU_L=IU\sin\varphi$$

式中 U_L——电感产生的电压降；

Q_L——电感无功功率。

单口网络端钮电压和电流有效值的乘积称为视在功率，一般用字母 S 表示。视在功率，单位一般为伏安（VA），或千伏安（kVA）。视在功率计算公式为

$$S=UI$$
$$S=\sqrt{P^2+Q_L^2}$$

纯电感只消耗无功功率，电阻性负载消耗有功功率。电感性负载交流电路中，衡量电能被利用来作有功功率的程度时用功率因数 cosφ 来表示。

电灯是电阻性负载，功率因数最高，φ 为零，cosφ=1。电动机的功率因数在满载时为 0.7~0.8，轻载时更低。为了充分利用发电和变电设备的能力，一般应提高功率因数应用。

2.24 水管道

2.24.1 水管道的直径

一般水管的内径又叫做公称通径，一般用毫米表示。但是，需要注意管子的真正内径与其公称通径往往是不相等的，有的相差比较大。当计算管子横截面的面积时，一般用真正的内径，不能用公称通径。水管道的直径图例如图 2–17 所示。

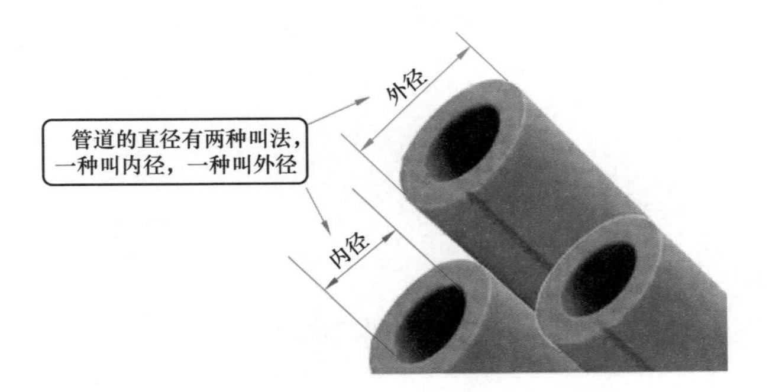

图 2–17　水管道的直径图例

2.24.2 流量

一根水管，在一定的时间内，会流过一定体积的水。该体积的水，用立方米的数值来表示，就叫做管子的流量。水管子里的流量，一般由水管子的横断面的面积与水流的速度相乘得到。

水管流量的计算图例如图 2–18 所示。

流量也可以用质量来表示，$1m^3$ 的水基本上是 1t。因此，水管的 $1m^3/h$ 的流量也就是 1t/h 的流量。

另外，水管子直径一定的情况下，如果水管子里的流速变化，则流量也会随着变化。

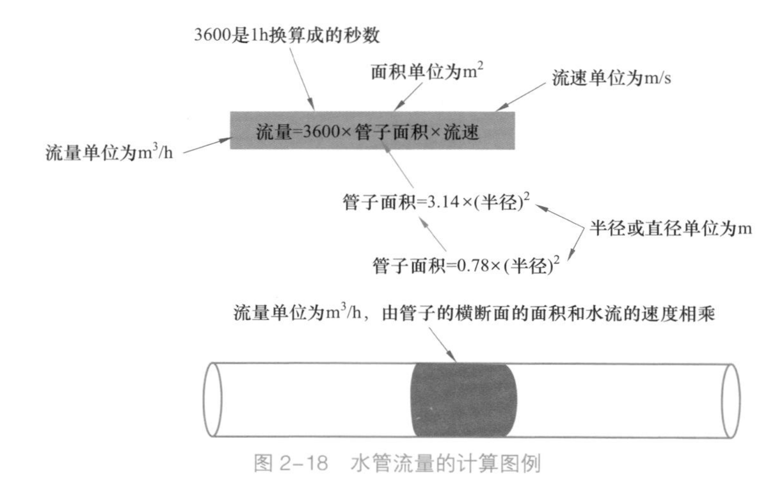

图 2-18　水管流量的计算图例

2.24.3　流速相等不同管子的流量

在流速相等的条件下，大径管子的流量与小径管子的流量的关系如下：当两根管子流速相等时，两根管子的流量各自与其直径的平方成正比，如图 2-19 所示。

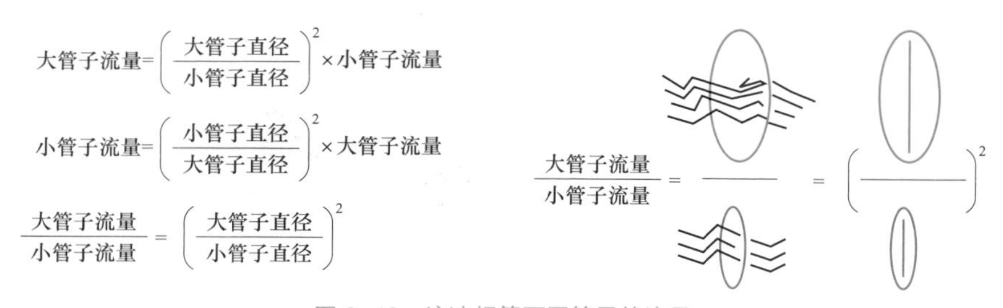

图 2-19　流速相等不同管子的流量

2.24.4　合理的流速

同样的水管，水管大流速就小。这样输送的水电费低，但是水管的成本高。如果水管很小，则水管成本低，但是输送水的电费可能高。为此，一般水管需要有个合理的流速，相关图例如图 2-20 所示。

2.24.5　水管的压力与流速

水管的压力与流速的关系：水管的压力大，则水管水流的流速就越大，如图 2-21 所示。

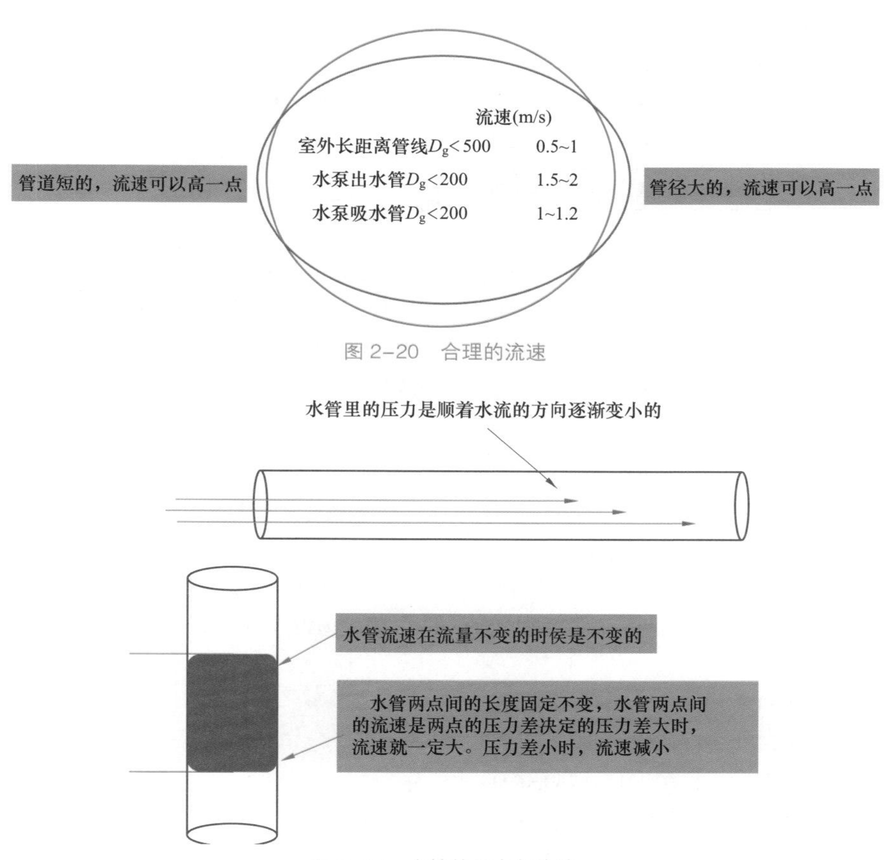

图 2-20　合理的流速

图 2-21　水管的压力与流速

2.24.6　压力

压力是指发生在两个物体接触表面的作用力，或者是液体对于固体表面的垂直作用力。压力的国际单位为牛顿（N），单位面积所受的压力称为压强，单位为帕斯卡（Pa）。

一定量的水，流过不同粗细的管子时，流速不同：流过越细的管子流速越大。因此，水流过粗管的流速最小，流过细管的流速最大。水流速大的地方压强小，水流速小的地方压强大。

用水阻力与水的流速也有有关，流速越大阻力越大。同时，用水时，压力只能衰减，如果衰减到了要求数值以下，则用水点就会出不了水。家用水合适的流速大概为 1~3m/s。为节省成本也可以设为 3m/s。如果超过 5m/s，则可能会影响用水点的水压。

2.24.7 水压损失

水压在水管中也有损失的现象，主要原因是水与管壁存在摩擦、水与水间存在摩擦而消耗掉。管道的阻力与压力差在数值大小上是相等的。

水管阻力公式如下：

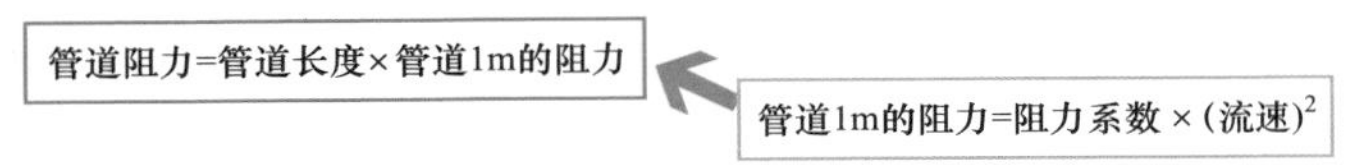

当水流过水管件时，也同样要克服阻力，也就存在水压损失的现象。水流过水管件所产生的阻力，也就是常说的局部阻力。水流过直管的阻力是常说的沿程阻力。管道总阻力就是管道沿程阻力与管道局部阻力之和，公式如下：

管道总阻力 = 管道沿程阻力 + 管道局部阻力

管道局部阻力的公式如下：

管道的局部阻力=局部阻力系数×流速^2

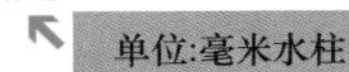

2.24.8 水压单位与换算

水压的单位常见的有 Pa 、kPa、MPa 等。常用 MPa 中文为兆帕斯卡，读做兆帕。1 公斤压力是通俗的叫法，量纲是 1kg/cm^2。1MPa 扬程大概为 100m。有关单位与换算如下：

1kPa=1 × 10^{3}Pa。

1MPa=1 × 10^{6}Pa。

1 标准大气压 =0.1MPa=760mmHg 水银柱。

1 大气压 =1.03323kg/cm^2 的压力。

1MPa=10 大气压力 =10.3323kg/cm^2。

1MPa=10 公斤水压≈ 10kg/cm^2。

0.1MPa ≈ 1.02kg/cm^2 = 14.5Psi。

1 Psi ≈ 0.07kg/cm^2。

1 加仑= 3.785L。

水管的耐压是指压强，以前的压强单位一般用 kgf/cm^2 表示。现在，国际单位用 Pa 或 MPa 来表示。kgf/cm^2 表示每平方厘米承受的压力为 1 千克（公斤）力。

1 公斤压力换算到水柱高度，一般是 10m 水柱产生的压力。例如：

水压 5 公斤等于 5kg/cm^2=5 × 9.8 × 10^{4}N/m^2=4.9 × 10^{5}Pa=0.49MPa

也就是说：

1 公斤水压≈ 0.1MPa

6 公斤水压≈ 0.6MPa

8 公斤水压≈ 0.8MPa

2.25 电气图设备文字符号

配电线路的标注格式如下：

[a（b×c）d-e]

其中：

a——导线型号。

b——导线根数。

c——导线截面。

d——敷设方式及穿管管径。

e——敷设部位。

线路敷设方式文字符号与含义：

M——明敷。

A——暗敷。

S——钢索敷设。

CP——用瓷瓶或瓷柱敷设。

CJ——用瓷夹或瓷卡敷设。

QD——用卡钉敷设。

CB——用槽板或金属槽板敷设。

G——穿焊接钢管敷设。

DG——穿电线管敷设。

VG——穿硬塑料管敷设。

线路敷设部位文字符号与含义：

L——沿梁下弦。

Z——沿柱。

Q——沿墙。

P——沿天棚。

D——沿地板。

电动机出线口表示方式：

（a/b）

其中：

a——设备编号。

b——设备容量。

常用照明灯具文字符号与含义：

J——水晶底罩灯。

T——圆筒形罩灯。

W——碗形罩灯。

P——乳白玻璃平盘罩灯。

S——搪瓷伞形罩灯。

Pd——普通灯具。

照明灯具安装方式文字符号与含义：

X——线吊灯。

L——链吊灯。

G——管吊灯。

B——壁灯。

D——吸顶灯。

R——嵌入灯。

2.26 直流、交流电压测量电路

电气线路中，电阻、电压、电流是最基本的量。电路有直流与交流之分，因此，电流与电压也有直流与交流之分。专门用于测量电流的仪表叫电流表，专门用于测量电压的仪表叫电压表。有的仪器或者仪表是多功能的，因此，电压、电流均可以检测。

测量电流与电压，需要注意以下一些问题：

（1）检测时，电流表必须与用电设备串联，电压表必须与用电设备并联。

（2）根据被测量的大小，选择合适的量程。量程太大，测量不准确；量程太小，容易烧坏仪表。如果测量大小不能估计，则可以先选择最大量程，再根据指针偏转的情况，适当调整到合适的量程测量。

（3）对直流的测量，需要注意仪表的极性。测量直流电流，接线需要使电流从表的正极流进，负极流出。测量直流电压，需要使表的正极接高电位端，负极接低电位端。

电流与电压测量图例如图 2-22 所示。

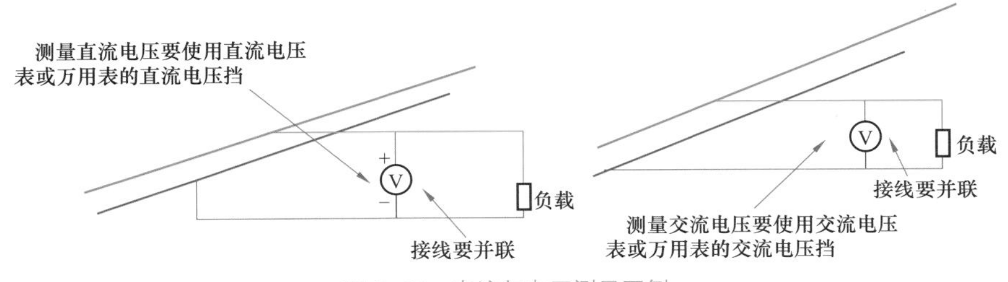

图 2-22　电流与电压测量图例

第3章

电设备、设施及线材的选择

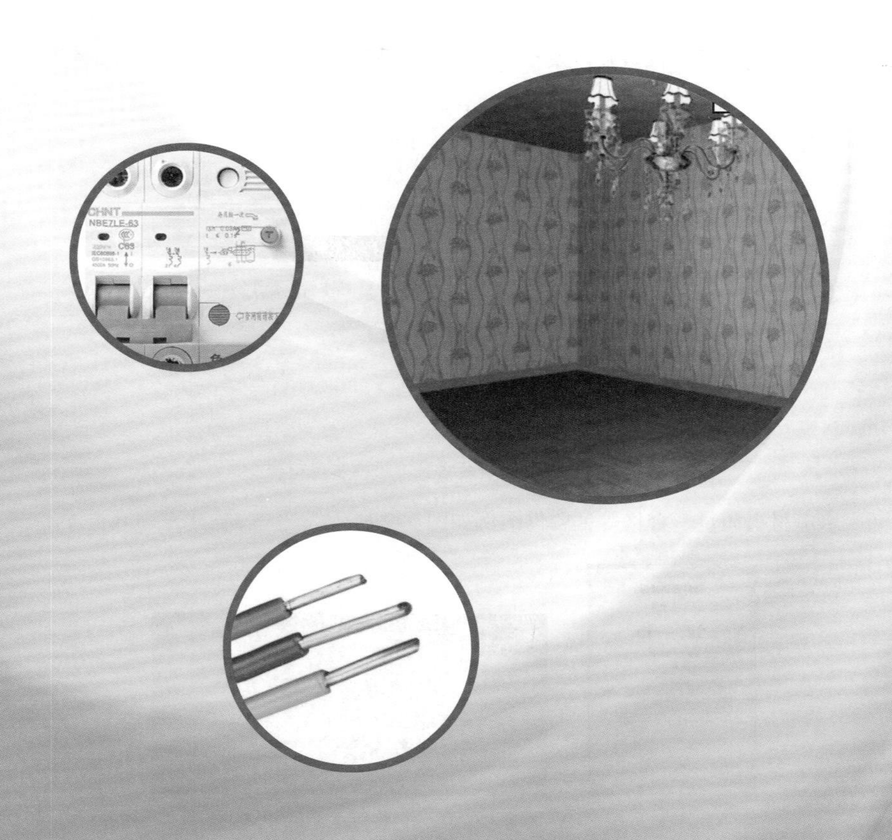

3.1 居住建筑装修装饰工程材料的要求

（1）居住建筑装修装饰工程所用材料的品种、规格、质量，需要符合设计要求与国家现行标准的规定。严禁使用国家明令淘汰的材料。

（2）居住建筑装修装饰工程所用的材料燃烧性能，需要符合国家现行有关标准的有关规定与要求。

（3）居住建筑装修装饰工程，需要优先使用新材料、新技术、新工艺、新设备。

（4）居住建筑装修装饰工程使用的材料，需要符合国家有关建筑装修装饰材料有害物质限量标准的规定。

（5）材料进场时需要对品种、规格、外观、质量进行验收。

（6）墙面所用保温材料的类型、品种、规格，需要符合设计要求。

（7）承担居住建筑装修装饰工程施工前，主要材料需要经有关各方确认。有必要时，可通知监理方对材料进行复验。

（8）建筑内部装修设计，需要妥善处理装修效果与使用安全的矛盾，积极采用不燃性材料、难燃性材料，尽量避免采用在燃烧时产生大量浓烟或有毒气体的材料，做到安全适用，技术先进，经济合理。

居住建筑装修装饰工程水电材料如图 3-1 所示。

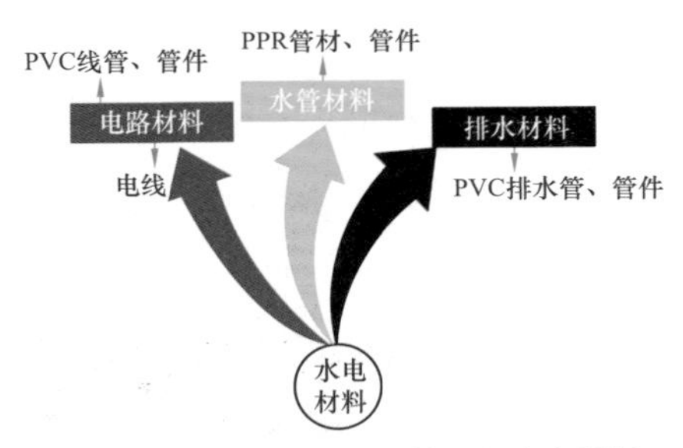

图 3-1　居住建筑装修装饰工程水电材料

水电材料质量、合格等证明件图例如图 3-2 所示。

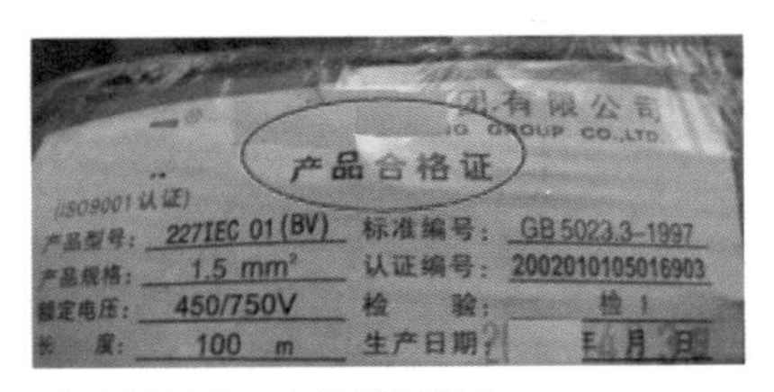

图 3-2　水电材料质、合格等证明件

3.2 装修材料燃烧性能等级与应用

装修材料燃烧性能等级见表 3–1。

表 3–1　装修材料燃烧性能等级

等级	装修材料燃烧性能
A	不燃性
B1	难燃性
B2	可燃性
B3	易燃性

装饰织物燃烧性能等级判定见表 3–2。

表 3–2　装饰织物燃烧性能等级判定

级别	损毁长度（mm）	续燃时间（s）	阻燃时间（s）
B1	≤ 150	≤ 5	≤ 5
B2	≤ 200	≤ 15	≤ 10

塑料装饰材料燃烧性能见表 3–3。

表 3–3　塑料燃烧性能等级判定

级别	氧指数法	水平燃烧法	垂直燃烧法
B1	≥ 32	1 级	0 级
B2	≥ 27	1 级	1 级

常用建筑内部装修材料燃烧性能等级划分举例见表 3–4。

表 3–4　常用建筑内部装修材料燃烧性能等级划分举例

材料类别	级别	材料应用举例
各部位材料	A	水泥制品、混凝土制品、石膏板、花岗石、大理石、水磨石、石灰制品、黏土制品、玻璃、瓷砖、马赛克、钢铁、铝、铜合金等
顶棚材料	B1	矿棉装饰吸声板、玻璃棉装饰吸声板、珍珠岩装饰吸声板、难燃胶合板、难燃中密度纤维板、纸面石膏板、纤维石膏板、水泥刨花板、岩棉装饰板、难燃木材、铝箔复合材料、难燃酚醛胶合板、铝箔玻璃钢复合材料等
墙面材料	B1	矿棉板、玻璃棉板、珍珠岩板、难燃胶合板、难燃中密度纤维板、防火塑料装饰板、难燃双面刨花板、多彩涂料、纸面石膏板、纤维石膏板、水泥刨花板、难燃墙纸、难燃墙布、难燃仿花岗岩装饰板、氯氧镁水泥装配式墙板、难燃玻璃钢平板、PVC 塑料护墙板、轻质高强复合墙板、阻燃模压木质复合板材、彩色阻燃人造板、难燃玻璃钢等

续表

材料类别	级别	材料应用举例
墙面材料	B2	纸制装饰板、装饰微薄木贴面板、印刷木纹人造板、塑料贴面装饰板、聚脂装饰板、各类天然木材、木制人造板、竹材、复塑装饰板、塑纤板、胶合板、塑料壁纸、无纺贴墙布、墙布、复合壁纸、天然材料壁纸、人造革等
地面材料	B1	水泥刨花板、水泥木丝板、硬 PVC 塑料地板、氯丁橡胶地板等
	B2	PVC 卷材地板、半硬质 PVC 塑料地板、木地板氯纶地毯等
装饰织物	B1	经阻燃处理的各类难燃织物等
	B2	纯麻装饰布、纯毛装饰布、经阻燃处理的其他织物等
其他装饰材料	B1	聚碳酸酯塑料、聚四氟乙烯塑料、聚氯乙烯塑料、酚醛塑料、三聚氰胺、脲醛塑料、硅树脂塑料装饰型材、经阻燃处理的各类织物等。另见顶棚材料和墙面材料中的有关材料
	B2	经阻燃处理的聚乙烯、聚丙烯、聚氨酯、聚苯乙烯、玻璃钢、化纤织物、木制品等

装修材料的应用如下：

（1）当胶合板表面涂覆一级饰面型防火涂料时，可以作为 B1 级装修材料使用。

（2）当胶合板用于顶棚、墙面装修，并且不内含电器、电线等物体时，宜仅在胶合板外表面涂覆防火涂料。

（3）当胶合板用于顶棚、墙面装修，并且内含有电器、电线等物体时，胶合板的内、外表面以及相应的木龙骨应涂覆防火涂料，或采用阻燃浸渍处理达到 B1 级。

（4）消防水泵房、排烟机房、固定灭火系统钢瓶间、配电室、变压器室、通风、空调机房等，其内部所有装修均应采用 A 级装修材料。

（5）无自然采光楼梯间、封闭楼梯间、防烟楼梯间及其前室的顶棚、墙面、地面均应采用 A 级装修材料。

（6）建筑物内设有上下层相连通的中庭、走廊、开敞楼梯、自动扶梯时，其连通部位的顶棚、墙面应采用 A 级装修材料，其他部位应采用不低于 B1 级的装修材料。

（7）防烟分区的挡烟垂壁，其装修材料应采用 A 级装修材料。

（8）照明灯具的高温部位，当靠近非 A 级装修材料时，需要采取隔热、散热等防火保护措施。

（9）经常使用明火器具的餐厅，装修材料的燃烧性能等级除 A 级外，应在有关规定的基础上提高一级。

（10）灯饰所用材料的燃烧性能等级不应低于 B1 级。

（11）建筑内部装修不应遮挡消防设施、疏散指示标志、安全出口，且不应妨碍消防设施和疏散走道的正常使用。因特殊要求做改动时，应符合国家有关消防规范和法规的规定。

（12）建筑物内的厨房，其顶棚、墙面、地面均应采用 A 级装修材料。

（13）地上建筑的水平疏散走道、安全出口的门厅，其顶棚装饰材料应采用 A 级装修材料，其他部位应采用不低于 B1 级的装修材料。

（14）建筑内部消火栓的门不应被装饰物遮掩，消火栓门四周的装修材料颜色应与消火栓门的颜色有明显区别。

3.3 家装常见水电材料

家装常见水电材料见表 3–5 和表 3–6。

表 3–5 家装常见水电材料

名称	规格	单位	数量	单价	金额	品牌	备注
电线管							
PVC 线管	16（红色）	根					
	16（蓝色）	根					
	20（红色）	根					
	20（蓝色）	根					
	30	根					
接头	16	只					
	20	只					
	30	只					
锁母	16	只					
	20	只					
小线盒	118 型	只					
中线盒	118 型	只					
大线盒	118 型	只					
线盒	86 型	只					
8 角顶盒		只					
顶盒螺接		只					
顶盒面板		只					
顶盒用软管		m					
顶盒用螺钉		只					
管卡	16	包					
	20	包					
弹簧	16	根					
	20	根					
黄腊管	1.5	根					

续表

名称	规格	单位	数量	单价	金额	品牌	备注
黑螺钉	1.2 寸	盒					
塑料胀管	6mm	包					
电锤四方钻	6mm	支					
铁钉	2.5 寸	斤					
空气开关箱		只					
弱电箱		只					
上水管							
PPR 水管	4 分	根					每根 3m 长
	6 分	根					
弯头	4 分	只					
过桥	4 分	只					
内丝弯	4 分	只					
等三通	4 分	只					
6 分弯头	6 分	只					
6 分三通	6 分	只					
接头	6 分	只					
过桥	6 分	只					
大小头	4×6	只					
三通	4×6	只					
三角阀		个					普通
软管	50cm	根					
铁丝堵	4 分	只					
水龙头	4 分	只					
生料带		个					
4 分内丝直接		只					
6 分内丝直接		只					
4 分内丝三通		只					
6 分内丝三通		只					
4 分阀		只					热水
4 分保温管		m					
钢钉	3 寸	盒					
中钉卡	4 分	只					
外螺	4 分	只					
煤气管	4 分	m					
铜内丝弯	5 分	个					

续表

名称	规格	单位	数量	单价	金额	品牌	备注
铜等三通	6分	个					
铜弯头	7分	个					
切割片		张					
下水管道							
PVC管	110	m					
	75	m					
	50	m					
等三通	110	只					
	75	只					
	50	只					
等弯	110	只					
	75	只					
	50	只					
接头	110	只					
	75	只					
	50	只					
补心	110×50	只					
	75×50	只					
	50×30	只					
异三通	110×50	只					
	75×50	只					
	110×75	只					
吊卡	110	只					
	75	只					
	50	只					
沉水弯	110	套					
	75	套					
	50	套					
PVC胶水	500ml	瓶					
地漏		只					
电线、电料							
1.5平方硬线、红色		卷					
1.5平方软线、红色		卷					
1.5平方硬线、蓝色		卷					

续表

名称	规格	单位	数量	单价	金额	品牌	备注
1.5 平方软线、蓝色		卷					
1.5 平方软线、双色		卷					
1.5 平方硬线、双色		卷					
2.5 平方硬线、红色		卷					
2.5 平方软线、红色		卷					
2.5 平方硬线、蓝色		卷					
2.5 平方软线、蓝色		卷					
4 平方硬线、红色		卷					
4 平方软线、红色		卷					
4 平方硬线、蓝色		卷					
4 平方软线、双色		卷					
6 平方软线、红色		卷					
6 平方软线、蓝色		卷					
10 平方软线、红色		m					
10 平方软线、蓝色		m					
电视线		m					四屏蔽
电话线	4 芯	m					
8 芯网线		m					
泥桶		个					
胶布		卷					
铝箔带		卷					
水泥		袋					
黄沙		袋					
过河	100	根					
轻质砖	300 × 600	块					

续表

名称	规格	单位	数量	单价	金额	品牌	备注
灯泡	150W	个					
开关面板、插座面板、灯具							
开关面板	数量可以根据实际情况选择						
插座面板	数量可以根据实际情况选择						
灯具	数量可以根据实际情况选择						

表 3-6　　家装常见水电材料

名称与项目	单位	造价			其中					说明
		数量	单价	金额	主材	辅材	机械	人工	损耗	
水部分										
一厨一卫冷热水管铺设	项									PP-R 冷热水水管
增加一卫冷热水管铺设	项									PP-R 冷热水水管
浴房龙头安装	套									
水池（槽、洗脸盆）安装	套									
阳台通水管	项									PP-R 冷水管
排污、排水管										
电部分										
厨房铺管穿线	间									电线窗 PVC 管铺设，含插座 / 开关 / 照明安装人工费
卫生间铺管穿线	间									电线窗 PVC 管铺设，含插座 / 开关 / 照明安装人工费
客厅铺管穿线	间									电线窗 PVC 管铺设，含插座 / 开关 / 照明安装人工费
餐厅铺管穿线	间									电线窗 PVC 管铺设，含插座 / 开关 / 照明安装人工费
房间铺管穿线	间									电线窗 PVC 管铺设，含插座 / 开关 / 照明安装人工费
过道铺管穿线	间									线穿 PVC 管暗敷

续表

名称与项目	单位	造价			其中					说明
		数量	单价	金额	主材	辅材	机械	人工	损耗	
储藏间铺管穿线	间									线穿 PVC 管暗敷
阳台铺管穿线	间									线穿 PVC 管暗敷
电话 / 电视 / 电脑弱电布线	套									双音频电视线，八芯电脑线，穿 PVC 管铺设
音箱线铺设	套									音箱线穿 PVC 管铺设
插座										
开关面板										
灯具										
热水器										
软管、三角阀										
龙头										
地漏										
换气扇										
浴霸										
打空调洞										
安装空调										
合计										

3.4 家装常见水电设备或者相关设备

家装常见水电设备或者相关设备见表 3-7。

表 3-7 家装常见水电设备或者相关设备

名称	型号	数量	单价 / 元	总价 / 元	备注
按摩浴缸					
餐桌					
橱柜					
窗帘					
床头柜（主卧）					
床头柜（次卧）					
大衣柜（主卧）					

续表

名称	型号	数量	单价 / 元	总价 / 元	备注
大衣柜（次卧）					
灯具					
地板（主卧）					
地板（次卧）					
分体空调 1.2 匹					
分体空调 1.5 匹					
分体空调 2.0 匹					
分体空调（其他）					
开关面板					
拉手					
淋浴房（其他）					
淋浴房（二楼）					
淋浴房（一楼）					
淋浴龙头					
龙头					
炉灶					
门锁					
沙发					
室外机					
双人床（主卧）					
双人床（次卧）					
水池					
洗脸盆（立盆）					
洗脸盆（台下盆）					
消毒柜					
油烟机					
中央空调					
坐便器					
总计					

3.5 家装常见水电材料预算

家装常见水电材料预算的参考价格见表 3-8。

表 3-8　　家装常见水电材料预算的参考价格

材料名称	规格	品牌	单位	数量	参考价/元	总价	采购日期
15 回路电箱			个		60.00		
20PP-R 热熔 45° 等径弯头			个		3.00		
20PP-R 热熔 90° 等径弯头			个		3.00		
20PP-R 热熔等径管估			个		3.00		
20PP-R 热熔等径三通			个		3.00		
20PP-R 热熔过管弯			个		3.00		
20PP-R 热熔内牙三通			个		12.00		
20PP-R 热熔内牙弯头			个		12.00		
20PP-R 热熔热水管			m		6.00		
20PP-R 丝堵			个		0.50		
30 自攻钉			代		3.00		
50PVC 排水管			m		5.00		
50PVC 排水管 45° 等径弯头			个		3.00		
50PVC 排水管 90° 等径三通			个		4.00		
50PVC 排水管 90° 等径弯头			个		3.00		
50 系列调光开关	500A 250V		只		25.00		
50 系列二位单极琴键开关带荧光指示	10A 250V		只		11.00		
50 系列二位电话插座	带保护门带标签		只		27.00		
50 系列二位两极双用插座			只		9.00		
50 系列二位美式插座	10A 250V（适用于电脑）		只		20.00		
50 系列二位双路琴键开关带荧光指示	10A 250V		只		12.00		
50 系列二位信息插座	带保护门带标签		只		76.00		
50 系列风扇调速开关	100A 250V		只		25.92		
50 系列两极带接地插座	10A 250V		只		7.58		

续表

材料名称	规格	品牌	单位	数量	参考价/元	总价	采购日期
50 系列两极加两极带接地插座			只		10.66		
50 系列门铃开关带荧光指示	250V		只		11.00		
50 系列三位单极琴键开关带荧光指示	10A 250V		只		14.64		
50 系列三位双路琴键开关带荧光指示	10A 250V		只		16.80		
50 系列一位单极琴键开关带荧光指示	10A 250V		只		8.06		
50 系列一位电话插座	带保护门带标签		只		18.00		
50 系列一位电视插座			只		12.00		
50 系列一位宽频电视插座	5~1000MHz，全屏蔽		只		27.00		
50 系列一位两极双用插座	10A 250V		只		5.62		
50 系列一位双路琴键开关带荧光指示	10A 250V		只		9.00		
50 系列一位信息插座	带保护门带标签		只		39.00		
52 钢钉			盒		5.00		
86 型双盒			个		2.00		
M6 塑料胀塞			个		0.10		
M8 腊管（用于顶棚走线）			m		1.00		
PPR 水管			套		1000.00		
PVC 排水管胶			瓶		3.00		
TV 线			m		3.40		
UPVC 排水管胶			瓶		4.00		
暗盒	86 型		只		1.40		
白炽灯泡	普通白炽灯泡 100W		只		2.00		
白炽灯泡	T8 18W、30W、36W		只		7.00		
超五类线 UTP			m		2.30		
厨房灯	嵌入式 30 × 60/2 × 18W		只		180.00		
厨房灯	CFF1141		只		36.40		
厨房水槽			只		847.00		
厨房水龙头			只		24.00		

续表

材料名称	规格	品牌	单位	数量	参考价 / 元	总价	采购日期
大跷板门铃开关	250V		只		12.00		
单联单控大跷板开关	10A 250V		只		9.00		
单联双控大跷板开关	10A 250V		只		12.00		
单芯电线	1.5 平方		100m/ 卷		132.00		
单芯电线	2.5 平方		100m/ 卷		226.00		
单芯电线	2.5 平方双色		100m/ 卷		246.00		
电话线	四芯电话线 0.5mm 铜芯		m		1.60		
电线管	4 分 315		3.03m/ 根		1.20		
电线管			3.03m/ 根		1.50		
多媒体箱（带路由器）			个		380.00		
二位八芯电脑插座			只		82.00		
二位电话插座			只		50.00		
二位二极扁圆两用插座	10A 250V		只		11.20		
管夹			个		0.20		
硅胶	瓷白硅胶 300ml		瓶		16.50		
焊锡			条		12.00		
焊锡膏			盒		2.00		
金属软管（马桶进水管）			根		15.00		
锯条			根		0.30		
绝缘胶布			卷		2.30		
客厅灯	M×-C032C×YAA-××		只		101.40		
客厅灯	1098/L		只		360.00		
客卫灯	TCLMD-40PL10WDH		只		48.70		
客卫灯	CFFM621		只		54.53		
空气开关	断路器 5SY3016-7kV		只		36.72		

续表

材料名称	规格	品牌	单位	数量	参考价/元	总价	采购日期
空气开关	断路器 DA47 二进二出 16A		只		32.50		
空气开关	DPN 型 1P，16A		只		31.00		
宽频电视调频插座	5-1002MHz，全屏蔽		只		33.41		
淋浴整体房			套		1820.00		
漏电保护器	5SU9356-1SK40		只		117.90		
漏电保护器	C65NLE-1P63A		只		145.00		
漏电保护器	2P，40A		只		149.00		
螺纹管			m		1.00		
马桶			只		1795.00		
配电箱	12+2 路		只		75.00		
配电箱	12+2 路		只		132.00		
入盒接头锁扣	4 分		只		0.35		
入盒接头锁扣	6 分		只		0.40		
软管	40 公分		根		12.00		
三角阀	水道阀门		只		12.00		
三角阀（马桶角阀）			只		15.00		
三联单控大跷板开关	10A 250V		只		18.00		
三联双控大跷板开关	10A 250V		只		21.00		
三芯护套线	2.5 平方		100m/ 卷		830.00		
生料带			卷		2.00		
双孔宽频电视插座	5~1001MHz，全屏蔽		只		33.41		
双联单控大跷板开关	10A 250V		只		13.44		
双联双控大跷板开关	10A 250V		只		16.18		
四分 400MM 高压软管			根		12.00		
四分铜短丝			个		3.00		
台盆落水（脸盆下水 P 弯）			套		35.00		
拖把池			只		390.00		
弯管弹簧	4 分		根		5.00		

续表

材料名称	规格	品牌	单位	数量	参考价/元	总价	采购日期
弯管弹簧	6 分		根		5.00		
网络线			m		3.00		
卫生间台盆			只		455.00		
卫生间台盆龙头			只		340.00		
洗衣机龙头			只		22.00		
阳台灯	M×-C032C×YA×-×C		只		111.70		
阳台灯	CF65001F		只		100.17		
一位八芯电脑插座			只		48.16		
一位电话插座			只		31.42		
一位电视插座			只		18.54		
一位调光开关	500A 251V		只		52.92		
一位二极扁圆插座	10A 250V		只		6.00		
一位风扇调速开关	100A 250V		只		52.92		
一位宽频电视插座			只		366.00		
一位联体二三极插座			只		11.00		
一位三极插座	10A 250V		只		8.85		
音响线	2×1.52		m		3.60		
音响线	100 支		m		3.70		
有线电视线			100m/ 卷		495.00		
浴缸			只		2626.00		
浴缸龙头			只		340.00		
浴缸落水（浴缸下水）			套		150.00		
直接	4 分		只		0.25		
直接	6 分		只		0.30		
主厅灯	M×-C040C×YA×-RD		只		122.90		
主厅灯	8283/3		只		160.00		
主卫灯	TCLMD-50PL13WPH		只		71.90		
主卫灯	CFFM821W		只		97.79		

续表

材料名称	规格	品牌	单位	数量	参考价/元	总价	采购日期
主卧灯	M×–C036C× YA×–××		只		119.10		
主卧灯	1002/M		只		230.00		
合计							

3.6 导线的选择

3.6.1　概述

设计布线时，需要考虑导线额定电压大于线路的工作电压，导线绝缘需要符合线路安装方式与敷设环境的条件。导线截面，需要满足供电的要求与机械强度。导线的敷设位置需要便于检查、修理。导线的连接与分支处，不受机械力的作用。

适用于交流额定电压 500V 以下或直流 1000V 以下的电气设备、照明装置用线如下：

BLXF 表示铝芯氯丁橡胶线；

BXF 表示铜芯氯丁橡胶线；

BLX 表示铝芯橡胶线；

BX 表示铜芯橡胶线；

BXR 表示铜芯橡胶软线。

适用于各种交流、直流电气装置，电工仪器仪表，电信设备，动力与照明线路固定敷设用线如下：

BV 线表示铜芯聚氯乙烯绝缘电线；

BLV 线表示铝芯聚氯乙烯绝缘电线；

BVR 线表示铜芯聚氯乙烯绝缘软电线；

BVV 线表示铜芯聚氯乙烯绝缘聚氯乙烯护套圆形电线；

BLVV 线表示铝芯聚氯乙烯绝缘聚氯乙烯护套电线；

BVVB 线表示铜芯聚氯乙烯绝缘聚氯乙烯护套扁形电线；

BLVVB 线表示铝芯聚氯乙烯绝缘聚氯乙烯护套扁形电线；

VB–105 线表示铜芯耐热 105℃聚氯乙烯绝缘电线。

适用于各种交流、直流电器，工业仪器、家用电器、小型电动工具，动力与照明装置的连接用线如下：

RV 表示铜芯聚氯乙烯绝缘软线；

RVB 表示铜芯聚氯乙烯绝缘平行软线；

RVS 表示铜芯聚氯乙烯绝缘绞型软线；

RVV 表示铜芯聚氯乙烯绝缘聚氯乙烯护套圆形连接软电线；

RVVB 表示铜芯聚氯乙烯绝缘聚氯乙烯护套扁形连接软电线；

RV-105 表示铜芯耐热 105℃聚氯乙烯绝缘连接软电线。

适用于交流额定电压 250V 以下或直流 500V 以下的各种移动电源、无线电设备和照明灯座连接用线如下：

RFB 表示复合物绝缘扁型软线；

RFS 表示复合物绝缘绞型软线。

适用于交流电压 250V 以下的电器、仪表、电信、电子设备及自动化装置对外移动频繁，要求特别柔软的屏蔽连接用线如下：

RVFP 表示聚氯乙烯绝缘丁腈复合物保护套屏蔽软线。

3.6.2 导线的选择

1. 线芯材料的选择

设计布线时，选择导线的线芯一般要是金属材料，并且同时具备以下特点：

（1）电阻率较低。

（2）有足够的机械强度。

（3）一般情况下有较好的耐腐蚀性。

（4）容易进行各种形式的机械加工，价格经济。

（5）家装导线一般选择铜芯导线。

（6）选择铜芯导线可以是单股的导线，也可以是多股的导线。

2. 导线截面的选择

选择导线，一般需要考虑三个因素：长期工作允许电流、机械强度、电路电压降在允许范围内。

（1）根据机械强度来选择导线。导线安装后与运行中，均要受到外力的影响。导线自重、不同的敷设方式，会使导线受到不同的张力。如果导线不能够承受张力作用，则会造成断线。因此，需要选择具有一定机械强度的导线。

家装用线一般选择国家标准 BV 线。RVS2 × 0.5 双绞线灯头线可以用于家装灯头线，RVS2 × 0.5 双绞线图例如图 3-3 所示。

（2）根据电压损失选择导线截面。家居住宅的用电，一般是由相应的电力变压器低压侧到电路末端引入的，电压损失一般应小于 6%。正常情况下，电动机端电压与其额定电压不得相差 ± 5%。

家装电线额定电压一般需要选择 450/750V 的。

（3）根据长期工作允许电流选择导线截面。设计选择导线时，可以依据负载电流选择导线截面，一般用电设备负载电流计算见表 3-9。

图 3-3　RVS2×0.5 双绞线图例

表 3-9　一般用电设备负载电流计算

负载类型	功率因数	计算公式	每千瓦电流量（A）
电灯、电磁	1	单相：$I_P=P/U_P$	4.5
		三相：$I_L=P/\sqrt{3}\,U_L$	1.5
荧光灯	0.5	单相：$I_P=P/(U_P\times0.5)$	9
		三相：$I_L=P/(\sqrt{3}\,U_L\times0.5)$	3
单相电动机	0.75	$I_P=P/[U_P\times0.75\times0.75$（效率）]	8
三相电动机	0.85	$I_L=P/[\sqrt{3}\,U_L\times0.85\times0.85$（效率）]	2

注　公式中 I_P、U_P 为相电流、相电压；I_L、U_L 为线电流、线电压。

线路负荷的电流，可以根据以下公式来计算：

单相纯电阻电路　$I=P/U$

单相含电感电路　$I=P/U\cos\varphi$

三相纯电阻电路　$I=P/\sqrt{3}\,U_L$

三相含电感电路　$I=P/\sqrt{3}\,U_L\cos\varphi$

式中　P——负载的功率，W；

U_L——三相电源的电压，V；

$\cos\varphi$——功率因数。

根据导线允许载流量选择导线时，一般原则是允许载流量不小于线路复合的计算电流。

家装铜芯电线可以根据 1mm² 允许长期电流（导线的允许载流量）5~7A 来估算。耗电量比较大的家用电器是：1.2 匹空调大约为 5A，电热水器大约为 10A，微波炉大约为 4A，电饭煲大约为 4A，洗碗机大约为 8A，带烘干功能的洗衣机大约为 10A，电开水器大约为 4A，大 3 匹空调大约为 14A，每台计算机为 1~1.5A。

导线的允许载流量就是导线工作温度不超过 65℃时，可长期通过的最大电流值。导线的允许载流量也就是导线的安全载流量或安全电流值。一般导线的最高允许工作温度为 65°C。如果超过这个温度，导线的绝缘层就会迅速老化，甚至变质损坏，引起火灾。

导线的工作温度除与导线通过的电流有关外，还与导线的散热条件、环境温度等有关。因此，导线的允许载流量不是某一固定值。当同一导线采用不同的敷设方式，或处于不同的环境温度时，其允许载流量也是不相同的。

家装铜芯电线应用图例如图 3–4 所示。

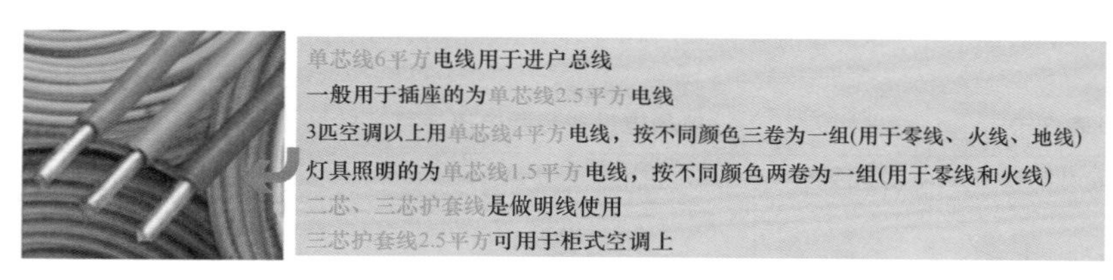

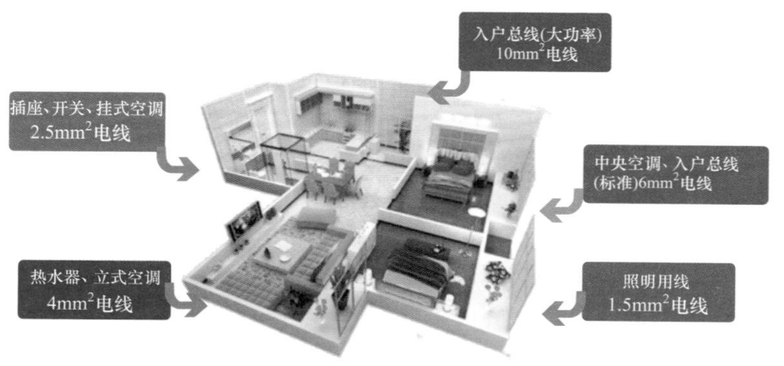

图 3–4　家装铜芯电线应用

家装 RVS 双绞花线、BVVB 护套电线功率见表 3–10。

表 3–10　家装 RVS 双绞花线、BVVB 护套电线功率

横截面（mm^2）	载流量（A）	功率（W）	横截面（mm^2）	载流量（A）	功率（W）
0.2 × 0.5	4	800	2 × 1.5	15	3300
2 × 0.75	5	1100	2 × 2.5	25	5500
2 × 1	8	1700	2 × 4	32	7000

注　以上功率均为极限功率，根据使用环境不同会有误差，选购时预留 20% 的余温作为缓冲。

家装 BV、BVR 电线功率见表 3–11。

表 3–11　　家装 BV、BVR 电线功率

截面积（mm^2）	220V（W）	380V（W）	截面积（mm^2）	220V（W）	380V（W）
1（13A）	2900	6500	6（44A）	10000	22000
1.5（13A）	4200	9000	10（62A）	13500	31000
2.5（26A）	5800	13000	16（85A）	13900	42000
4（84A）	7000	17000	25（110A）	24400	55000

注　以上功率均为极限功率，根据使用环境不同会有误差，选购时预留 20% 的余温作为缓冲。

一般情况下，家装电线的选择见表 3–12。

表 3–12　　家装电线的选择

型号	规格	用途
BV 单股铜芯硬线	$1mm^2$	照明
	$1.5mm^2$	照明、插座连接线
	$2.5mm^2$	空调、插座用线
	$4mm^2$	热水器、立式空调
	$6mm^2$	中央空调、进户线
	$10mm^2$	进户总线
通信用线	HJYV	电话线
	SYWV、RG–6	电视线
	UTP	网线
	SP	音箱线

型号	规格	用途
BVR 单股铜芯硬线	$1mm^2$	照明
	$1.5mm^2$	照明、插座连接线
	$2.5mm^2$	空调、插座用线
	$4mm^2$	热水器、立式空调
	$6mm^2$	中央空调、进户线
	$10mm^2$	进户总线

照明灯具使用的导线，其电压等级不应低于交流 500V，其最小线芯截面需要满足表 3–13 所示的要求。

表 3–13　　线芯最小允许截面

场所与用途		线芯最小截面（mm^2）		
		铜芯软线	铜线	铝线
照明用灯头线	民用建筑室内	0.4	0.5	2.5
	工业建筑室内	0.5	0.8	2.5
	室外	1.0	1.0	2.5
移动式用电设备	生活用	0.4	—	—
	生产用	1.0	—	—

3. 导线颜色的选择

导线颜色的选择图例如图 3-5 所示。

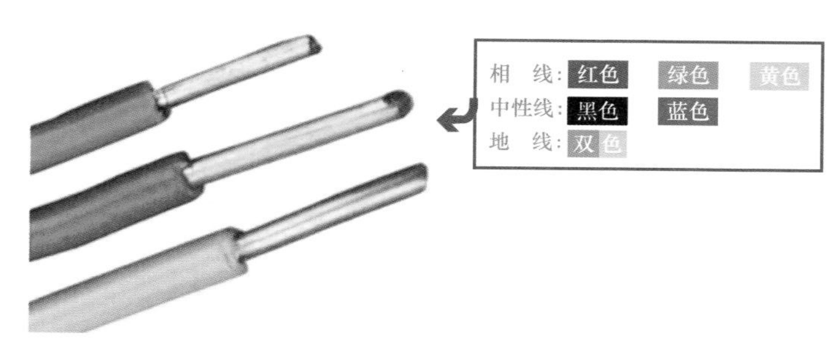

图 3-5　导线颜色的选择图例

4. 不同环境下导线（电线）种类的选择

不同环境下导线（电线）种类的选择如下：

（1）对于比较干燥的机房，如图书室、宿舍，可以选用橡皮绝缘导线。

（2）对于温度变化不大的室内，在日光不直接照射的地方，可以选用塑料绝缘导线。

（3）电动机的室内配线，一般选用橡皮电线，但是在地下敷设时，一般选用地埋塑料电力导线。

（4）经常移动的导线，如移动电器的引线、吊灯线等，一般选用多股软导线。

（5）如果是潮湿的室内环境，如水泵、豆腐作坊，一般选用塑料绝缘导线。

3.6.3　家装电线用量的估计

家装电线用量的估计见表 3-14。

表 3-14　　家装电线用量的估计

类型与面积	电线用量
一室一厅（30~50mm^2）	BV1.5 平方单色铜芯线 100m 的 2 卷（相线、中性线各 1 卷，灯具照明用）。 BV2.5 平方单色铜芯线 100m 的 3 卷（相线、中性线、地线各 1 卷，插座用）。 高清电视线 30m。 电脑线 30m
二室一厅（50~70mm^2）	BV1.5 平方 100m 的单色铜芯线 2 卷、50m 的 2 卷（相线、中性线各 2 卷，灯具照明用）。 BV2.5 平方 100m 的单色铜芯线 3 卷、50m 的 3 卷（相线、中性线、地线各 2 卷，插座用）。 高清电视线 50m。 电脑线 50m
三室一厅（70~100mm^2）	BV1.5 平方 100m 的单色铜芯线 4 卷（相线、中性线各 2 卷，灯具照明用）。 BV2.5 平方 100m 的单色铜芯线 6 卷（相线、中性线、地线各 2 卷，插座用）。 高清电视线 50m。 电脑线 50m

3.7 配电箱尺寸的选择

PZ30 系列配电箱（箱体）主要结构部件有透明罩、上盖箱体、卡轨、接线端子等。内装电器开关元件一般全部采用宽度为 9mm 模数的电器，安装于卡轨上，可根据需要任意组合，开关手柄外露，带电及其他部件遮盖于上盖内部，打开小门可方便操作，接地牢固可靠。

有的配电箱为了便于接线，明装、暗装箱体背面和上下面均冲有进出线的敲落孔。

PZ30 系列配电箱（箱体）主要尺寸见表 3–15。

表 3–15　　PZ30 系列配电箱（箱体）主要尺寸

测量方式（暗装）	总回路	外形尺寸（mm）			备注
		H	*W*	*D*	
	4	175	165	80	单排
	6	240	195	90	
	8	240	230	90	
	10	240	270	90	
	12	240	305	90	
	15	240	365	90	
	18	240	415	90	
	20	450	270	90	双排
	24	450	305	90	
	30	450	360	90	
	36	450	415	90	
	45	650	360	90	三排

配电箱尺寸的确定：

（1）当配电箱只是照明电箱或者小动力配电箱，进线小于 10 平方，开关位数小于 20 位时，开关宽度尺寸加起来再每边加 20mm 就得到配电箱的宽度。配电箱高度就是开关高度加 40mm。配电箱深度就是开关最大深度加 10mm。

（2）当配电箱只是照明电箱或者小动力，进线小于 10 平方，开关位数大于 20 位时，配电箱需要布置为两排开关。配电箱开关宽度尺寸（微型断路器每位宽度大约为 18mm）加起来再每边加 40mm 就为配电箱宽度。配电箱高度为开关高度加 40mm。配电箱深度为开关最大深度加 10mm。

（3）当配电箱只是照明电箱或者小动力，进线小于 10 平方，进线开关单独一排时，配电箱开关宽度尺寸加起来再每边加 20mm 就是配电箱宽度。配电箱高度为开关高度加进线开关高度加 40mm。配电箱深度为开关最大深度加 10mm。

1P 16A 单项 C16 小型断路器单极家用保护器的宽度如图 3–6 所示。

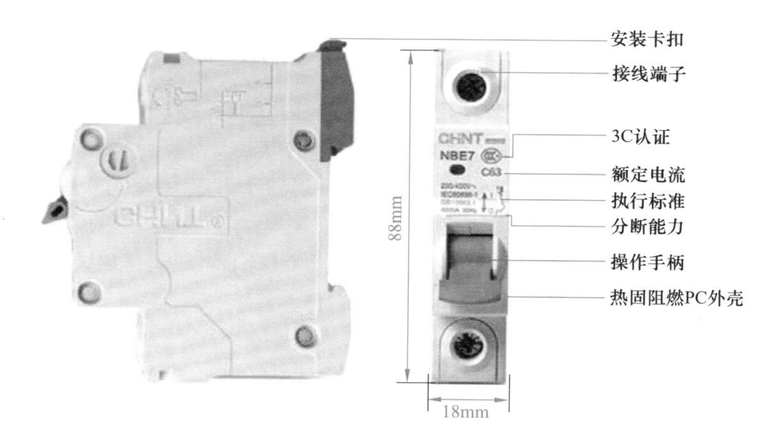

图 3-6　1P 16A 单项 C16 小型断路器

2P 小型断路器的宽度如图 3-7 所示。

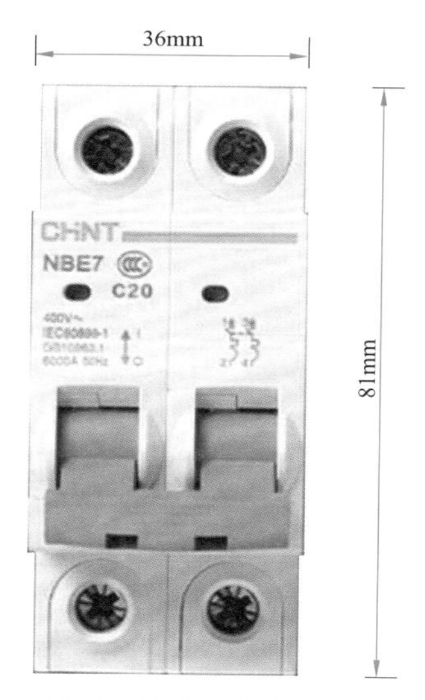

图 3-7　2P 小型断路器的宽度

2P 带漏电保护小型断路器的宽度如图 3-8 所示。

（4）当配电箱为动力电箱，或动力照明电箱时，若进线大于 10 平方，则要考虑对进线的弯曲半径一级接线端子要预留足够的空间进线。当两排布置开关时，应考虑开关的布线走线。

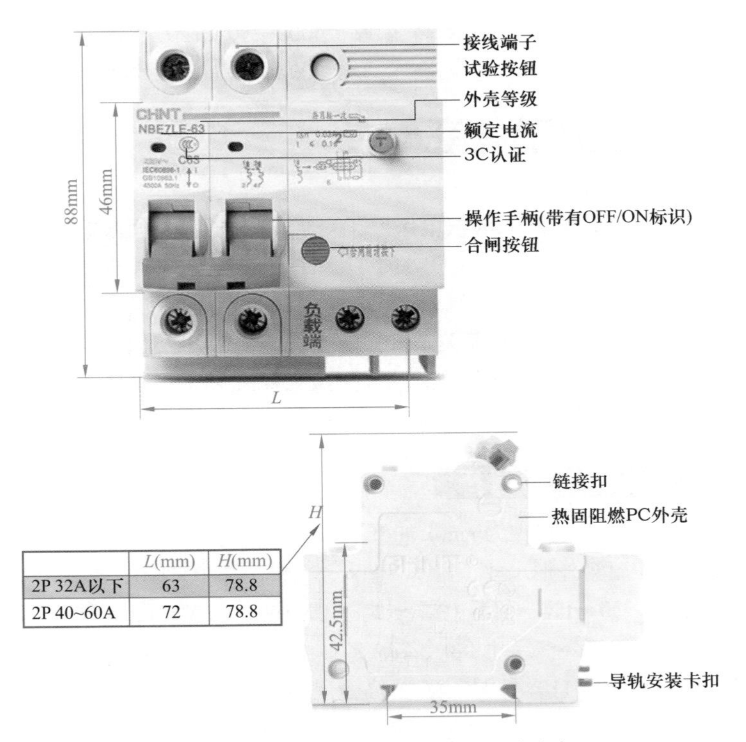

图 3–8　2P 带漏电保护小型断路器的宽度

（5）配电箱尺寸没有唯一规定，需要根据实际情况考虑设计。可根据配电箱回路来选择配电箱的尺寸，参考见表 3–16。

表 3–16　　根据配电箱回路来选择配电箱的尺寸

暗装回路	箱体尺寸
8	230mm × 230mm × 92mm
12	300mm × 230mm × 92mm
16	370mm × 230mm × 92mm
20	440mm × 230mm × 92mm
24	303mm × 357mm × 95mm
36	303mm × 482mm × 95mm

住户配电箱距地高度（单位为 mm）如下：

15 位住户配电箱留洞（宽 × 高 × 厚）350×250×120，洞底距地 2000。

18位住户配电箱留洞（宽 × 高 × 厚）400×250×120，洞底距地2000。

24位住户配电箱留洞（宽 × 高 × 厚）300×430×120，洞底距地2000。

3.8 配电箱回路的选择

配电箱回路选择如下：

明装2~4回路，配2P 63A漏电保护开关1只，适合洗澡间漏电保护。

明装7回路，配2P漏电保护开关1只，1P空气开关3只，适合单间房。

9回路，配2P漏电保护开关1只，1P空气开关5只，适合一室一厅。

13回路，配2P漏电保护开关1只，1P空气开关9只，适合2~3室一厅。

17回路，配2P漏电保护开关1只，1P空气开关13只，适合3~4室套。

20回路，配2P漏电保护开关1只，1P空气开关16只，适合4~5室。

3.9 电能表箱的选择

电能表箱的尺寸（单位为mm）如下：

单相六表位暗箱外框尺寸（宽 × 高 × 厚）860×840×170，嵌墙尺寸（宽 × 高 × 厚）790×750×110，留洞（宽 × 高 × 厚）810×770×120，洞底距地1100。

单相四表位暗箱外框尺寸（宽 × 高 × 厚）610×840×170，嵌墙尺寸（宽 × 高 × 厚）550×750×110，留洞（宽 × 高 × 厚）570×770×120，洞底距地1100。

单相三表位暗箱外框尺寸（宽 × 高 × 厚）850×550×170，嵌墙尺寸（宽 × 高 × 厚）790×490×110，留洞（宽 × 高 × 厚）810×510×120，洞底距地1400。

单相二表位暗箱外框尺寸（宽 × 高 × 厚）610×550×170，嵌墙尺寸（宽 × 高 × 厚）550×490×110，留洞（宽 × 高 × 厚）570×510×120，洞底距地1400。

3.10 总熔断器盒的选择（单位为mm）

总熔断器盒实际尺寸（宽 × 高 × 厚）440×620×165，嵌墙尺寸（宽 × 高 × 厚）400×580×155，留洞（宽 × 高 × 厚）420×600×165，洞底距地2000。

3.11 T接箱的选择（单位为mm）

T接箱（宽 × 高 × 厚）290×290×150，嵌墙尺寸（宽 × 高 × 厚）260×265×125，留洞（宽 × 高 × 厚）280×280×130，洞顶距板底300。

3.12 电能表的选择

设计选用电能表的规格时，如果选用的电能表规格过大，而用电量过小，则会造成计度不准。如果选用电能表的规格过小，则会使电能表过载，严重时有可能烧坏电能表。

选用电能表的技巧如下：一般选用电能表时，额定电压为 220V，1A 电能表的最小负载功率为 11W，最大负载功率为 440W。2.5A 单相电能表，最小使用负载功率为 27.5W，最大负载功率为 1100W。5A 单相电能表，最小使用负载功率为 55W，最大负载功率为 2200W。这样就可以通过计算最大负载功率与最小使用负载功率来选择电能表。

另外，选择电能表还可以根据电能表容量来选择：选择电能表的容量，应使用电设备在电能表额定电流的 20%~120%。单相 220V 照明装置以每千瓦 5A，三相 380V 动力用电以每千伏 1.5A 或 2A 计算为宜。

电能表电流的大小：一般家庭用电能表额定电流不宜大于 10A。一只 10A 的电能表只有在负载为 110~2200W 时，才能达到计量准确的目的。一般是住宅进线规格，对应 40A 电能表。

电能表标有两个电流值，如 10（40）A。其中，所标的 10A 数值表示基本电流、标定电流，符号为 l_b。其是确定仪表有关特性的电流值。括号内所标的数值（40）A，表示额定最大电流，符号为 l_{max}。其是仪表能满足标准规定的准确度的最大电流值。

通过电能表的电流，高达其基本电流的两倍、三倍、四倍，有的高达八倍，达不到两倍的只标基本电流值。也就是说，如果电能表上只装有一个电流值，如 3A，这就是基本电流值，而非允许通过的最大电流。对于该种电能表，一般地说，可以超载到 120% 不会发生问题，同时也能够满足电能表的准确测量。

3.13 光源的选择

设计选择照明光源需要考虑到各种光源的优缺点，以及考虑适用场所、额定电压、照度（照明亮度）等方面的要求。

每种灯具的特点不同，其光源的表现存在差异。几种常用光源的特点见表 3–17。

表 3–17　　几种常用光源的特点

光源名称	功率范围（W）	发光效率（lm/W）	平均寿命（h）
白炽灯	15~1000	7~16	1000
碘钨灯	50~2000	19~21	1500
高压水银灯（镇流器式）	50~1000	35~50	5000
高压水银灯（自镇流式）	50~1000	22~30	3000
钠铊铟灯	400~1000	60~80	2000
氙灯	1500~20000	20~37	1000
荧光灯	20~100	40~60	3000

常见光源优缺点及使用场所见表 3–18。

表 3–18 常见光源优缺点及使用场所

光源名称	优点	缺点	适用场所
白炽灯	使用方便、结构简单、价格便宜	效率低，寿命较短	适用于照明要求较低，开关次数频繁的室内、外场所
碘钨灯	光色好、效率高于白炽灯、寿命较长	灯座温度较高，安装要求高，偏角不得大于 4°，价格贵	适用于照明要求较高、悬挂高度较高的场所
高压水银灯（镇流器式）	寿命长、效率高、耐震动	功率因数低，需要镇流器，启动时间长	适用于悬挂高度较高的大面积室内外照明
高压水银灯（自镇流式）	寿命长、效率高、安装简单、光色好	再起时间长，价格贵	适用于悬挂高度较高的大面积室内外照明
钠铊铟灯	亮度大、效率更高、体积小、质量轻	价格贵，需要镇流器、触发器	适用于工厂、车间、广场、车站、码头的照明
氙灯	光色好、功率大、亮度大	价格贵，需要镇流器和触发器	适用于广场、建筑工地、体育馆照明
荧光灯	寿命长、效率高、发光表面的亮度与温度低	功率因数低，辉光启动器等附件	适用于照度要求较高，需辨别色彩的室内照明

灯泡光源的设计选择如图 3–9 所示。

3.14 灯罩

灯罩的作用是为了控制光线，提高照明效率，使光线更加集中。灯罩的形式很多，根据其材质，灯罩可以分为玻璃罩、搪瓷罩、薄铝罩等几种。根据反射、透射扩散的作用，灯罩可以分为直接式灯罩、间接式灯罩、半间接式灯罩等几种。在生产与生活照明中，常用的灯罩有锥形、塔形、球形、防爆形、斜照形等几种。

灯罩与底盘材质的选择如图 3–10 所示。

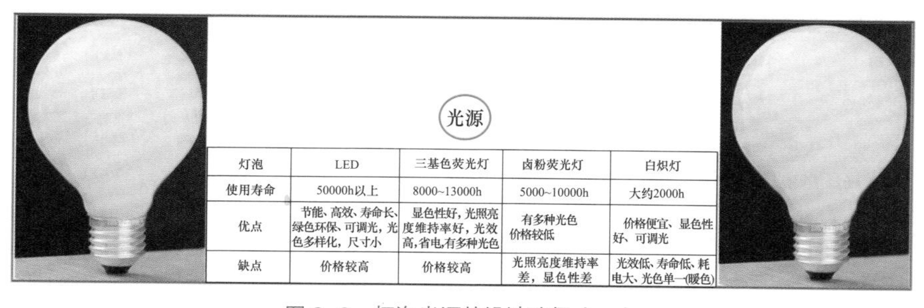

光源

灯泡	LED	三基色荧光灯	卤粉荧光灯	白炽灯
使用寿命	50000h以上	8000~13000h	5000~10000h	大约2000h
优点	节能、高效、寿命长、绿色环保、可调光，光色多样化，尺寸小	显色性好，光照亮度维持率好，光效高，省电，有多种光色	有多种光色价格较低	价格便宜、显色性好、可调光
缺点	价格较高	价格较高	光照亮度维持率差，显色性差	光效低、寿命低、耗电大、光色单一(暖色)

图 3–9 灯泡光源的设计选择（一）

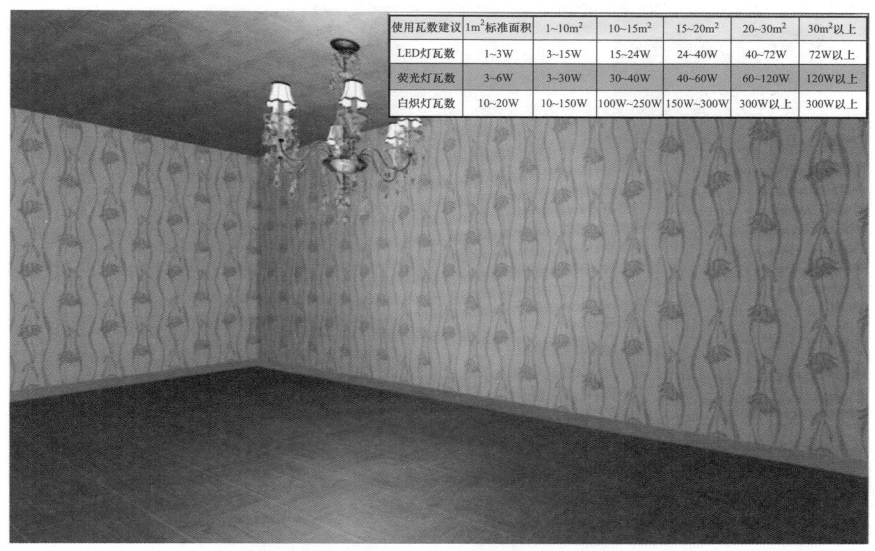

使用瓦数建议	$1m^2$标准面积	$1\sim10m^2$	$10\sim15m^2$	$15\sim20m^2$	$20\sim30m^2$	$30m^2$以上
LED灯瓦数	1~3W	3~15W	15~24W	24~40W	40~72W	72W以上
荧光灯瓦数	3~6W	3~30W	30~40W	40~60W	60~120W	120W以上
白炽灯瓦数	10~20W	10~150W	100W~250W	150W~300W	300W以上	300W以上

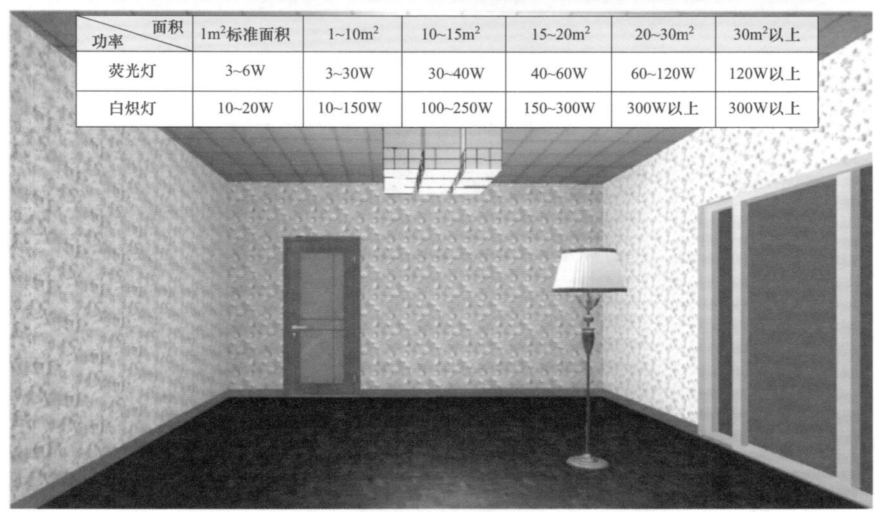

功率 \ 面积	$1m^2$标准面积	$1\sim10m^2$	$10\sim15m^2$	$15\sim20m^2$	$20\sim30m^2$	$30m^2$以上
荧光灯	3~6W	3~30W	30~40W	40~60W	60~120W	120W以上
白炽灯	10~20W	10~150W	100~250W	150~300W	300W以上	300W以上

图 3–9　灯泡光源的设计选择（二）

3.15 灯具的选择

1. 电灯额定电压的确定

照明灯的受电电压不应低于额定电压的 95%，即允许的 5%。

室内配线的电压损失允许值，需要根据电源引入处的电压值来决定。如果电

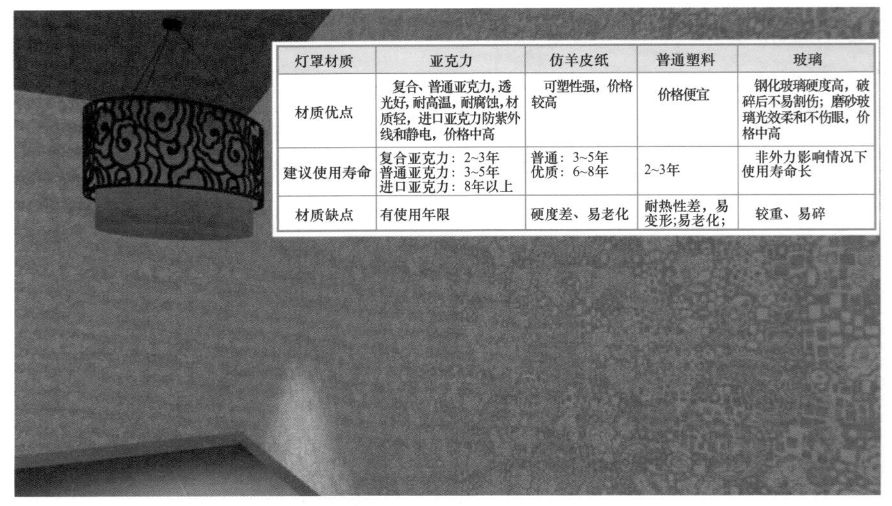

灯罩材质	亚克力	仿羊皮纸	普通塑料	玻璃
材质优点	复合、普通亚克力，透光好，耐高温，耐腐蚀，材质轻，进口亚克力防紫外线和静电，价格中高	可塑性强，价格较高	价格便宜	钢化玻璃硬度高，破碎后不易割伤；磨砂玻璃光效柔和不伤眼，价格中高
建议使用寿命	复合亚克力：2~3年 普通亚克力：3~5年 进口亚克力：8年以上	普通：3~5年 优质：6~8年	2~3年	非外力影响情况下使用寿命长
材质缺点	有使用年限	硬度差、易老化	耐热性差，易变形;易老化;	较重、易碎

图 3-10　灯罩与底盘材质的选择

源引入处的电压为额定值，则可以根据受电电压允许降低值来计算。如果电源引入处的电压已经低于额定值，则室内配线的电压损失值需要相应减少，以尽量保证用电设备或电灯的最低允许值为受电电压值。

2. 额定功率（瓦数和盏数）的确定

为了满足工作、学习、生活的需要，不同照明场所，需要不同的照度。在要求不太严格的场所，可以根据单位面积所需要的照明功率来计算，也就是先计算整个场所所需要的照明功率，再来确定每盏灯的功率与盏数。计算公式为

$$\sum P=W\times S$$

式中　$\sum P$——场所所需要的总照明功率，W；

W——单位面积所需要的照明功率，W/m^2。具体可以参考单位面积照明功率；

S——整个照明场所的面积，m^2。

当场所所需要的总照明功率$\sum P$计算出来后，可以根据场所的情况来确定安装电灯的盏数，再根据下面计算公式来计算每盏灯的功率，计算公式为

$$P=\sum P/N$$

式中　$\sum P$——场所所需要的总照明功率，W；

N——电灯的盏数；

P——每盏灯的功率。

单位面积照明功率参考数值见表 3-19。

表 3-19　　单位面积照明功率参考数值

照明场所	功率（W/m²）	照明场所	功率（W/m²）
金工车间	8	木工车间	11
修理车间	12	配电室	15
焊接车间	8	仓库	5
锻工车间	7	生活间	8
铸铁车间	8	锅炉房	4
汽车库	8	学校	5
住宅	4	饭堂	4
浴室	3		

电子镇流器与电感镇流器的选择图例如图 3-11 所示。

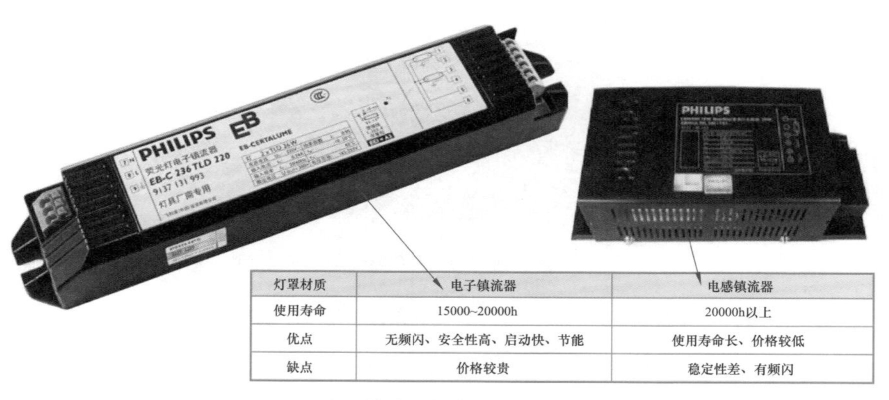

灯罩材质	电子镇流器	电感镇流器
使用寿命	15000~20000h	20000h以上
优点	无频闪、安全性高、启动快、节能	使用寿命长、价格较低
缺点	价格较贵	稳定性差、有频闪

图 3-11　电子镇流器与电感镇流器的选择图例

3.16 空气开关（低压断路器）

空气开关又称为自动开关、低压断路器。空气开关的基本原理：当工作电流超过额定电流或在短路、失电压等情况下，其会自动切断电路。

空气开关（低压断路器）型号命名规则如图 3-12 所示。

目前，家庭一般使用的是 DZ 系列空气开关。其常见的型号 / 规格如下：C16、C25、C32、C40、C60、C80、C100、C120 等，其中 C 表示脱扣电流，也就是起跳电流。例如，C16 表示起跳电流为 16A。

一般安装 2500W 电热水龙头，需要选用 C16 的空气开关。

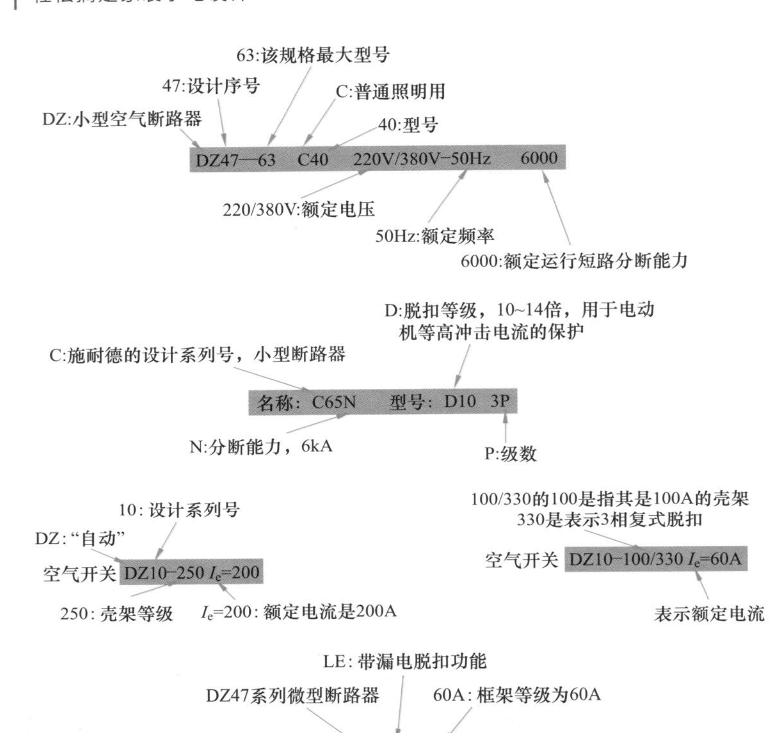

图 3-12 空气开关（低压断路器）型号命名规则

一般安装 7500、8500W 热水器，需要选用 C40 的空气开关。

空气开关的额定电流有几安培到几百安培。普通的 DZ47-63 系列的额定电流分为 5、10、16（15）、20、25、32（30）、40、50、60（63）A 等。

使用时，空气开关额定电压需要大于等于线路额定电压。空气开关额定电流与过电流脱扣器的额定电流需要大于等于线路计算负荷电流。

空气开关需要根据电线的大小来选配，而不是根据电器的功率来选配。如果空气开关选用太大，则起不到保护电路的作用。如果电线超载，空气开关仍不会跳，则会给家庭用电安全带来隐患。

根据电线的大小，配空气开关的经验如下：

1.5mm^2 线配 C10 的空气开关。

2.5mm^2 线配 C16 或 C20 的空气开关。

$4mm^2$ 线配 C25 的空气开关。

$6mm^2$ 线配 C32 的空气开关。

如果电线太小，则需要给大功率的电器配专用线与专用空气开关。

住宅每户单相总开关，一般选用带 N 极的二极开关（也可以选用四极断路器）。

3.17 通过计算电流选择断路器

民用电气线路电流计算公式为

$$I_{js}=K_x \times P/U/\cos\varphi$$

式中　I_{js}——计算电流；

K_x——需用系数。家庭用电 K_x 一般为 0.5~0.7；

P——安装容量。所有电器的容量（插座也折算在内，每个按 100W 估算）；

$\cos\varphi$——功率因数，民用电气线路一般按 0.85~0.9 估算。

根据得到计算电流值来选择断路器：大概提高为 1.2 个规格即可。但是，需要注意断路器与线路匹配。断路器与线路匹配关系如下：

16A 断路器对应线路为 BV-2.5。

20、25A 断路器对应线路为 BV-4。

32A 断路器对应线路为 BV-6。

40A 断路器对应线路为 BV-10。

3.18 根据电能表选择断路器

10（40）A 电能表中，10A 表示基本电流，40A 表示额定最大电流。因此，根据电能表的额定最大电流来选择断路器：一般而言，40A 额定最大电流的电能表选用 40~63A 的空气开关即可。

3.19 总空气开关与分空气开关

配电中，分空气开关的总容量可以不用等于总空气开关的容量。每个分路的空气开关都应考虑有余量。

总空气开关的容量可以根据整个家庭的使用功率来计算得到，由计算结果选择即可。

3.20 灯座

3.20.1 灯座概述

灯座的作用是固定灯泡（或者灯管）。根据其结构形式，灯座可以分为螺口、卡口（插口）灯座。根据其安装方式，灯座可以分为吊式灯座（俗称灯头）、平灯座、管式灯座。根据其外壳材料，灯座可以分为胶木、瓷质、金属灯座。根据其用途，灯座可以分为普通灯座、防水灯座、安全灯座、多用灯座等。

3.20.2 螺口式 E27-SX 灯座形式和尺寸

螺口式 E27-SX 灯座形式和尺寸如图 3-13 所示。

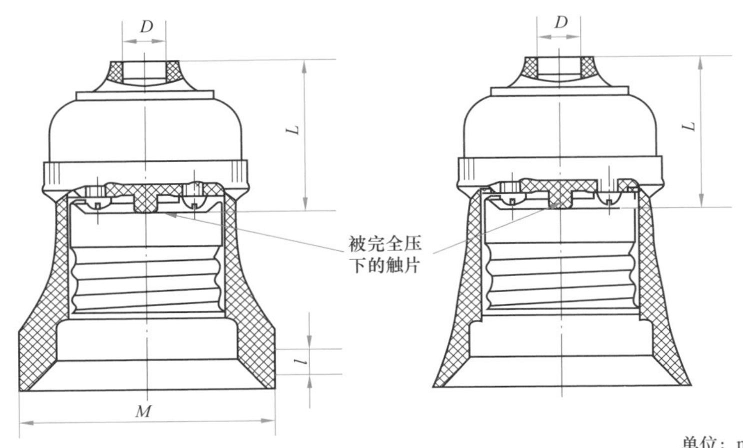

单位：mm

灯头型号	D	L	l	M
	最小	最大	最小	
E27-SX	6	34	7.5	M48×1.5~6h

注　尺寸L仅供设计时参考，不作检验。

图 3-13　螺口式 E27-SX 灯座形式和尺寸

3.20.3 螺口式 E27-SP、E27-CP 灯座形式和尺寸

螺口式 E27-SP、E27-CP 灯座形式和尺寸如图 3-14 所示。

3.20.4 螺口式 E27-SXF、E40-CXF 灯座形式和尺寸

螺口式 E27-SXF、E40-CXF 灯座形式和尺寸如图 3-15 所示。

3.20.5 螺口式 E14 灯座的内腔尺寸

螺口式 E14 灯座的内腔尺寸如图 3-16 所示。

3.20.6 螺口式 E40 灯座的内腔尺寸

螺口式 E40 灯座的内腔尺寸如图 3-17 所示。

3.21 总用电量与电流的估算

如果施工选择了所需要的机械设备或者家居选择了电器与预留的电器，则需要对临时用电量，或者家居用电量进行估算。

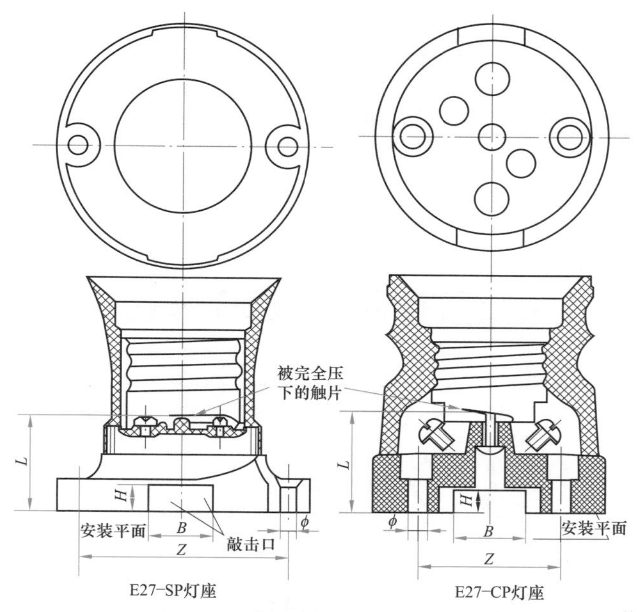

单位：mm

灯座型号	Z	φ	L	B	H
		最小	最大	最小	最小
E27-SP	51±0.23 38±0.195	4.25	30	10	7
E27-CP	38±1.0	4.25	34	10	7

图 3-14　螺口式 E27-SP、E27-CP 灯座形式和尺寸

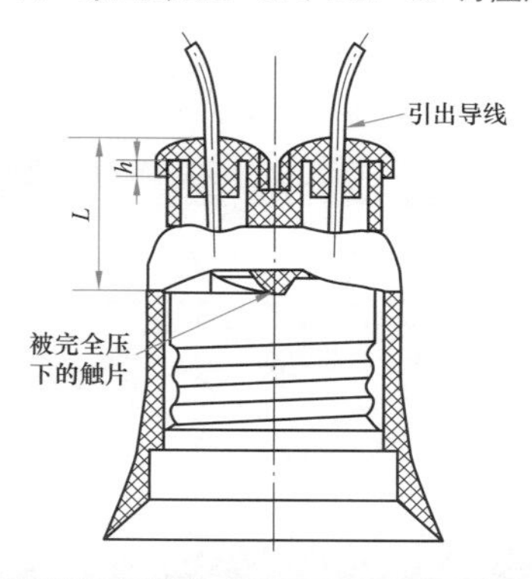

单位：mm

灯座型号	h	L
	最小	最大
E27-SXF E27-CXF	2	27

图 3-15　螺口式 E27-SXF、E40-CXF 灯座形式和尺寸

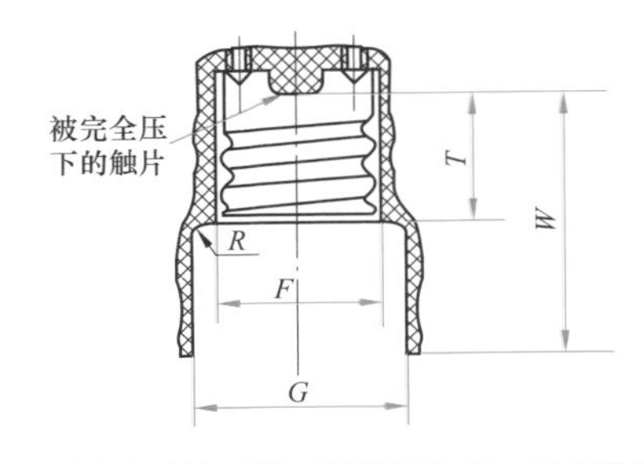

单位：mm

符号		F	G	T	W	R
尺寸	最小	15.1	22.1	15.0	27.0	—
	最大	—	22.5	16.0	30.0	4.0

图 3-16　螺口式 E14 灯座的内腔尺寸

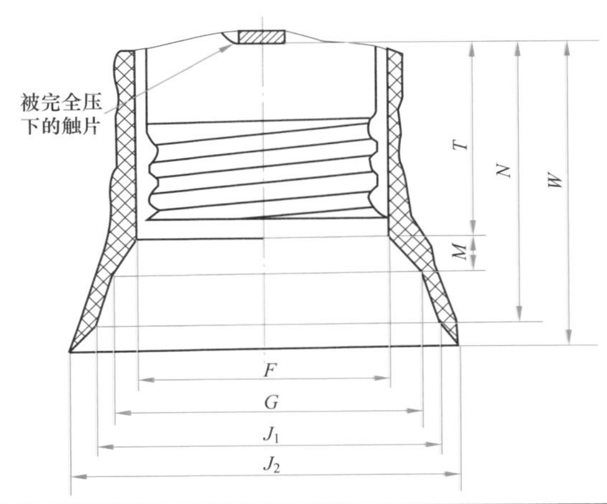

单位：mm

符号		F	G	J_1	J_2	T	M	N	W
尺寸	最小	42.1	52.2	58.2	65.0	32.0	—	—	51.5
	最大	—	—	—	65.5	34.0	6.0	49.0	52.2

注　当轴向尺寸T、M、N、W等于表规定的最大值，径向尺寸F、G、J_1、J_2等于表规定的最小值时，允许内腔采用其他形状，但各点的径向尺寸不得小于对应点的最大实体尺寸，且T、W和J_2必须符合表的规定。

图 3-17　螺口式 E40 灯座的内腔尺寸

同时考虑施工现场的动力与照明用电的估算公式为

$$S=K\times\{(\sum P_1\div\eta\times\cos\varphi)\times K_1\times K_2+\sum P_2K_3\}$$

式中　S——工地总用电量；

K——备用系数，一般取 K=1.05~1.1；

$\sum P_1$——全工地动力设备的额定输出功率总和，kW；

$\sum P_2$——全工地照明用电量总和，kW；

η——动力设备效率，即各电动机的平均效率，一般取 η=0.85；

$\cos\varphi$——功率因数，建筑工地一般取用 0.65；

K_1——全部动力设备同时使用系数，一般五台以下时取 K_1=0.6，五台以上时取 K_1=0.4~0.5；

K_2——动力负荷系数，主要考虑没有因性质不同在负荷时的工作情况，一般取 K_2=0.75~1；

K_3——照明设备同时使用系数，一般取 K_3=0.6~0.9。

如果工地照明用电量很小，为简化计算，则可以在动力用电量之外再加 10%，作为总用电量，估算公式为

$$S_{动}=K_1\times(\sum P_1\div\eta\times\cos\varphi)\times K_2$$

计算总用电量后，可以计算工地所需的总电流，估算公式为

$$I=(S_z\times 1000)\div(1.73\times U)$$

式中　I——总电流，A；

S_z——工地总用电量，kVA；

U——供电系统的线电压。

家居用电量进行估算可以参考上述施工现场用电量的估算。

3.22 家庭用电负荷计算

3.22.1　分支负荷电流的计算

对家庭用电负荷的计算，为正确选择断路器、电线等提供必要的依据。

家居住宅用电负荷与其各分支线路负荷有密切关系。线路负荷类型不同，其负荷电流的计算方法有差异。线路负荷一般分为纯电阻性负荷、感性负荷。纯电阻性负荷包括白炽灯、电热器等，其负荷电流的计算公式为

功率 / 电压 = 电流

【案例】 一只额定电压为 220V，功率为 1200W 的火锅炉，其负荷电流大小是多少？

根据功率 / 电压 = 电流得到

$$1200\text{W}\div 220\text{V}\approx 5.45\text{A}$$

感性负荷包括荧光灯、电视机、洗衣机等，其负荷电流的计算公式

$$电流(\text{A})=\frac{功率(\text{W})}{电压(\text{V})\times\cos\varphi}$$

式中　功率——整个用电器具的负荷功率，不是其中某一部分的负荷功率；

$\cos\varphi$——当荧光灯没有电容补偿时，其功率因数可取 0.5~0.6；当有电容补偿时，可以取 0.85~0.9。

荧光灯的功率一般是灯管功率与整流器功率之和。

常见电路的功率因数见表 3–20。

表 3–20　　常见电路的功率因数

常见电路	功率因数	常见电路	功率因数
纯电阻电路	$\cos\varphi=1$ ($\varphi=0$)	电动机 空载	$\cos\varphi=0.2\sim0.3$
纯电容电路	$\cos\varphi=0$ ($\varphi=\pm90^\circ$)	电动机 满载	$\cos\varphi=0.7\sim0.9$
R-L-C 串联电路	$0<\cos\varphi<1$ ($-90^\circ<\varphi<+90^\circ$)	荧光灯（*R-L-C* 串联电路）	$\cos\varphi=0.5\sim0.6$

供电局一般要求用户的 $\cos\varphi>0.85$，否则受处罚。

单相电动机包括洗衣机、电冰箱用电动机等，其电流可以根据以下公式计算：

$$\text{电流(A)}=\frac{\text{功率(W)}}{\text{电压(V)}\times\text{功率因数}\times\text{效率}}$$

如果电动机铭牌上无功率因数与效率数据可查，则电动机的功率因数与效率都可以取 0.75。

【案例】 家用一台单相吹风机，该吹风机电动机功率为 750W，正常工作时，其取自电源吸取的电流为

$$\frac{750}{220\times075\times0.75}\approx6.06(\text{A})$$

3.22.2　家庭用电总负荷电流

家庭用电总负荷电流不是简单等于所有用电设备电流之和，而是需要考虑这些用电设备的同时用电率，以及预留量。因此，家庭用电总负荷电流的估算公式如下：

家庭用电总负荷电流＝用电量最大的一台家用电器的额定电流＋同时用电率 × 其余用电设备的额定电流之和

一般家庭同时用电率可取 0.5~0.8，家用电器越多，该值取得越小。

常用家用电器的容量范围如下：

电冰箱一般为 70~250W；

电炒锅一般为 800~2000W；

电磁炉一般为 300 ~1800W；

电饭煲一般为 500~1700W；

电烤箱一般为 800~2000W；

电暖器一般为 800~2500W；

电热水器一般为 800~2000W；

电熨斗一般为 500~2000W；

微波炉一般为 600~1500W；

消毒柜一般为 600~800W。

另外，配置家用电器需要考虑电能表的容量。也就是电能表容量不能够小于同时使用的家用电器最大使用容量。

家庭用电量与设置规格参考选择见表 3–21。

表 3–21　　家庭用电量与设置规格参考选择

套型	使用面积（m^2）	用电负荷（kW）	计算电流（A）	进线总开关脱扣器额定电流（A）	电能表容量（A）	进户线规格（mm^2）
一类	50 以下	5	20.20	25	10（40）	BV–3×4
二类	50~70	6	25.30	30	10（40）	BV–3×6
三类	75~80	7	35.25	40	10（40）	BV–3×10
四类	85~90	9	45.45	50	15（60）	BV–3×16
五类	100	11	55.56	60	15（60）	BV–3×16

3.23 电信分线箱

电信分线箱常见尺寸（单位为 mm）如下：

B 型箱实际尺寸 380×250×130（高 × 宽 × 厚），留洞 400×270×140（高 × 宽 × 厚）。

C 型箱实际尺寸 500×380×150（高 × 宽 × 厚），留洞 520×400×160（高 × 宽 × 厚）。

E 型箱实际尺寸 700×500×150（高 × 宽 × 厚）。

B 型、C 型电信分线箱洞底距地一般为 1300mm。

3.24 电视分接箱与家庭信息箱尺寸（单位为 mm）

有的电视分接箱，尺寸为 200×200×100（宽 × 高 × 厚），则留洞 220×220×120（宽 × 高 × 厚），洞底距地一般为 2000mm。

家庭信息箱有的需要留洞 300×500×120（宽 × 高 × 厚），或者 300×200×120（宽 × 高 × 厚），洞底距地一般为 300mm。

3.25 无线路由器与 AV 共享的分路器

路由器通常设计的家装位置：客厅电视柜下面、鞋柜下面、书桌下面等。

AV 共享分路器可以实现一个机顶盒分到几个房间看数字信号电视。但是，都不能实现不同房间看不同的节目，因为每户只有一个智能卡。不同房间使用这些分路器设备，需要选择红外转发器。

3.26 视频监控系统线材的选择

视频监控系统线材的选择见表 3–22。

表 3–22 视频监控系统线材的选择

项目	线材的选择
视频线	RG59（128 编）视频线、SYV75–5 视频线
云台控制线	RVV6 × 0.5 护套线、RVV6 × 0.75 护套线
镜头控制线	RVV4 × 0.5 护套线
解码器通信线	RVV2 × 1 屏蔽双绞线
摄像机电源线	BVV6m² 铜芯双塑线、4m² 电源线、2.5m² 电源线

第4章

家装电气设计

4.1 电能表接线设计

4.1.1 电能表与电能表箱

电能表与电能表箱应用图例如图 4–1 所示。电能表与断路器结合使用，可以一户一表一箱，也可以一户一表多户一箱。

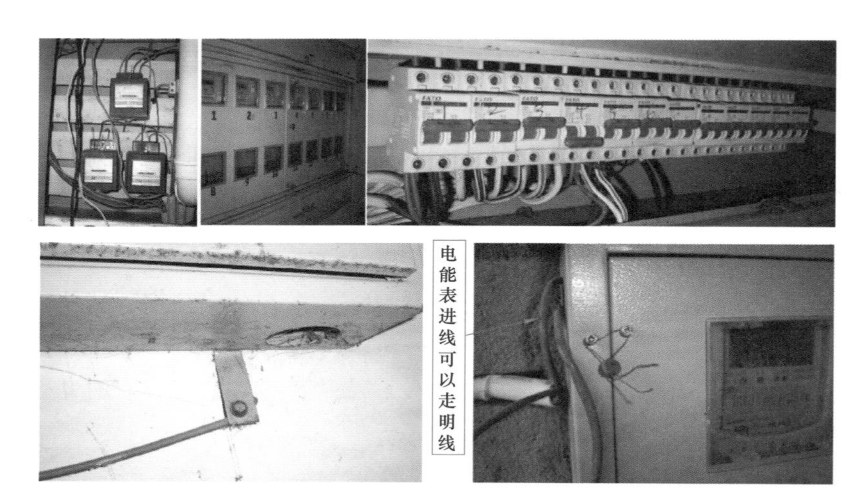

图 4–1 电能表与电能表箱应用

4.1.2 接电流互感器侧的单相电能表接线

接电流互感器侧的单相电能表接线如图 4–2 所示。

4.1.3 单相电能表的接线

电能表接线时，一定要根据示意图将电能表的电路线圈串联在相线上，电压线圈并联在用电设备两端。单相电能表的接线如图 4–3 所示。

4.2 家装电气回路的设计

4.2.1 家装电气回路的设置与选择

（1）照明、插座回路分开。把照明与插座回路分开的好处：如果插座回路的电气设备发生故障，仅此回路的电源中断，不会影响照明回路的工作，从而便于对故障回路进行检修。如果照明回路出现短路故障，此时就可以利用插座回路的电源，接上台灯，进行检修。

（2）所有房间普通插座尽量单独设置一个回路，或者客厅、卧室插座一回路，厨房、卫生间插座一回路。

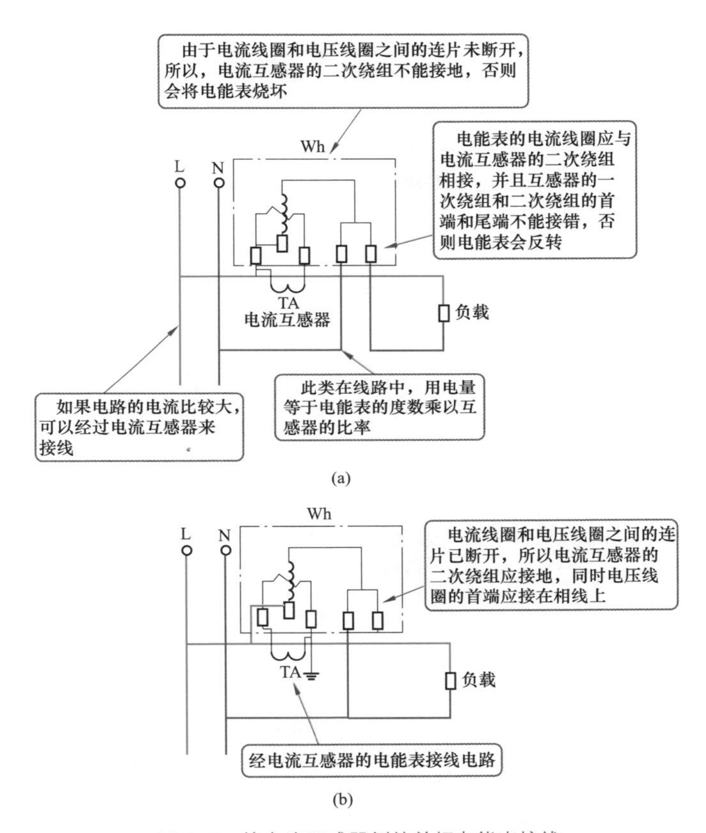

图 4-2　接电流互感器侧的单相电能表接线

(a) 互感器电流线圈和电压线圈之间的连片未断开；(b) 互感器电流线圈和电压线圈连片已断开

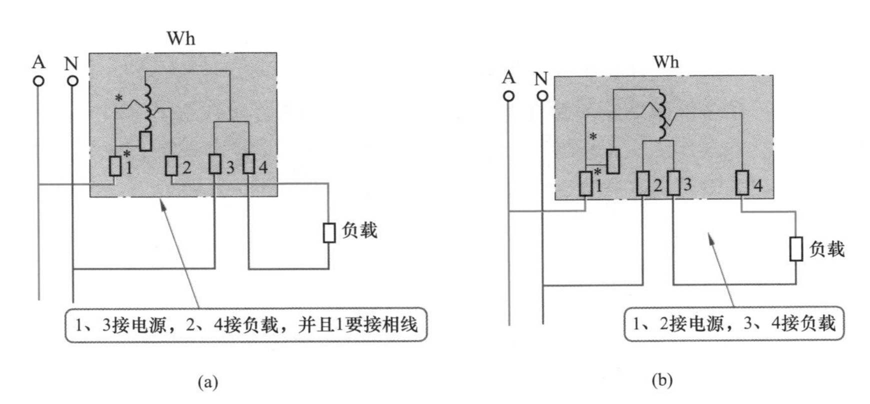

图 4-3　单相电能表的接线

(a) 跳接式接线；(b) 顺入式接线

（3）照明应分成几个回路。一旦某一回路的照明灯出现短路故障，也不会影响到其他回路的照明，就不会出现整个家居处于黑暗中。

（4）空调、电热水器等大容量的电器设备，应一个设备设计一个回路。如果合用一个回路，当同时使用时，导线容易发热，即使不超过导线允许的工作温度，也会降低导线绝缘的寿命。另外，加大导线的截面也可以大大降低电能在导线上的损耗。

（5）每台空调尽量分别设置一个回路。

（6）电热水器尽量单独设置一个回路。

（7）插座、浴室灯具回路必须采取接地保护的措施。浴室插座除采用隔离变压器供电（如电动剃须刀插座）可以不要接地外，其他插座均必须采用三极插座。浴室灯具的金属外壳必须接地。

（8）卫生间尽量单独设置一个回路。

（9）厨房尽量单独设置一个回路。

（10）所有房间的照明尽量单独设置一个回路。

（11）其他有特殊需求的电器尽量单独设置一个回路。

（12）每个回路均应有相线、中性线、地线。

（13）强电各回路电线使用要正确。

（14）强电断路器的大小不是配得越大越好,也不是越小越好。如果配得过大，则起不到过载保护作用。如果配得过小，则不能够正常使用，出现屡次跳闸现象。

（15）总开关需要一个回路。

（16）家装回路的设置与选择不是规定不变的，而是根据实际情况灵活应用。例如，有的家装回路把儿童房也单独设置一个回路。

家装经济型回路的选择与设置如图 4–4 所示。

安逸型回路的选择与设置如图 4–5 所示。

豪华型回路的选择与设置如图 4–6 所示。

如果一个 2 匹的空调回路选择 DPN20A 断路器，则其允许通过的最大功率为 4400W（220V × 20A ＝ 4400W）。当一个 2 匹的空调的额定功率为 2000W，并且考虑空调启动瞬间功率会突然增大时，选择一个 20A 的断路器即可。

如果总开关选择不带漏电的断路器，则可以考虑分路开关选择带漏电保护的断路器。一般插座、厨房、卫生间的独立回路一定要选择带漏电保护的断路器。照明、空调可以选择不带漏电保护的断路器。

如果总开关选择带漏电保护的断路器，则分路可以选择 DPN 的，以及不需要带漏电保护的断路器。其缺点是电路有问题时总开关会跳闸，影响整个房间的用电。

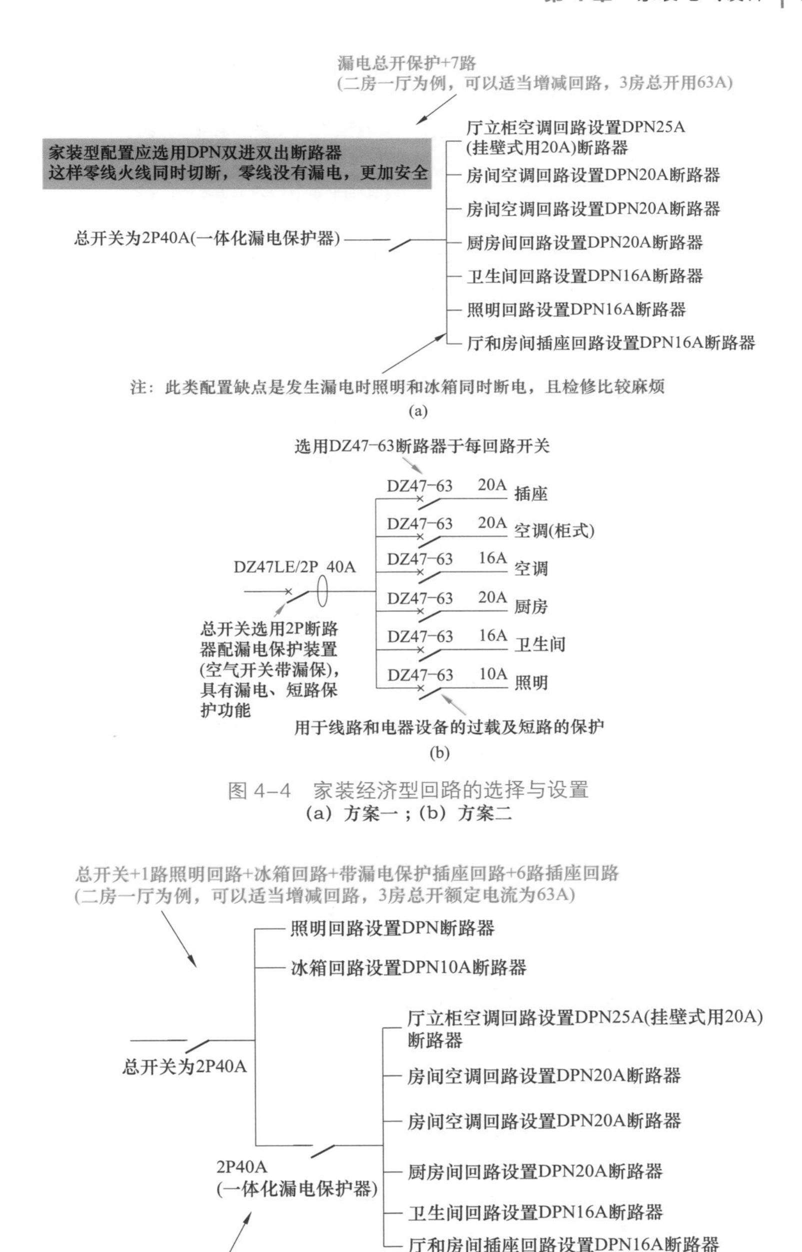

图 4-4　家装经济型回路的选择与设置

（a）方案一；（b）方案二

图 4-5　安逸型回路的选择与设置

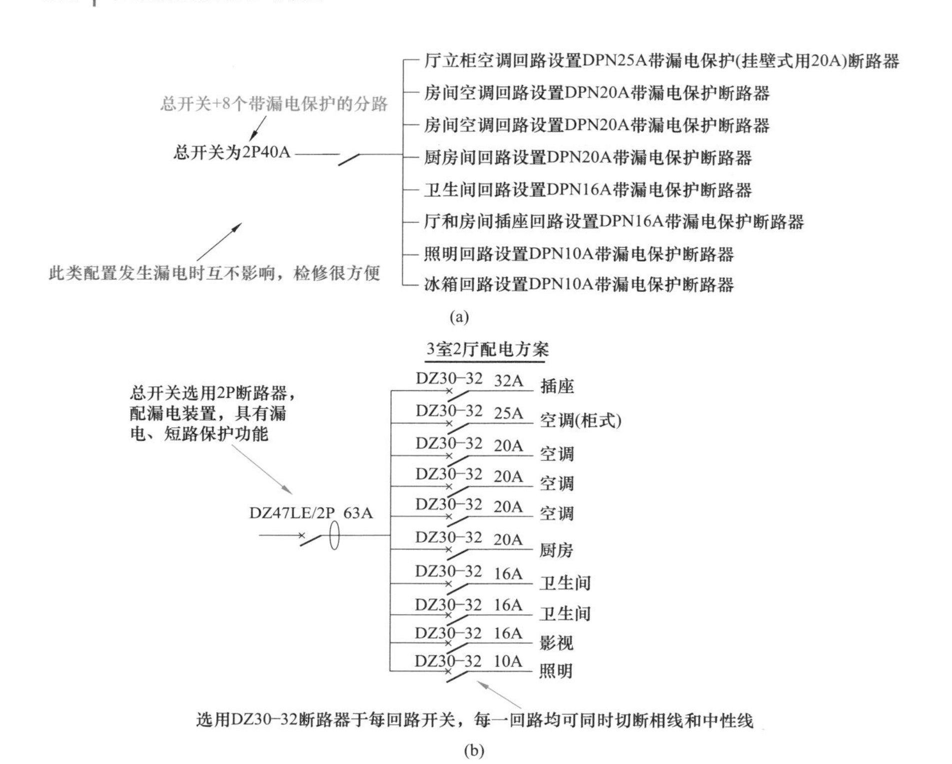

图 4-6 豪华型回路的选择与设置
(a) 方案一；(b) 方案二

4.2.2 住户配电系统

住户配电系统图例如图 4-7 所示。

4.2.3 漏电保护器的设置要点

（1）选用的漏电保护器的额定漏电不动作电流，应不小于电气线路与设备的正常泄漏电流最大值的 2 倍。

（2）额定漏电不动作电流的优选值为 $0.5I_{\Delta n}$，户内允许的漏电流 $I=I_{\Delta n}/4$。住宅内部带漏电保护的回路允许的漏电流为 7.5A。

（3）家用漏电保护的估算：

1）确定家用电器的种类。

2）该家用电器的总泄漏电流 $I_{S总电器1}$，由该家用电器的泄漏电流 $I_{S电器1}$（mA）乘以该家用电器的数量求出，公式为

$$I_{S总电器1}=I_{S电器1}\times 该家用电器的数量$$

3）求出综合设备泄漏电流 $I_{S综合}$（mA）。公式为

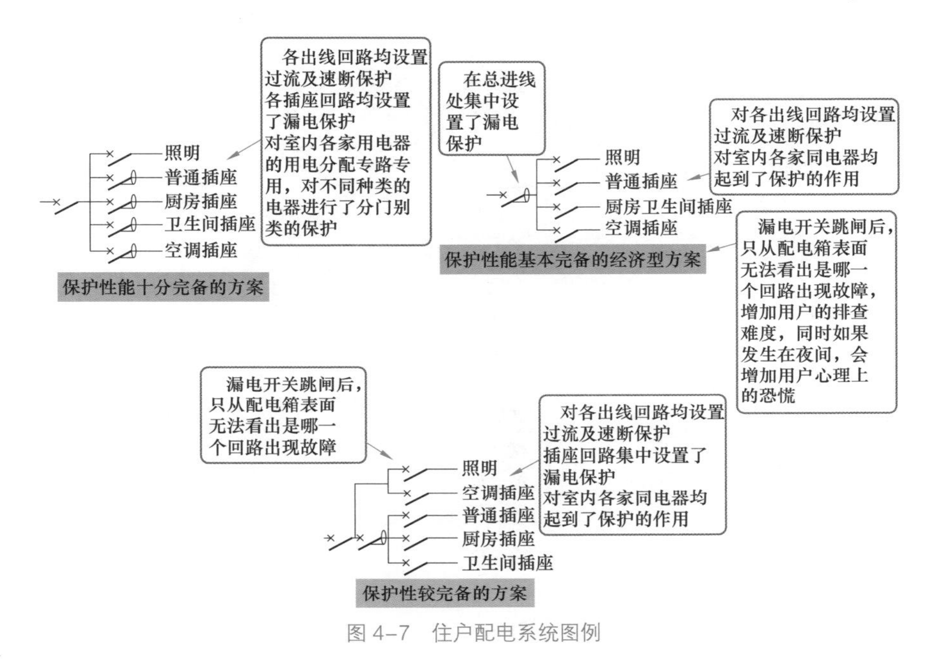

图 4–7　住户配电系统图例

$$I_{S综合} = I_{S总电器1} + I_{S总电器2} + \cdots$$

4）根据 2.5mm² 塑料铜芯导线的长度与其每 1000m 泄漏电流均为 36mA，算出塑料铜芯导线总泄漏电流 I_x。

5）考虑住宅内部各设备的运行情况，取同时系数 K_x=0.5，把综合设备泄漏电流与同时系数相乘，加上塑料铜芯导线总泄漏电流 I_x。这样得到的结果就是该户的总泄漏电流 $I_{S总}$。公式为

$$I_{S总} = I_{S综合} \times K_x + I_x$$

6）根据每户的总泄漏电流，选择漏电保护器的额定漏电不动作电流 $I_{\Delta no}$，额定漏电不动作电流应不小于电气线路与设备正常泄漏电流最大值（即 $I_{S总}$）的 2 倍，相关公式为

$$I_{\Delta no} \geqslant 2 \times I_{S总}$$

相关家用电器的泄漏电流见表 4–1。

表 4–1　　相关家用电器的泄漏电流

设备	名称形式	泄漏电流（mA）
荧光灯	安装在金属构件上	0.1
荧光灯	安装在木质或混凝土构件上	0.02
家用电器	手握式 I 级设备	≤ 0.75

续表

设备	名称形式	泄漏电流（mA）
家用电器	固定式 I 级设备	≤ 0.75
家用电器	Ⅱ级设备	≤ 0.25
家用电器	I 级电热设备	≤ 0.75~5
计算机	移动式	1.0
计算机	固定式	3.5
计算机	组合式	15.0
其他家用电器	电冰箱	1.5
	空调器	0.75
	洗衣机	0.75
	微波炉	0.75
	电饭煲	0.5
	抽油烟机	0.5
	白炽灯	0.03
	电热水器	0.25
	饮水机	0.25
	电视机 +VCD	0.25
	电熨斗	0.25
	卫生间排气扇	0.06

注　220V 截面为 2.5mm^2 塑料绝缘导线每 1000m 泄漏电流均为 36mA。

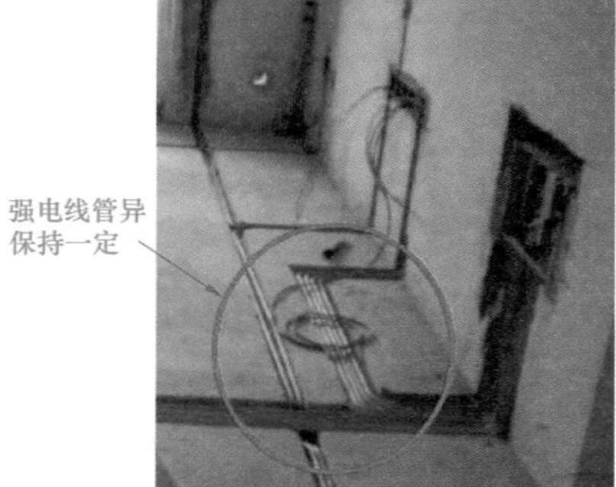

图 4–8　强电线与弱电线不得设计穿在同一根线管内

4.2.4　强电配电箱的设置

（1）强电配线需要设计分色。其中，相线 L 颜色设计用红色线，中性线 N 设计用蓝色线，接地保护线 PE 设计用黄绿双色线。

（2）线管内穿线，包括弱电线，每根管内最多不超过 4 根。

（3）强电线与弱电线不得设计穿在同一根线管内，需要分管穿线，如图 4–8 所示。

（4）每户设置的配电箱尺寸，必须根据实际所需空气开关来确定。

（5）强电配电箱均必须设计设置总开关（两极）＋漏电保护器，严格分设各路空气开关及布线。

（6）配电箱必须设置有可靠的接地。

强电配电箱的设置图例如图 4–9 所示。

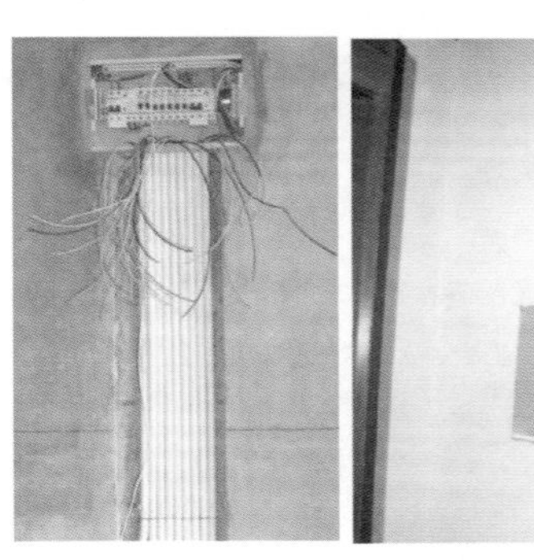

图 4–9　强电配电箱的设置

4.3 插座与开关的设计

4.3.1 插座、开关设计类型的选择

插座、开关设计类型的选择见表 4–2。

表 4–2　插座、开关设计类型的选择

名称	适应功能间
5 孔插座	插座设计一般是选择 5 孔插座
大翘板开关	一般设计采用大翘板开关，增加安全与操作性。一般不设计选择点式开关
带开关插座	冰箱、洗衣机、抽油烟机、热水器、部分空调、电饭煲、微波炉、波士炉、煮蛋器等应设计带开关插座。如果空调有专门的电闸，则可以不设计开关插座。 另外，卫生间里因潮气大，大型电器的插头最好不要经常拔下。因此，一般设计选择带开关的插座。 书房电脑连一个插线板基本可以解决电脑的一大串插头，为了避免每天撅着屁股到写字台下面按插线板电源，可以在书桌对面设计一个“带开关插座”。 一般电器选择 10A 的带开关插座。16A 的带开关插座主要用于空调等设备的应用
多位开关	客厅有顶灯、射灯、灯带，一般需要设计多位开关控制

续表

名称	适应功能间
二三级插座	榨汁机、热水杯等偶尔用的小电器，一般设置二三级插座。 坐厕边，一般设置一个二三级插座，方便手机充电或加装智能设备。 沙发边、电视背景墙等地方，一般设置几个二三级插座。 卧室床头两边、梳妆台下、电视柜后等地方，一般设置几个二三级插座
防潮盖插座	潮湿或近水区域的插座需要设置具有防潮盖的，如临近水槽、洗脸盆的插座，卫生间湿区的插座。 浴室柜边、坐厕旁的插座，一般设置防溅插座
两孔插座	功放、DVD、普通电视一般是两相的插头，应设置两孔插座或者三孔 + 两孔的五孔插座
三级插座	一般抽油烟机、洗碗机、净水器 / 饮水机、烤箱、冰箱等地方，应设计选择三级插座
双控开关	卧室里最好设置双控开关，避免了下床开关灯
特殊插座	涉及特殊设备或者要求，则需要设置特殊插座
旋钮式开关	床头设置旋钮式开关，可以实现壁灯的亮度调节。如果是节能灯，则不能选择旋钮式开关
夜光开关	走道上可以设置夜光开关，以免夜间起床摸黑走路、磕磕碰碰

开关和插座房间布置参考见表 4–3。

表 4–3　开关和插座房间布置参考

<table>
<tr><th>名称</th><th>插座</th><th>数量</th><th>开关</th></tr>
<tr><td rowspan="5">卧室</td><td>床头两边各 1 个插座（电话 / 床头灯）</td><td>2</td><td>门边、门头开关（双控或双回路控制吸顶灯）</td></tr>
<tr><td>电视插座</td><td>2</td><td rowspan="4">装饰效果灯开关</td></tr>
<tr><td>空调插座（三孔带开关）</td><td>1</td></tr>
<tr><td>电脑插座（三孔带开关）</td><td>1</td></tr>
<tr><td>预留插座</td><td>1~2</td></tr>
<tr><td rowspan="4">客厅</td><td>电视插座</td><td>2</td><td>吊灯双回路控制开关</td></tr>
<tr><td>空调插座（三孔带开关）</td><td>1</td><td>玄关灯双控开关</td></tr>
<tr><td>沙发两侧各 1 个插座</td><td>2</td><td rowspan="2">装饰效果灯开关</td></tr>
<tr><td>预留插座</td><td>1~2</td></tr>
<tr><td rowspan="5">卫生间</td><td>热水器插座（三孔带开关）</td><td>1</td><td>镜前灯开关</td></tr>
<tr><td>洗衣机插座（三孔带开关）</td><td>1</td><td>排风扇开关（最好在马桶边）</td></tr>
<tr><td>镜边插座（吹风机）</td><td>1</td><td rowspan="3">吸顶灯或浴霸开关</td></tr>
<tr><td>马桶边插座（电话）</td><td>1</td></tr>
<tr><td>预留插座</td><td>1~2</td></tr>
</table>

续表

<table>
<tr><th>名称</th><th>插座</th><th>数量</th><th>开关</th></tr>
<tr><td rowspan="8">厨房</td><td>排烟机插座（三孔带开关）</td><td>1</td><td>吸顶灯开关</td></tr>
<tr><td>炉灶下插座（以防以后换为电器灶）</td><td>1</td><td rowspan="7">操作台灯开关</td></tr>
<tr><td>水槽下插座（可以装小厨宝——“小型容积壁挂式电热水器”/垃圾粉碎器）</td><td>1</td></tr>
<tr><td>水台边插座</td><td>1</td></tr>
<tr><td>操作台插座（用于小电器/带开关）</td><td>2~3</td></tr>
<tr><td>微波炉插座（三孔带开关）</td><td>1</td></tr>
<tr><td>消毒柜插座（三孔带开关）</td><td>1</td></tr>
<tr><td>预留插座</td><td>1</td></tr>
<tr><td rowspan="3">餐厅</td><td>电冰箱插座（三孔带开关）</td><td>1</td><td>吊灯双回路控制开关</td></tr>
<tr><td>餐桌边插座</td><td>1~2</td><td rowspan="2">装饰效果灯开关</td></tr>
<tr><td>预留插座</td><td>1~2</td></tr>
<tr><td>阳台</td><td>预留插座</td><td>1~2</td><td>吸顶灯开关</td></tr>
<tr><td>玄关</td><td>预留插座</td><td>1</td><td>与客厅开关处做双控开关</td></tr>
<tr><td rowspan="4">书房</td><td>电脑插座（三孔带开关）</td><td>1</td><td>吊灯开关</td></tr>
<tr><td>空调插座（三孔带开关）</td><td>1</td><td>电脑—电视开关（音视频共享）</td></tr>
<tr><td>书桌边插座（台灯）</td><td>1</td><td>电视或有线—电脑开关（音视频共享）</td></tr>
<tr><td>预留插座</td><td>1~2</td><td></td></tr>
<tr><td>有线电视</td><td colspan="3">客厅一个、卧室一个、餐厅一个、主卫一个、书房一个</td></tr>
<tr><td>电话</td><td colspan="3">客厅一个、卧室一个、餐厅一个、主卫一个、书房一个、厨房一个</td></tr>
<tr><td>网络</td><td colspan="3">客厅一个、卧室一个、餐厅一个、主卫一个、书房一个、厨房一个</td></tr>
<tr><td>整体音响</td><td colspan="3">客厅一个、卧室一个、餐厅一个、主卫一个、书房一个、厨房一个、观景阳台一个</td></tr>
<tr><td rowspan="2">AV共享</td><td colspan="3">客厅一个、卧室一个、餐厅一个、书房一个</td></tr>
<tr><td colspan="3">弱电集中布线（卫星电视线路预留）</td></tr>
</table>

插座和开关的位置布置见表 4–4。

表 4–4　　插座和开关的位置布置

类型	位置
暗装插座	暗装插座距地面不要低于 0.3m
插座带开关	微波炉、洗衣机、镜前灯等需要的插座

续表

类型	位置
窗式空调插座	窗式空调插座用，可在窗口旁距地面 1.4m 处设置
吹风机插座	一般设计在台盆柜边
带保险挡片的安全插座	为了防止儿童用手指触摸或金属物捅插座孔眼，则要设计选用带保险挡片的安全插座
带指示灯插座、开关	一般均可以选择带夜光显示的插座、开关
电冰箱插座	电冰箱插座距地面 0.3m 或 1.5m（具体根据冰箱位置而定），并且宜选择单三极插座
电动剃须刀插座	一般设计在台盆柜边
电热水器插座	电热水器插座应设置在热水器右侧距地 1.4~1.5m 的位置，注意不要将插座设计在电热器上方
调光开关	设计在需要调节灯光强弱的地方
独立插座	空调、洗衣机、抽油烟机等大功率电器，需要设计使用独立的插座
分体式、挂壁空调插座	分体式、挂壁空调插座，需要根据出线管预留洞位置距地面 1.8m 处设置。按分体式空调器一般设计 16A 电源插座，并且在靠近外墙或采光窗附近的承重墙上设置
柜式空调器电源插座	柜式空调器电源插座宜在相应位置距地面 0.3m 处设置
空白面板	封闭墙上预留的接线盒，或弃用的墙孔，根据情况设置
空调的插座	壁挂空调插座的设置高度要至少在 2m 以上
露台插座	露台插座距地当在 1.4m 以上，且尽可能避开阳光、雨水所及范围
明装插座	明装插座设计距地面最好不低于 1.8m
排风扇开关	排风扇开关一般设计装在马桶附近
双控开关	楼梯口、大厅、床头、主卧室顶灯等地方一般需要设计双控开关
卫生间电话插座	卫生间电话插座一般设计装在马桶附近
洗衣机插座	洗衣机插座一般设计距地面 1.2~1.5m，最好选择带开关三极插座。 也有的认为，洗衣机专用插座设计距地面 1.6m 处，并且是带指示灯与开关的插座
夜光开关	夜光开关一般设计便于夜间寻找开关位置的地方
一般插座	一般插座下沿设计当距地面 0.3m，并且设计安装在同一高度，相差不能超过 5mm
油烟机插座	油烟机插座当根据橱柜设计，一般设计在距地 1.8~2m 高度，最好能被排管道所遮蔽

插座和开关一般的设置数量见表 4–5。

表 4–5　　插座和开关一般的设置数量

项目	插座一般设计的数量	开关一般设计的数量
主卧室	6 个插座（两个床头灯、空调、电话、电视、地灯用）	1 个开关（主卧室顶灯用）
次卧室（儿童房）	4 个插座（空调、电话、写字台灯插座、备用插座）	1 个开关（次卧室顶灯用）
书房	6 个插座（网口、空调、电话、书房台灯、电脑、备用插座）	1 个开关（书房顶灯用）
客厅	6 个（电视、饮水机、空调、电话、地灯、备用插座）	1 个开关（客厅顶灯用）
卫生间	4 个插座（洗衣机、吹风机、电热水器、电话用）	2 个开关（卫生间顶灯、排风扇或浴霸用）
厨房（厨房、餐厅一体）	7 个插座（电冰箱、油烟机、厨宝、微波炉、餐桌边上火锅插座、橱柜台面上至少有两个备用插座）	2 个开关（厨房顶灯、餐厅顶灯用）
阳台	1 个插座（备用插座）	1 个开关（阳台顶灯）
插座和开关一般设计原则	1）先需要了解具体的功能间的功能、作用。 2）确定电器、家具摆放的位置。 3）生活习惯。 4）线路组数、逻辑走向与示意平面图。 5）具体布线布管图、线盒安装设计。 6）有关安装设计	

4.3.2　插座设置的要求

（1）一般多数设置二三极（五孔）插座，既能插二极插头，也能插三极插头。插座设计的容量预留和位置应方便日后使用，减少需要借助排插的情况，如图 4–10 所示。

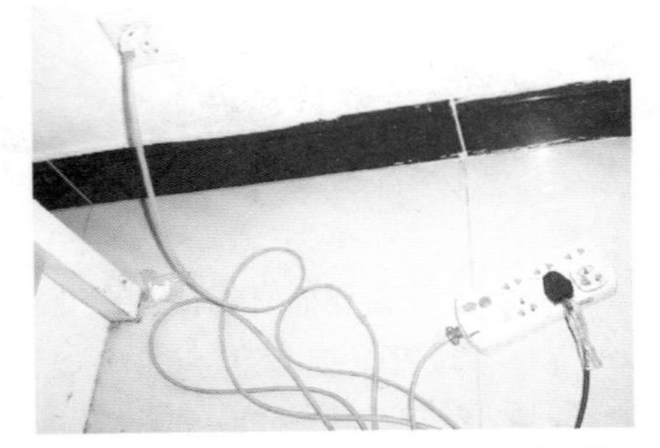

图 4–10　插座设计位置应合理，减少排插的使用

（2）洗手台上方禁止设置插座。

（3）大多数家电电源线是 1.2~1.5m，因此，需要每隔 3.6m 左右设置一个电源插座。

（4）每面墙上都需要设置电源插座，以方便日后变换家具摆放位置时使用。

（5）客厅卧室每个墙面，两个插座间距离当不高于 2.5m，墙角 0.6m 范围内至少设置一个备用插座。客厅设计效果图例如图 4–11 所示。

（6）厨房、卫生间、露台，插座设置尽可能远离用水区域。如果靠近，则加配插座防溅盒。

（7）台盆镜旁可设置电吹风和剃须用电源插座，离地 1.5~1.6m 为宜。

（8）近灶台上方处不得设置插座。

（9）厨房和卫生间的插座应设置距地面 1.5m 以上。

（10）无特殊要求的普通电源插座设置距地面 0.3m。

（11）起居室（客厅），需要根据建筑装修要求设置插座，并且保证每个主要墙面都有电源插座。如果墙面长度超过 3.6m，应增加设置插座数量；如果墙面长度小于 3m，则电源插座可在墙面中间位置设置。

（12）有线电视终端盒与电脑插座旁设置电源插座，并且设置空调器电源插座，起居室内应设置带开关的电源插座。

（13）书房除放置书柜的墙面外，应保证两个主要墙面均设置组合电源插座，并且设置空调器电源插座与电脑电源插座。另外，还需要考虑打印机、音响、手机充电等多个插座。如果少设计了插座，使用排插，接线容易混乱，不美观，使用也不便，使用的电器过多，还有安全隐患，如图 4-12 所示。

图 4-11　客厅设计效果图例

图 4-12　多个用电器使用排插接线混乱

（14）厨房需要根据要求，在不同的位置、高度设置多处电源插座，以满足抽油烟机、消毒柜、微波炉、电饭煲、电热水器、电冰箱等多种用电设备的需要。

（15）灶台、操作台、案台、洗菜台布置最佳位置设置抽油烟机插座，一般距地面 1.8~2m。

（16）卧室应在两个主要对称墙面均设置组合电源插座，床端靠墙时床的两侧应设置组合电源插座，以及设置空调器电源插座。卧室设计效果图例如图 4-13 所示。

（17）在有线电视终端盒、电脑插座旁应设置两组组合电源插座，单人卧室可以只设置电脑用电源插座。

（18）电热水器应选用 16A 带开关三线插座，并设置在热水器右侧距地 1.4~1.5m 处，注意不要将插座设置在电热器上方。其他电炊具电源插座在吊柜下方或操作台上方的不同位置、不同高度设置，插座应设置带电源指示灯与开关。

（19）在厨房内设置电冰箱时，应设置专用插座，距地 0.3~1.5m 高度。厨房设计效果图例如图 4–14 所示。

图 4–13 卧室设计效果图例

图 4–14 厨房设计效果图例

（20）严禁在卫生间内的潮湿处，如淋浴区或澡盆附近设置电源插座，其他区域设置的电源插座需要采用防溅式。有外窗时，应在外窗旁设置预留排气扇接线盒或插座。排气风道一般在淋浴区或澡盆附近，因此，接线盒或插座需要设置距地面 2.25m 以上高度。

卫生间开关插座设计图例如图 4–15 所示。

（21）距淋浴区或澡盆外沿 0.6m 外，设置预留电热水器插座与洁身器用电源插座。

（22）在盥洗台镜旁，设置美容用与剃须用电源插座，并且设置距地面 1.5~1.6m 高度。插座宜设置带开关与指示灯。

（23）阳台应设置单相组合电源插座，距地面 0.3m 高度。

（24）在桌子、柜子附近，插座设计在桌子水平面上 15cm 的高度，并且要求美观、统一。

（25）墙面的插座尽量设计高度统一，相差不能超过 0.5cm。

（26）凡是设有有线电视终端盒或电脑插座的房间，在有线电视终端盒或电脑插座旁至少设置两个五孔组合电源插座，以满足电视机、VCD、音响功率放大器或电脑的需要，亦可设置多功能组合式电源插座（面板上排有 3~5 个不同的二孔和三孔插座）。

（27）设置电源插座距有线电视终端盒或电脑插座的水平距离不少于 0.3m。

（28）电视墙上的插座需要考虑电视是安装于墙面的还是台式的，然后确定高度。墙面安装的电视插座距地面设计高度为 100~110cm。

（29）其他影音设备的用电插座设计距地面 30cm 高度，隐藏于电视柜后。通常，影音设备的插头以两级居多，插座适合设计选择多联二级插座。

（30）洗衣机的插座设计距地面 120~150cm 高度。

图 4-15　卫生间开关插座设计图例

（31）电冰箱的插座设计距地面 150~180cm 高度。

（32）空调、排气扇、视频监控等的插座设计距地面 190~200cm。

（33）视频监控的插座设计不要距离地面很近。

（34）分体式、挂壁空调插座，宜根据出线管设计预留洞位置距地面 180cm 高度。

（35）窗式空调插座可在窗口旁距地面 140cm 处设置。

（36）柜式空调器电源插座宜在相应位置距地面 30cm 处设置。

（37）厨房抽油烟机、排气扇应设计选用带开关的插座。靠近炉具上方处不能设计插座。

（38）卫生间内，电热水器插座应在热水器右侧距地 140~150cm 设计高度，并且需要选用双极开关。

（39）不要将插座设在电热水器上方，而且卫生间必须做等电位连接。

（40）阳台插座距地应设计在 140cm 以上高度，并且尽可能避开阳光、雨水所及范围，以及选择带防溅盒的插座。

（41）室内插座数量设置，可以根据面积每 $2m^2$ 计 1 组面板（也就是一个开关与一个插座）来计算。

【案例】 若家居室内面积 120m²，则装配 60 组开关、插座面板基本达到取电控制需求（包括各类常规开关、电源插座、弱电信息插座等）。具体估算如下

$$120\text{m}^2 \div 2\text{m}^2 = 60$$

（42）考虑预留空间，可以在室内面积每 1.5m² 处计一个面板（也就是一个开关与一个插座）来计算总用量。

【案例】 家居室内面积 120m² 的住宅，开关与插座面板最多可以用到 80 个左右。具体估算为

$$120\text{m}^2 \div 1.5\text{m}^2 = 80$$

（43）一般电器的电源线长度为 1.5~2m，因此，插座每隔 3m 留一个。这样，在家里的任何一个点，都可以从左边或右边接到电源插座，不再需要额外的排插。

插座安装高度图例如图 4–16 所示。

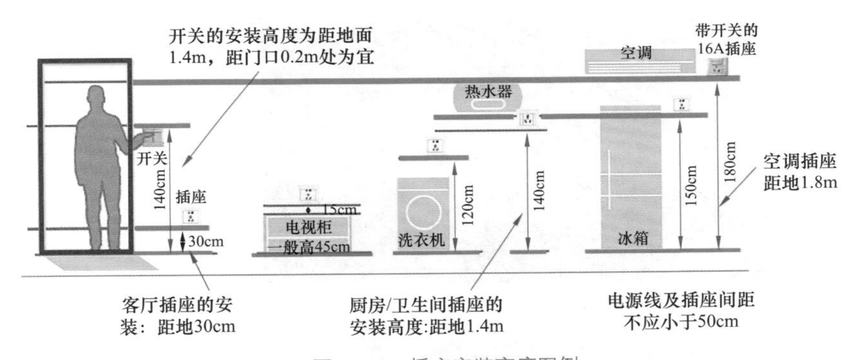

图 4–16 插座安装高度图例

插座设计图例如图 4–17 所示。

4.3.3 插座设计的误区

（1）插座位置过低，易在拖地时，让水溅到插座里，从而导致漏电事故发生。

（2）家庭插座设计时，不要觉得太高有碍美观，于是设计在较低的隐蔽位置。这样不安全，容易带来隐患。

（3）插座导线随意安装，脱离设计。这样易打火，发生火灾。

（4）若只设计一个回路，则一旦任何线路短路，整个房间的用电会陷入瘫痪。因此，插座一般设计两三个回路，厨房、卫生间各一个回路，空调使用一个回路。

（5）插座缺少防护措施，易引起短路。

（6）设计三孔插座接线时，地线不要形同虚设，更不能够设计直接把地线接到煤气管道等上。这些做法很危险，地线与电器外壳相连，一旦电器漏电，会导致人触电。

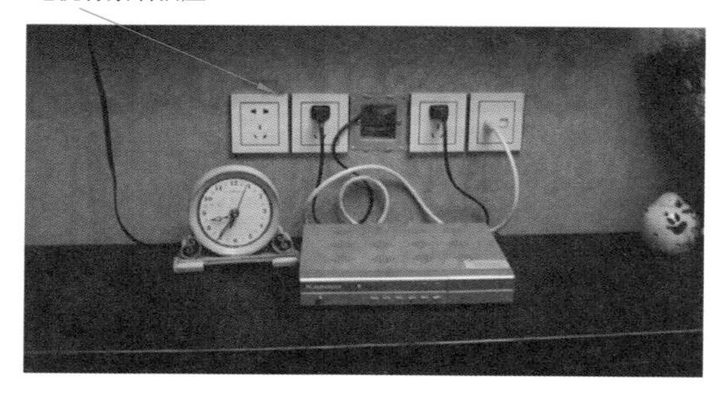

图 4–17　插座设计图例

（7）多个电器共用同一插座，易使电器超负荷运行，从而引起火灾。

（8）设计布线不遵循相线进开关，中性线进灯头的原则，有的插座上还需要设计漏电保护装置。

（9）开关插座设计错误图例如图 4–18 所示。

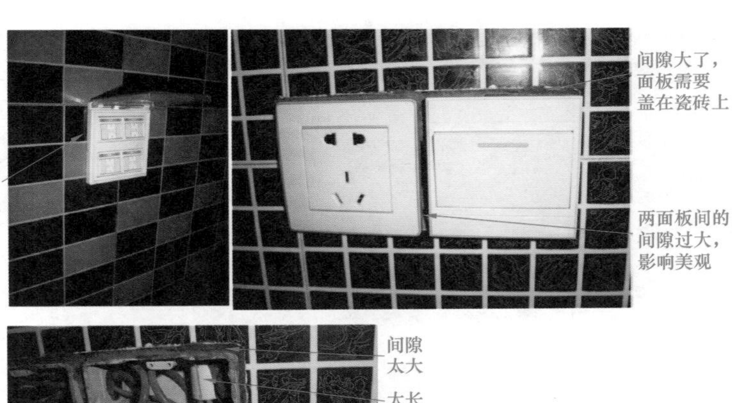

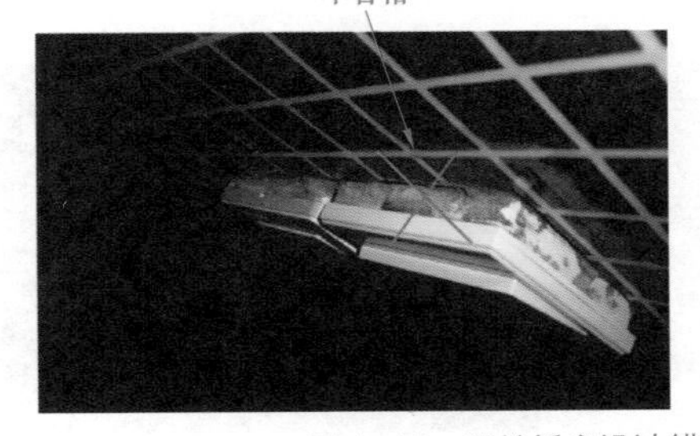

图 4–18　开关插座设计错误图例

4.3.4　开关的设计要求

（1）为考虑方便、美观，设计开关安装位置、高度时，一般同一房间内开关设计在同一水平线上，并且一般距地面 1.3m 或 1.4m。

（2）如果两个开关设计并列安装，则它们间的误差应不超过 5mm。

（3）一般进门开关，设计使用带荧光条或 LED 指示灯的开关，以便夜间使用。

（4）如果卧室是儿童房，则儿童房主照明的开关设计高度为 1.2~1.3m，如图 4–19 所示。

（5）如果卧室是老人房，考虑老人行动不便，则可以考虑设计安装声控开关。

（6）室内主要灯具开关的位置，需要配合房门开门的朝向来设计，不要被门或家具挡住。

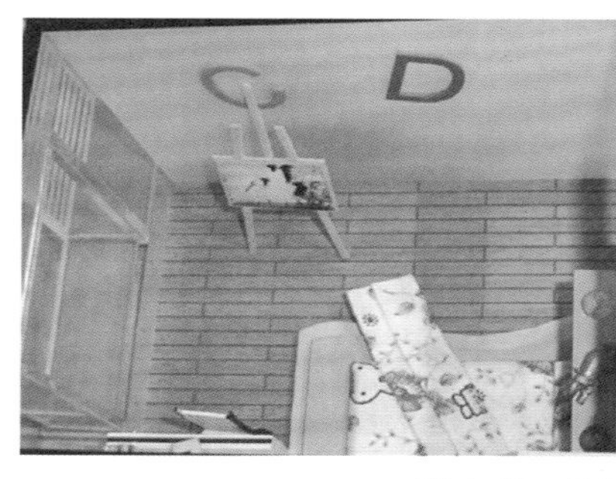
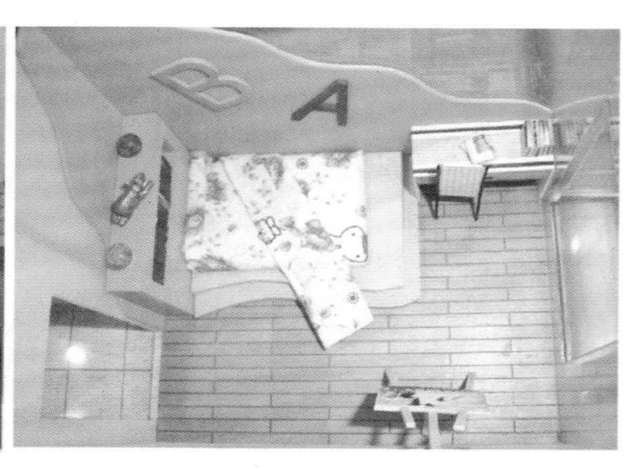

图 4-19　儿童房设计效果图例

（7）短时间照明的开关，需要设计安装在房间外（如洗手间、厨房、阳台），这样就不用摸黑开灯。

（8）厨房、卫生间、露台的开关设计安装尽可能不靠近用水区域。如果靠近水区域，则需要设计加配开关防溅盒。

开关的设计实例如图 4-20 所示。

开关面板颜色的选择很重要

图 4-20　开关的设计实例（一）

图 4–20　开关的设计实例（二）

4.3.5　家装开关接线

家装开关接线见表 4–6。

表 4–6　　家装开关接线

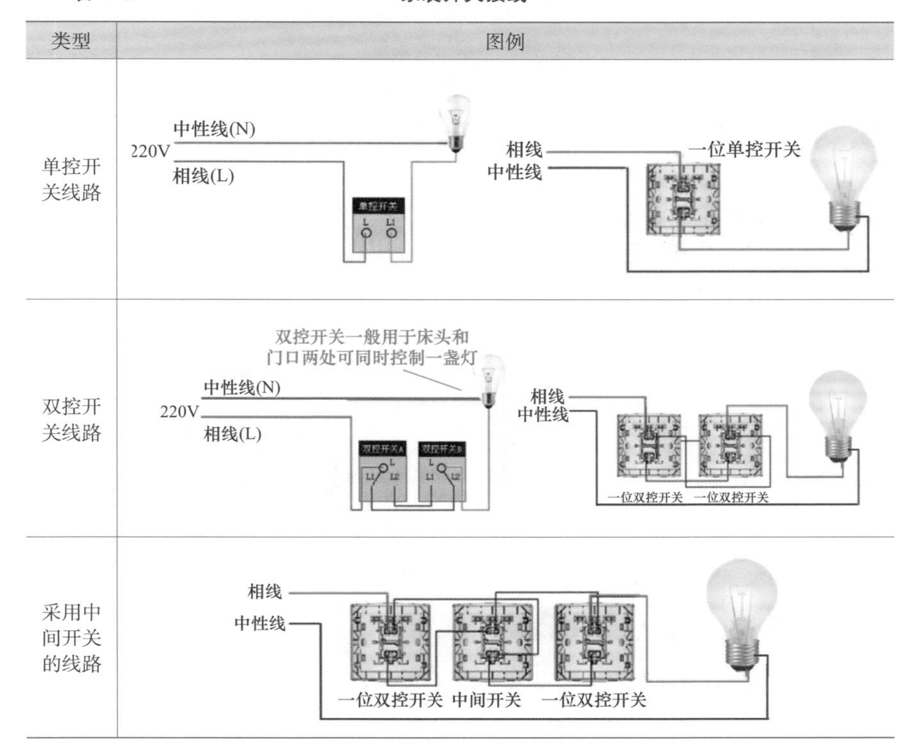

类型	图例
单控开关线路	中性线(N) 220V 相线(L) 单控开关 L L1 相线 中性线 一位单控开关
双控开关线路	双控开关一般用于床头和门口两处可同时控制一盏灯 中性线(N) 220V 相线(L) 双控开关A 双控开关B L L1 L2 相线 中性线 一位双控开关　一位双控开关
采用中间开关的线路	相线 中性线 一位双控开关　中间开关　一位双控开关

续表

类型	图例
一开多控开关的应用	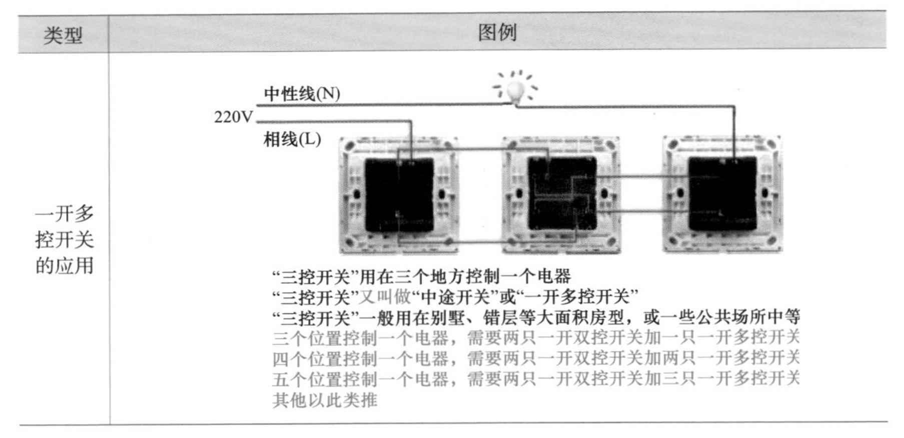

4.3.6 开关、插座常规设计高度

开关常规安装设计高度为 1200~1300mm。插座常规设计高度见表 4-7。

表 4-7　插座常规设计高度　单位：mm

类型	普通	分体空调	立式空调	房间电视	油烟机	床头灯插	厨房插座	特殊插座
高度	300	2200	300	700	2200	600	1100	按实际情况定

4.3.7 常规插座的参数

常规插座的参数见表 4-8。

表 4-8　常规插座的参数

名称	颜色	额定电流	外形尺寸	安装孔距	材料
电视插座	雅白等		86mm × 86mm	60mm	阻燃 PC 材料
插卡取电不带延时插座	雅白等	16A	86mm × 86mm	60mm	阻燃 PC 材料
插卡取电带延时插座	雅白等	16A	86mm × 86mm	60mm	阻燃 PC 材料
大板门铃带请勿打扰	雅白等	10A	86mm × 86mm	60mm	阻燃 PC 材料
电脑插座	雅白等		86mm × 86mm	60mm	阻燃 PC 材料

4.4 灯及其线路设计

4.4.1 住宅室内照明标准

住宅室内照明标准见表 4-9。

表 4-9　　住宅室内照明标准

房间名称	照度标准值（lx）	参考高度
起居室（厅）、厨房、卫生间	≥ 100	0.75m 水平面
卧室	≥ 75	
餐厅	≥ 150	

4.4.2　住宅室内采光标准

住宅室内采光标准见表 4-10。

表 4-10　　住宅室内采光标准

房间名称	侧面采光	
	采光系数标准值（%）	室内天然光照度标准值（lx）
起居室（厅）、卧室、书房、厨房	≥ 2	300
卫生间、餐厅、楼梯间	≥ 1	150

注　1. 起居室（厅）、卧室、书房采光窗洞口的窗地面积比不应低于 1/7。
2. 采光系数值不宜高于 7%。

4.4.3　双日光灯（荧光灯）移相接线电路

双日光灯移相接线，可以使两个灯管的电流相差 120° 的时间角。该电路的优点是使日光灯总光通量的闪烁指数减小，以及提高供电线路的功率因数。双日光灯移相接线可以适用于 40W 或 100W 的预热式日光灯。双日光灯移相接线电路如图 4-21 所示。

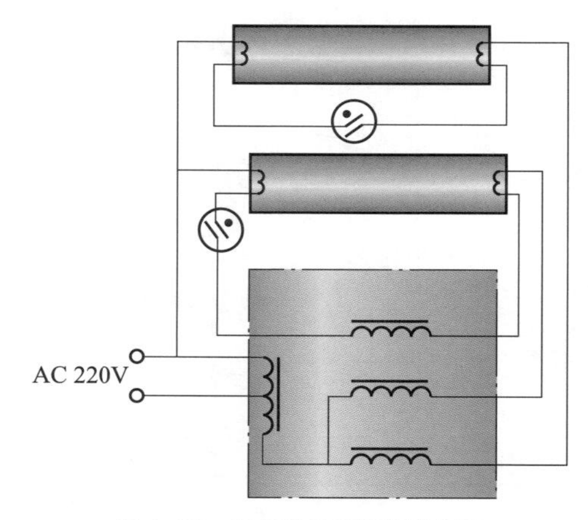

图 4-21　双日光灯移相接线电路

4.4.4 常见日光灯电路

日光灯电路选用的镇流器必须与电源电压、灯管功率相匹配，不可混用。日光灯电路辉光启动器也可以根据灯管功率来选取，并且宜设计安装在灯架上便于检修的地方。常见日光灯电路如图 4–22 所示。

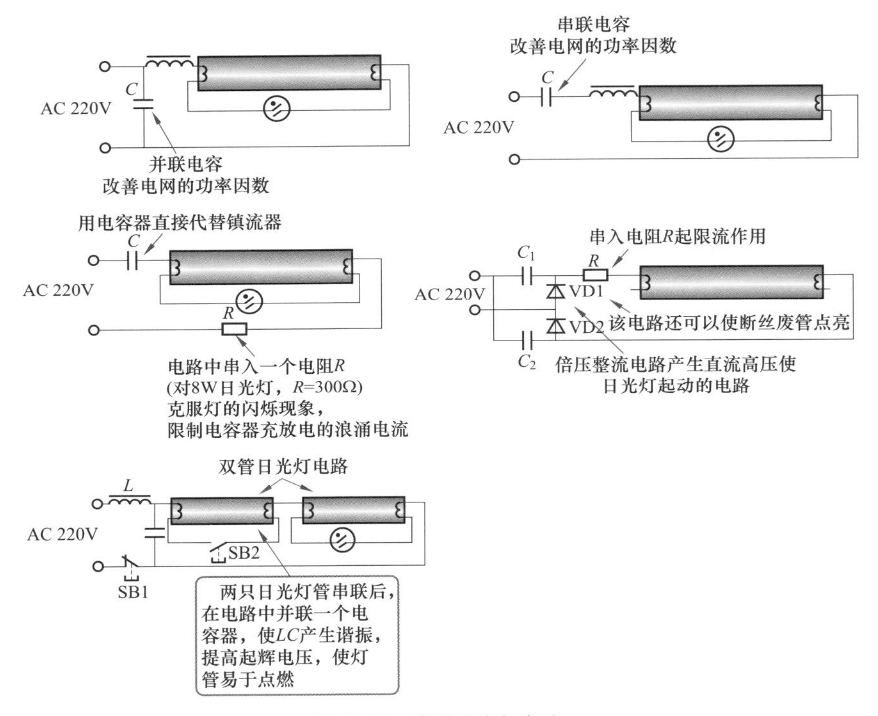

图 4–22　常见日光灯电路

4.4.5 三个开关三地控制一盏灯电路

三个开关三地控制一盏灯电路如图 4–23 所示。

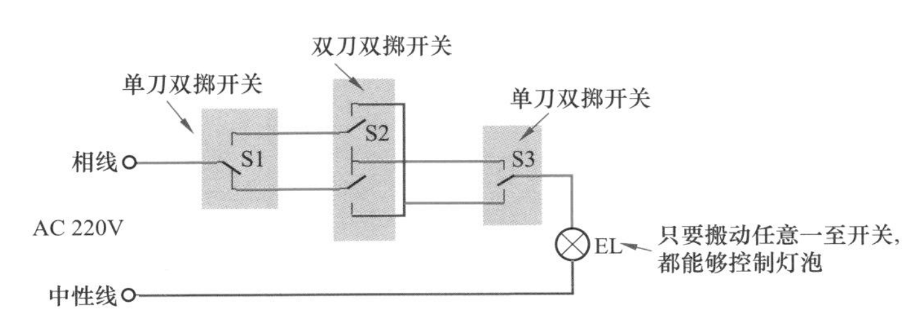

图 4–23　三个开关三地控制一盏灯电路

4.4.6　两只双连开关在两地控制一盏灯电路

两只双连开关在两地控制一盏灯电路，适用于门厅、楼道等的照明。两只双连开关在两地控制一盏灯电路如图 4–24 所示。

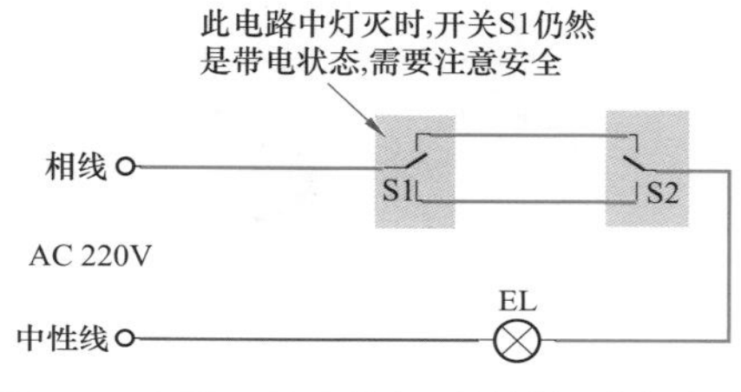

图 4–24　两只双连开关在两地控制一盏灯电路

4.4.7　一只单连开关控制多盏灯电路

一只单连开关控制多盏灯电路如图 4–25 所示。

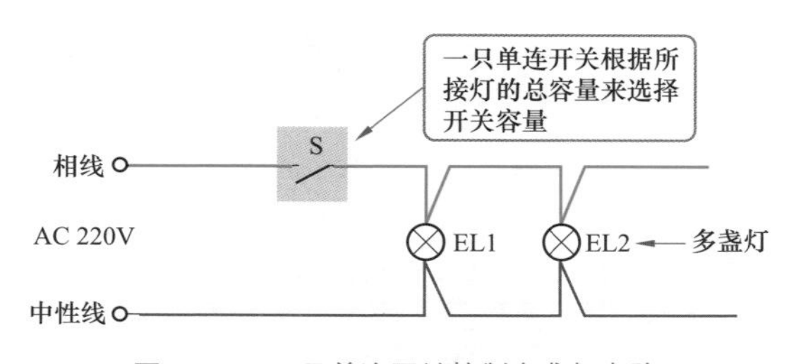

图 4–25　一只单连开关控制多盏灯电路

4.4.8　多只单连开关控制多盏灯电路

多只单连开关控制多盏灯电路如图 4–26 所示。

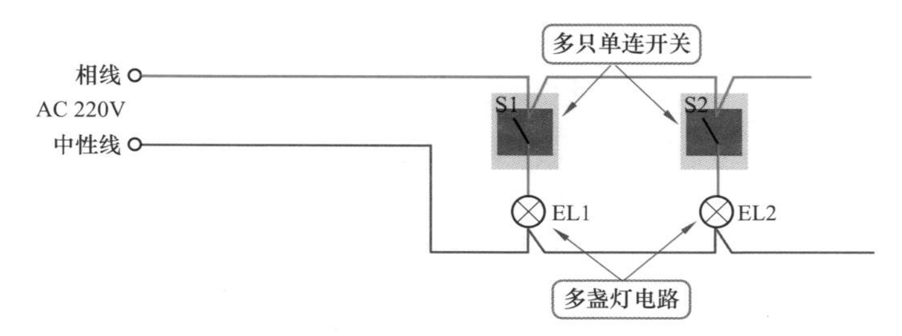

图 4–26　多只单连开关控制多盏灯电路

4.4.9　单连开关控制一盏灯和插座的电路

单连开关控制一盏灯和插座的电路如图 4–27 所示。

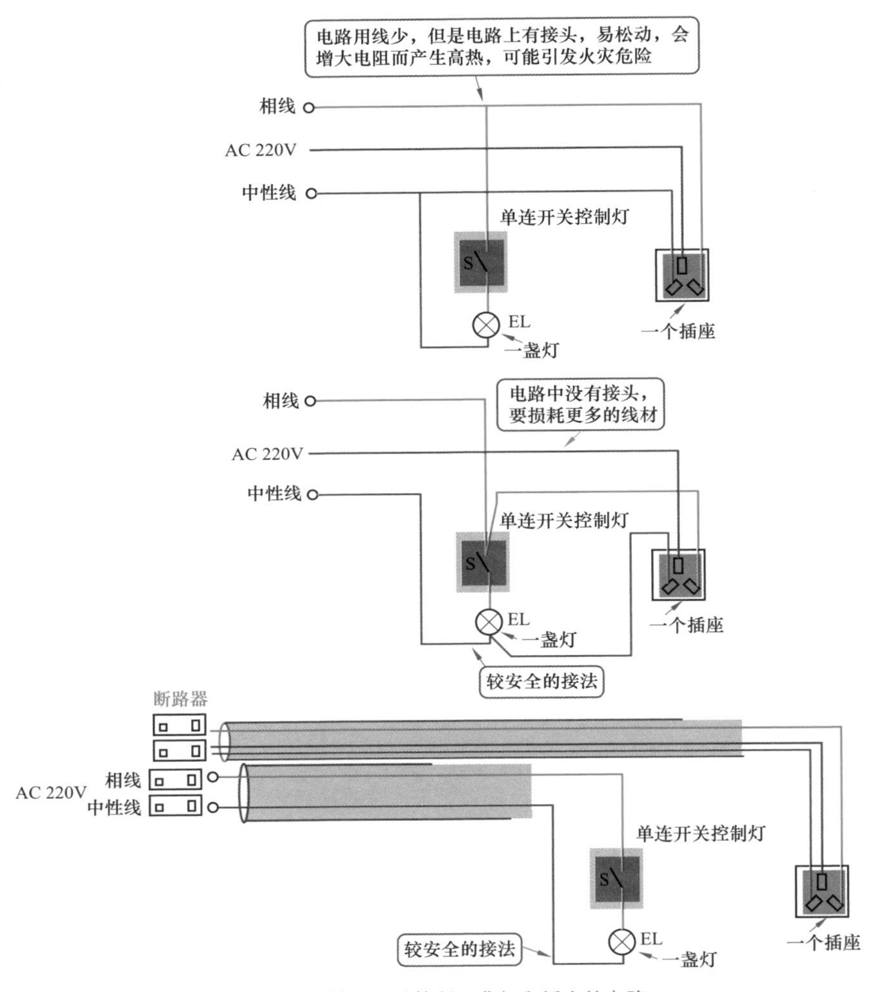

图 4-27　单连开关控制一盏灯和插座的电路

4.4.10　白炽灯单连开关控制一盏灯电路

单连就是开关只有一个用于连接导通电路的触点。

安装螺口白炽灯泡时，必须将相线（即火线）经开关接到螺口灯头底座的中心铜片上，这样，可以防止灯泡螺口上大量裸露的部分引发的触电事故。

使用灯泡时，需要注意使灯泡的额定电压与供电电压一致。如果错误的将额定电压低的灯泡放入高电压的电路中，会烧坏该灯泡。如果将额定电压高的灯泡接入电压低的电路中，则灯泡不能发光，或者发光微弱。

白炽灯单连开关控制一盏灯电路如图 4-28 所示。

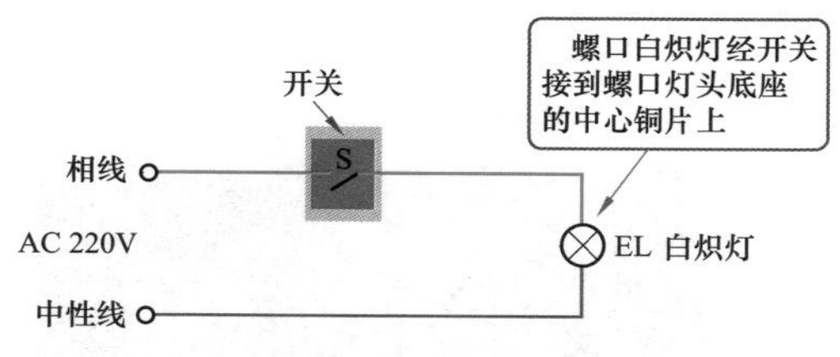

图 4-28　白炽灯单连开关控制一盏灯电路

4.4.11　日光灯四线镇流器接线电路

日光灯四线镇流器接线电路如图 4-29 所示。

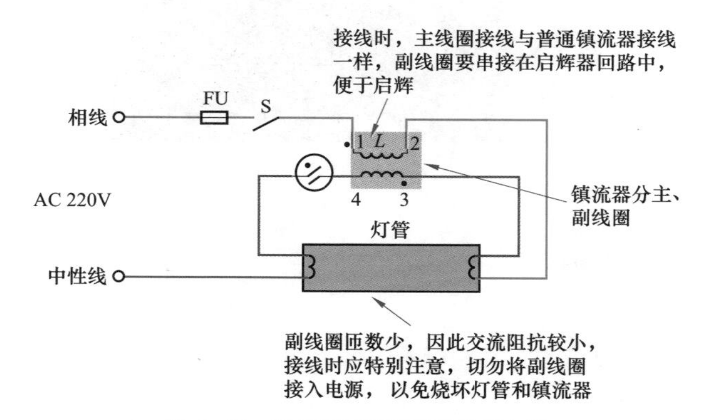

图 4-29　日光灯四线镇流器接线电路

4.4.12　两只 25W 灯泡串联电路（延长白炽灯寿命）

两只 25W 灯泡串联电路（延长白炽灯寿命），可以适用于楼梯、走廊、厕所灯等场所，电路如图 4-30 所示。

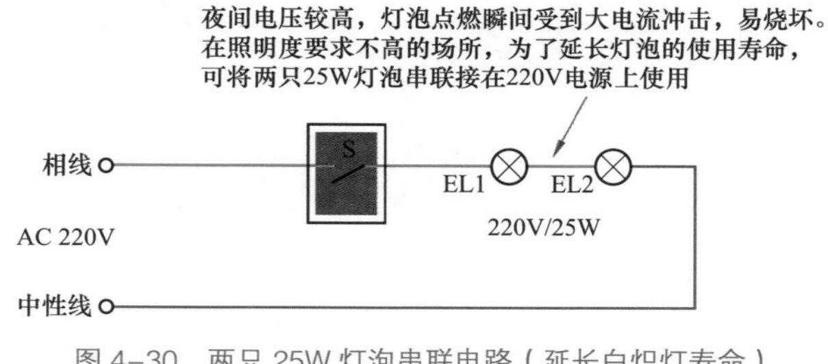

图 4-30　两只 25W 灯泡串联电路（延长白炽灯寿命）

4.5 导线连接

设计时，导线连接除了采用常规的连接方法外，还需要浸锡处理，如图 4–31 所示。

图 4–31 浸锡处理

4.6 热水器

4.6.1 热水器的种类

热水器的种类见表 4–11。根据不同热水器的特点与实际情况，选择热水器。

表 4–11 热水器的种类

	平衡	强排	烟道	户外
机壳	全封闭	半封闭	开放式	防风雨冻开放式
烟管	双层	单层（细）	单层（粗）	无
排烟方式	强制排放	强制排放	自然排放	强制排放
空气补充方式	强制吸气	强制吸气	自然吸气	强制吸气
燃烧效率	强制燃烧 效率很高	强制燃烧 效率很高	普通燃烧 效率一般	强制燃烧 效率很高
空气来源	室外	室内	室内	室外
流量	较大 一般在 10L 以上	较大 一般 10L	较小 一般在 10L 以下	较大 一般在 10L 以上
安装位置	浴室	室内	室内	户外
安全性	很高	高	一般	无危险性
耐恶劣天气性	强	好	一般	很强

4.6.2　海尔快热恒温式热水器

海尔快热恒温式热水器的命名规则如图 4–32 所示。

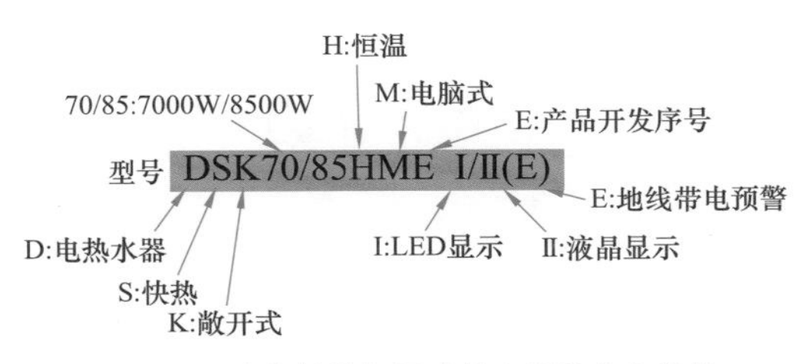

图 4–32　海尔快热恒温式热水器的命名规律

4.6.3　快热恒温式热水器安装条件

快热恒温式热水器对用户家中电路设计要求：

（1）功率 7000W 的快热恒温式热水器对电能表需满足 220V、不小于 32A，铜芯专线不小于单芯 $4mm^2$，空气开关不小于 32A（带有漏电保护），电源线铜芯不小于单芯 $4mm^2$。

（2）功率 8500W 的快热恒温式热水器对电能表需满足 220V、不小于 40A，铜芯专线不小于单芯 $6mm^2$，空气开关不小于 40A（带有漏电保护），电源线铜芯不小于单芯 $6mm^2$（安装在浴室中的空气开关需要有防水功能），具体见表 4–12。

表 4–12　快热恒温式热水器安装条件的设计

额定功率（kW）	7.0	8.5
额定温度（℃）	55	55
额定电压（V）	220	
额定频率（Hz）	50	
电源线要求	≥ $4mm^2$	≥ $6mm^2$
电能表要求	10（40）A	10（40）A
空气开关	≥ 32A	≥ 40A
防水等级	1P × 4	1P × 4

4.7　消毒柜

在消毒柜选型后，需要将消毒柜尺寸图告知橱柜设计师，以防止将来安装尺寸不符。

如果消毒柜安装在燃气灶下面的橱柜内，两者间距需要至少 150mm，并且避免消毒柜电源线与燃气灶底部接触。

消毒柜为嵌入式厨电，需要预留接地电源插座，并且电源线不要靠近机体表面。

4.8 集成灶

集成灶选型后，如果装入橱柜内，则需要将集成灶尺寸图告知橱柜设计师，以防将来尺寸不符。

集成灶需要预留接地电源插座，并且电源线不要靠近机体表面。

4.9 剃须刀

剃须刀一般使用电压为交流 220V、50Hz，功率大约为 7W。剃须刀一般使用的是两孔插座。但是,设计剃须刀插座一般选择采用 10A 的 5 孔（2 孔 +3 孔）插座。

4.10 家用风扇

风扇，根据其电动机类型，可以分为蔽极式风扇、电容式风扇等。一般情况下，蔽极式电风扇耗电量较大。例如，400mm 的电风扇，在相同时间内，蔽极式电风扇耗电 80W，电容式电风扇耗电量为 60W。因此，一般家庭应设计选用电容式电风扇。

家用风扇一般使用电压为交流 220V、50Hz。有的风扇需要两孔插座，有的风扇需要 3 孔插座。因此，设计风扇插座一般选择采用 10A 的 5 孔（2 孔 +3 孔）插座。

电风扇不宜长时间使用，如果昼夜不停地开着电风扇，既耗费电量，又容易感冒。在白天使用电风扇时，可以把电风扇放在室内角落里，使其把室内气体吹出室外。在夜间使用电风扇时，可以把电风扇放在窗口，以便将室外清凉气体吹入室内，减少耗电量。因此，在设计电风扇插座时，需要在室内角落附近，以及窗口附近分别设置插座。

电风扇插座设置图例如图 4–33 所示。

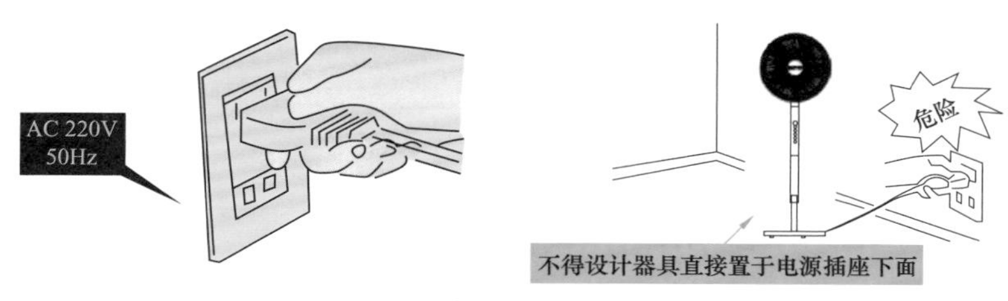

图 4–33　电风扇插座设置图例

电风扇每次使用完后，除了需要关掉开关外，还需要拔下电源插头，以防电源失灵使电器通电，也避免增加耗电量与损坏电动机。如果考虑不拔下电源插头，也能够关断电源，则可以设计带开关的电风扇插座。

电风扇平时使用时，需要保持干燥、通风、清洁，特别是不要把水泼洒在电风扇上，以免产生漏电。因此，一般电风扇不得设置在有渗水的位置。

4.11 电暖器

目前，电暖器有两插头的电源插头，也有三插头的电源插头。如果是三插头的电源插头，则必须设计使用各项技术指标符合标准带地线的三孔插座，不可采用没有地线的两孔插座，以免产生静电，电手。

电暖器的插座，一般不要设计在电暖器正上方，以防热量上升烧烫电源。

如果有易使电流发生骤变且较为频繁的电器（如冲击钻等），与电暖器同时使用，则较易损坏电暖器。因此，最好设计使用带有过流保护装置的插座或选择具有稳压的电源。

充油式电暖器一定要设计直立摆放状态下使用，不能设计倒放使用。因为充油式电暖器是通过下端的发热管，对发热管周围的导热油进行加热，使导热油在导流管内流动来传递热量。如果倒放充油式电暖器，则可能会造成空烧，烧坏发热管。

电暖器的电源插头需要设计的地方有茶几处、餐厅处、电脑桌下等。有的地方，还需要考虑几个电源插座。

为避免以后可能是三插头的，也可能是插头的电源插头。因此，多数选择采用 10A 的 5 孔（2 孔 +3 孔）插座。但是，也有的要求选择 15A 的。

电暖器有关设计图例如图 4–34 所示。

4.12 软水机

设置软水机注意事项：

（1）根据需求确定水路方案。

（2）设计好电路、电源插座。如果是手动型，则可以不用设计电源。

（3）设计好具体的摆放位置，一般考虑放在橱柜内。

（4）设计好下水管道。反冲洗后排放污水及溢流水的排放，一般需要两根管道。

（5）如果住房卫生间面积较小，一体软水机体积较大，则卫生间可以考虑选择分体软水机。设计装在水盆柜内是较理想的，按实际情况也可挂在墙上。

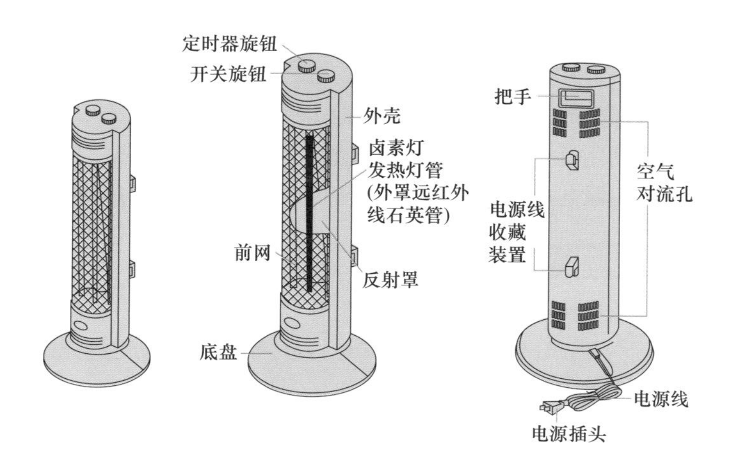

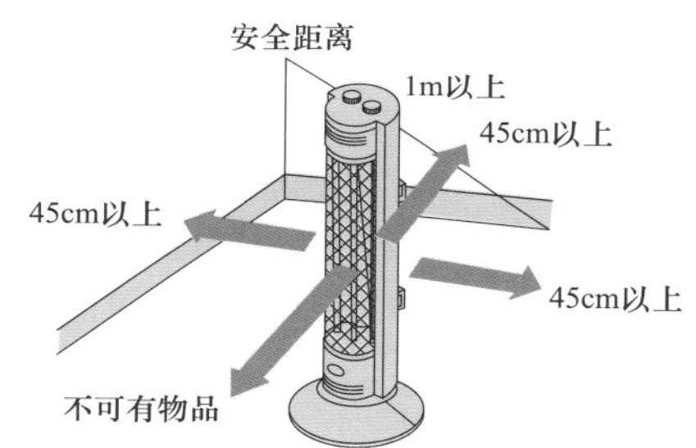

勿在容易受潮的地方(如浴室)使用，避免造成危险

图 4-34　电暖器有关设计图例

4.13 直饮机

设置直饮机的注意事项：

（1）有的直饮机的水源水压来自市政自来水，一般要求水压为 0.1~0.4MPa。如果设计安装场所水压高于该数值，则需要设计减压阀。

（2）有的直饮机需要单独设置源水、排水管。

（3）直饮机的 PE 管不得打折、被重物压住，以免 PE 管被阻塞。

（4）不要设计在强烈阳光照射的地方安装饮水机，以免造成部件老化。

（5）不要设计在附近有高温或强磁器具地方安装饮水机，以免引起火灾或电路故障。

（6）不要设计在潮湿或多尘的区域安装饮水机，以免引起电路损坏。

（7）不要设计在可能被淋到雨雪的场所安装饮水机。

（8）不要设计在饮水机上放置重物。

（9）需要设计安装在有地漏的地方。

（10）机背与墙面至少设计有 20cm 的距离，以保证通风顺畅，底部不能垫泡沫、纸板等杂物。

（11）设计不要在背面散热板的附近连接散热电热产品。

（12）勿设计用布类覆盖直饮机背面与侧面。

（13）勿设计将产品放置在倾斜的位置或不稳定的场所。

4.14 油烟机

设置油烟机的注意事项：

（1）油烟机插座需要设计安装在油烟机的上方，平顶下面 20cm 左右的地方，并且要避免油烟机的出风口。

（2）塔型油烟机需要注意，插座的位置应该在电器控制盒的上方、装饰罩内部，不能与出风管或者电器盒干扰。

（3）除近吸式以外的油烟机离灶具的设计安装高度一般是 650~750mm。

（4）近吸式油烟机离灶具的设计安装高度范围，固定膨胀螺钉孔（或挂钩）到灶台表面的垂直距离参考数值如下：

650~750mm（JX01B 等型号）

700~800mm（JX02、JX03 等型号）

800mm（EA01 等型号）

（5）油烟机出风管设计安装最理想长度是 1.5m。

（6）出风管设计安装不能弯曲过多。因为弯曲越多，压力损失越大，造成吸力变小，引起排烟不畅。

（7）吸油烟机在炉火消耗煤气或其他燃料时使用，房间必须设计通风良好。

（8）禁止设计炉火直接烘烤吸油烟机。

（9）油烟机须设计使用有可靠接地的电源插座。

（10）房屋装修时，不宜将吸油烟机暴露在外，以免建筑材料、灰尘、油漆、涂料等，使油烟机表面产生腐蚀与失去光泽。一般应在设计装修完后再挂上吸油烟机。

（11）设计安装烟管时，尽量避免弧线、折弯。如果必须采用，则在平直烟管位置设计安装转接口，以避免烟管太长。

（12）电灶上烹调器具的支承面与吸油烟机最低部位的距离至少设计为 35cm。如果吸油烟机安装在炉灶正上方，则炉灶上烹调器具的支承面与吸油烟机最低部位的距离至少设计 65cm。

（13）严禁设计用水冲洗，以免电器部件进水。

（14）钻孔时，应设计避开墙内埋设的电线，以免引起触电危险。

（15）设计的位置与孔要适合，例如有的是冲击钻配直径为 10mm 的钻头，钻深为 50mm 的孔 5 个。然后把膨胀管塞入孔中，再用木螺钉固定挂脚即可。

（16）设计开孔时，需要考虑到吸油烟机排出的气体不应排到用于排出燃烧煤气或其他燃料的烟雾使用的热烟道中。T 形吸油烟机距离燃气灶或电陶炉至少设计 650mm，侧吸油烟机距离燃气灶需要设计 350~450mm。

4.15 电热灶、电磁灶

设置电热灶、电磁灶的注意事项：

（1）有的电热灶、电磁灶左下方需要布置一个三插的插座和两插的插座。

（2）插座一般设计选择 16A 以上的，并且必须是单独设计的一路，可以设计直接与电能表的出口经过一个断路开关连接。

（3）家居电热灶、电磁灶布置的电线应能承受 16A 以上，必须要设置保护接地线。

（4）家居电热灶、电磁灶功率有大的，也有小的，但是设计插座、布线应以功率大的为依据进行。

4.16 热水器

设置热水器的注意事项：

（1）热水器烟管尽量设计直走：拐一个弯后直走。

（2）如果必须设计拐走，则只要保证总长不超过 10m 就行了（也就是一个弯曲等于 2m）。

（3）如果拐一个弯，则最长不超过 8m。

（4）如果拐两个弯，则最长不超过 6m。

（5）如果拐三个弯，则最长不超过 4m。

（6）热水器设置安装时，有的地方需要硬管连接，有的地方需要软管连接。燃气连接管，目前所有热水器除了液化气的气源可以用胶管连接外，其余的都必须使用不锈钢软管硬连接。进气接头除了人工气用的是 $R_3/4$（6 分管），其余一般要用 $R_1/2$（4 分管）；进水接头、出水接头一般用金属软管连接，接口规格一般是 $R_1/2$（4 分管）。

（7）热水器排烟管按规范要求设计排到室外。

（8）设计电源要有可靠接地线。

（9）严禁设计使用活动电源插线板驳接电源。

（10）热水器不得设计安装在橱柜等通风不良及易燃的空间内。

（11）热水器的四周不得设计有易燃易爆的物品存在。

（12）燃气软管接口应设计用管卡紧固，可以用肥皂水对接口进行测漏。

（13）应设计安装独立的进水控制阀。

（14）燃气热水器一定要设计安装在通风良好的空间内，并正确设计安装烟管。

（15）燃气热水器应设计安装在方便检修的位置。如果必须要设计安装在橱柜内，橱柜材料必须是防火材料，并且橱柜上、下部必须设计成敞开状态，以保证工作时有足够的氧气供应。

（16）平衡式燃气热水器可以设计安装在浴室内，其他机型则严禁设计在浴室内。

（17）在低水压的地区，勿在热水器出口设计安装冷热水混水阀。

（18）设计安装选用的燃气管径必须与燃气热水器的进气管规格一致。

（19）所有电器类产品，都必须设计有严格的接地。

（20）有的强排式燃气热水器采用机身接地，燃气热水器水电是完全分离的。

（21）热水器的恒温与水压、气压稳定是有关系的。水压变化时，热水器要得到的温度 t 与冷水温度 t_0、热水器特性值 $\eta H_1/C_p$、燃气与水流量比值 V_2/V_1 等因素有关，计算公式如下

$$t=t_0+(\eta H_1/C_p)(V_2/V_1)$$

式中　V_1—— 水量，L/min；

V_2—— 燃气耗量，MJ/Nm^3；

η—— 热水器的热效率，%；

H_1—— 燃气低热值，MJ/Nm^3；

C_p—— 水比热；

t_0—— 冷水温度，℃。

因此，采用调节燃气耗量 V_2、微调水量 V_1。有的热水器设计，只调节燃气耗量 V_2，不调节水量 V_1，来实现热水温度的恒温控制系统。

（22）浴室内不得设计安装自然排气式与强制排气式热水器。

（23）卧室、地下室、客厅不得设计安装燃气热水器。

（24）楼梯与安全出口附近不得设计安装燃气热水器（5m 以外不受限制）。

（25）橱柜内不得设计安装燃气热水器。

（26）燃气热水器的排烟管不可设计安装在公共烟道内。

（27）设计安装热水器的墙体必须能承受比产品重 4 倍的承重，墙体表面必须有隔热层或不可燃材料。

（28）设计热水器的上、下方不得有明电线、电器设备、燃气管道，下方不能设置煤气烤炉、煤气灶等燃气具。

（29）人工煤气的燃气产品使用年限为 6 年，天然气与液化石油气使用年限是 8 年。

（30）1~2 人一般设计选择 40L 储水式电热水器。

（31）2~4 人一般设计选择 60L 热水器。

（32）4~6 人一般设计选择 80L 热水器。

（33）电热水器的一般加热 20~40min 可以达到设置温度。

（34）目前，热水器的进出水管宜用 PPR 管连接。

（35）即热式热水器，一般在 4~6kW 以上，工作电流高达 18~27A。大部分住宅的供电线路只能承受 15A 电流。因此，即热式热水器安装环境的设计，对电能表、空气开关、电线都有专门的严格要求。

4.17 空气源热水泵热水器

设置空气源热水泵热水器的要求：

（1）空气源热水泵热水器，设计尽可能靠近墙面，以便于安装。

（2）空气源热水泵热水器，设计尽可能接近水源与用水位置，以减少管路长度。

（3）设计安装点靠近室外墙地点，便于开凿小洞，以利于冬天将冷风排出室外。

（4）空气源热水泵热水器设计安装点，最好有地面排水口，以便于将冷凝水排出。

（5）不要在空气源热水泵旁设计使用或存放汽油等其他易燃易爆气体与液体，不然容易引发爆炸、火灾等危险。

（6）设计选购空气源热水泵热水器时，注意主机的能力反映了加热箱热水所用时间的长短。一家三口，只是单纯的淋浴，选用 150L 的水箱即可。如果有泡澡浴缸，则水箱要选择 260L 或者更大的。

4.18 平板太阳能热水器

设置平板太阳能热水器的要求：

（1）设计安装平板太阳能热水器，需要选择合适的安装位置、角度，尽量避开阳光遮挡物。

（2）设计安装平板太阳能热水器，需要选择系统管路尽量避免出现反坡、拐角等现象，尽量缩短集热器与水箱间的距离。

（3）设计安装平板太阳能热水器，需要集热器与支架装配要牢固、可靠，不破坏防水。

（4）太阳能热水系统管路的连接，需要根据安装位置或用户需求现场设计。

（5）凡冬季结冰地区，必须对室外管路进行防冻处理，设计安装保温管与电伴热带，防止管路冻堵、损坏。

（6）设计安装平板太阳能热水器所有电源插座必须有可靠接地。

（7）集热器应设计朝南偏西 5°~10°。

（8）设计安装平板太阳能热水器，需要周围没有影响采光的遮挡物。

（9）设计尖顶房热水器安装的支架角度，不小于热水器铭牌标注的角度。

（10）若设计使用膨胀挂钩固定，则固定点一定要牢固，膨胀挂钩的螺母要拧紧。

（11）室外管路必须进行保温设计，长江以南可以设计单层保温层（20mm×30mm），长江以北可以设计双层保温层（30mm×40mm）。

（12）设计安装平板太阳能热水器管路靠近支架的地方，必须与支架固定在一起，防止管路晃动造成保温层脱落。

（13）有溢流管的管路，不能设计反坡现象。

（14）为获得最佳效率与使用效果，设计选购时，需要考虑集热管的集热面积与水箱容积的科学配比。合理的配比为 $60L/m^2$。常见的 ϕ47mm 集热管的集热面积是长度 1.2m 规格的约为 $0.1m^2$；长度 1.5m 的约为 $0.128m^2$。

（15）如果根据平均每人每天洗澡用水 30L 计算，则三口之家可以选择 100L 的水箱容积与长度 1.2m 集热管 18 只的或 1.5m 集热管 14 只的配置组合。如果用水量大，则可以再放 10%~20%的余量。如果日照条件较差或需水温更高，则可以设计选用高温加长型集热管的。

4.19 烤箱

设置烤箱的注意事项：

（1）烤箱电源线长度一般为 1500mm，因此，插座位置要适当。

（2）一般需要单独设计使用额定电流 16A 以上的插座，并且可靠接地。

（3）不得设计将地线接于煤气管、自来水管、避雷针、电话线上。

（4）设计烤箱的电源插座需要接触良好，不松动。

（5）设计烤箱的应用，不得出现损伤或用重物挤压、夹击电源线的现象。

（6）设计烤箱的应用前，需要确定烤箱是否是直接使用 220V50Hz 的电源。

（7）一般将电源插座设置在旁边橱柜内，距离烤箱 0.3m 以内便于插拔的位置。

（8）设计合适位置安装烤箱，以确保操作方便。

（9）应设计安装于能承受足够重量的地方，以免部件掉落。

（10）固定电烤箱时，柜体底部应设计有承重 60kg 以上平台支撑，不能仅靠门框处螺钉固定。

（11）烤箱的使用环境应设计通风良好，并且配备有效的通风设备。

（12）设计嵌入烤箱的橱柜及烤箱接触到的墙壁，须使用可耐 85℃的黏合剂，以防止表面变形或涂层分离。

（13）烤箱的技术参数见表 4-13。

表 4–13 烤箱的技术参数

型号	OBT600–10S OBT600–10SA	OBT600–10G
额定电压	AC220V	220V~
额定频率（Hz）	50	50
额定输入功率（W）	2900	2900
外形尺寸（宽×深×高）(mm)	595 × 558 × 595	595 × 558 × 595
嵌入部分尺寸（宽×深×高）(mm)	554 × 542 × 579	554 × 542 × 579
净重 / 毛重（kg）	33/36.5	33/36.5
单层框架额定承载量（kg）	15	15
容积（L）	55	55
温度调节范围（℃）	50~250	50~250

（14）烤箱设计安装图例如图 4–35 所示。

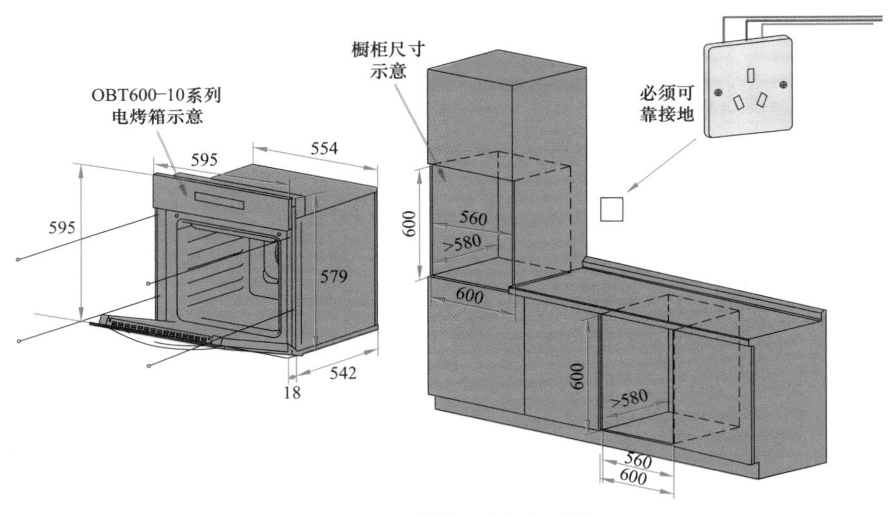

图 4–35 烤箱设计安装图例

4.20 家用燃气灶

家用灶具燃气连接管需要设计用符合国标规定检测合格的燃气胶管，连接处必须用专用卡扣锁住。另外，尽量采用硬连接的金属软管连接。

家用燃气灶设置安装图例如图 4–36 所示。

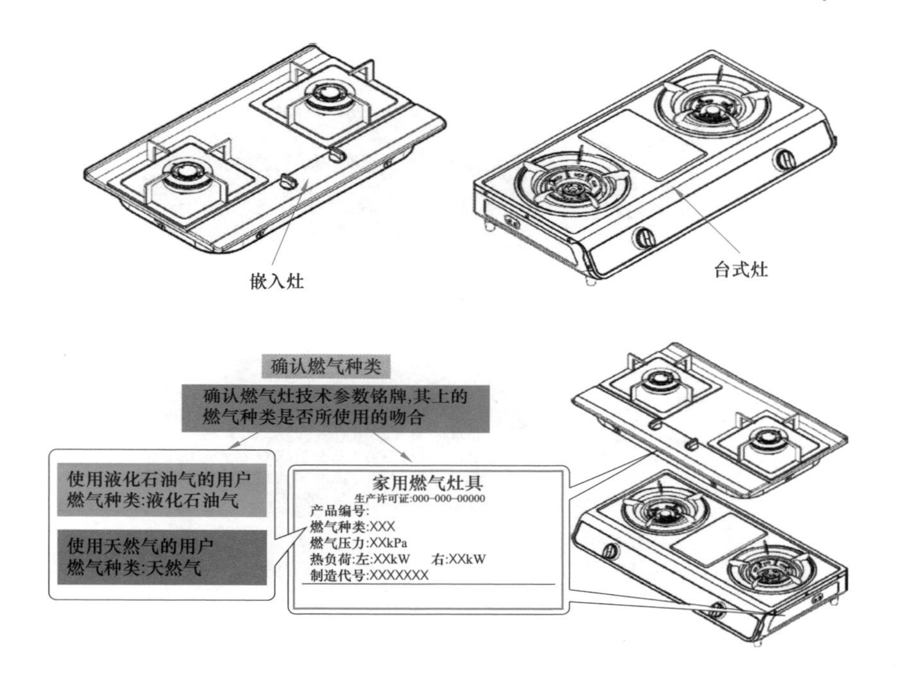

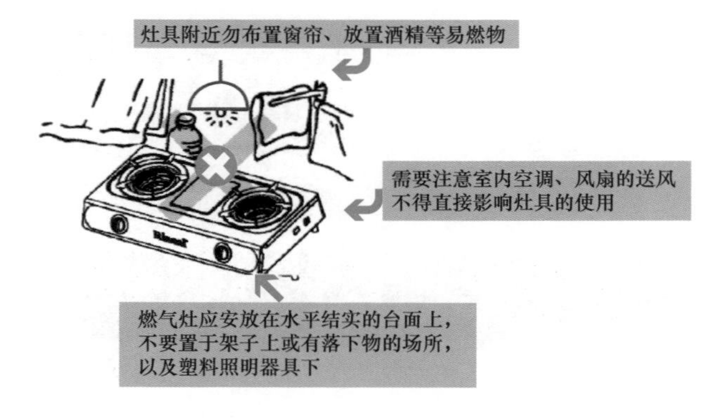

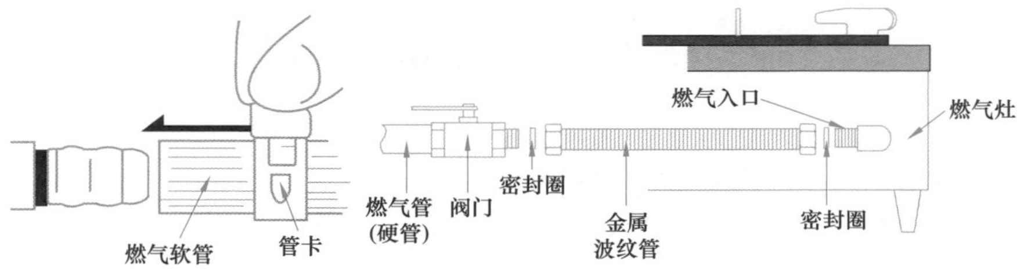

图 4-36　家用燃气灶设置安装图例（一）

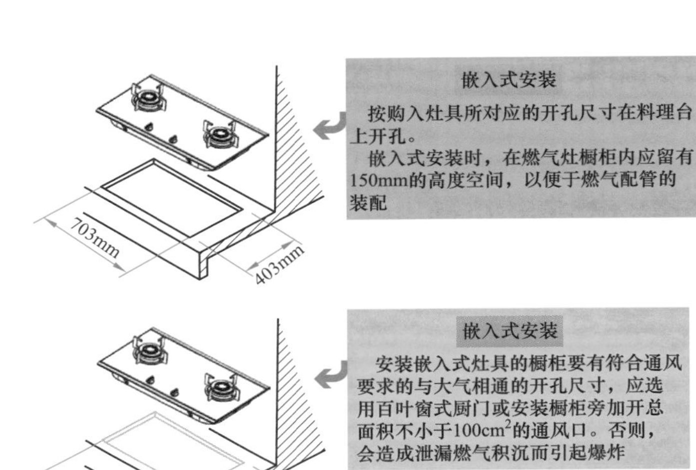

嵌入式安装

按购入灶具所对应的开孔尺寸在料理台上开孔。

嵌入式安装时，在燃气灶橱柜内应留有150mm的高度空间，以便于燃气配管的装配

嵌入式安装

安装嵌入式灶具的橱柜要有符合通风要求的与大气相通的开孔尺寸，应选用百叶窗式厨门或安装橱柜旁加开总面积不小于100cm^{2}的通风口。否则，会造成泄漏燃气积沉而引起爆炸

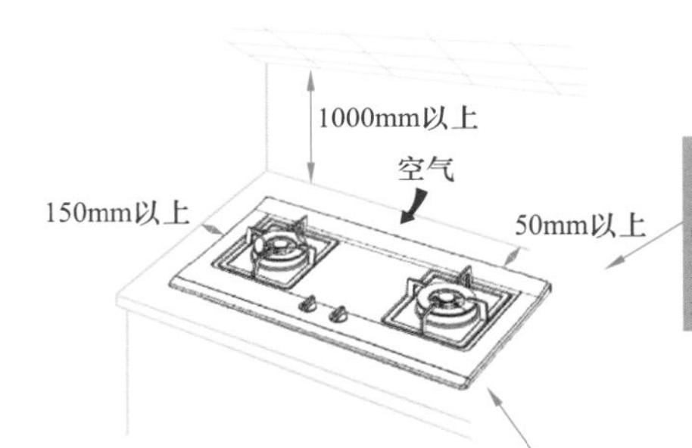

设置时，燃气灶与周围墙面的距离如图所示。当燃气灶周围是易燃物(木结构的墙壁、吊顶等)时，灶具与后墙应保持150mm以上距离。当燃气灶周围选用防火材料结构时，不受上述限制

有的嵌入式燃气灶为上进风设计结构，面板后侧的金属材料进风口可进入燃烧所需的部分空气，安装时务必保证灶具与后墙有一定的距离，一般为50mm即可

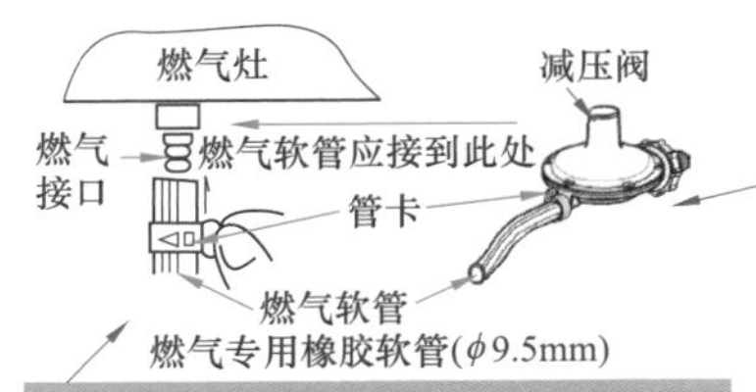

软管设置时，应确认软管不得被折弯或被压扁。长度尽可能控制在2m以内。气瓶与燃具的净距离应不小于0.5m

使用液化石油气的用户采用橡胶软管连接灶具进气端和钢瓶减压阀端，两个端口都要用管卡紧固

图 4-36　家用燃气灶设置安装图例（二）

4.21 LED 液晶电视

4.21.1 LED 液晶电视有关家装设计参数

LED 液晶电视有关家装设计参数见表 4–14。

表 4–14 LED 液晶电视有关家装设计参数

尺寸	电源电压	整机消耗功耗	含底座尺寸（长 × 厚 × 高）(mm)	不含底座尺寸（长 × 厚 × 高）(mm)	整机净重含底座（kg）	声音输出功率
19 寸	220V，50Hz/60Hz	约 45W	476.1 × 160 × 355	476.1 × 39.1 × 321.7	约 3.1	3.5W × 2
22 寸	220V，50Hz/60Hz	约 55W	598 × 175 × 420	598 × 38.6 × 359.7	约 3.8	3.5W × 2
24 寸	220V，50Hz/60Hz	约 65W	597.7 × 175 × 422.9	597.7 × 38.6 × 390.2	约 4.9	3W × 2
26 寸	AC220V，50Hz	45W	654 × 195 × 487	654 × 39 × 436	2.0	
32 寸	220V	70W（待机功耗 <1W）	730.5 × 183 × 491（带底座）	730.5 × 60.5 × 435.1（不带底座）	11.5	5W+5W（喇叭配置 16Ω+16Ω）
32 寸	AC 110V，60Hz	50W	745 × 516 × 180	745 × 493 × 72	8.70	10 W × 2
37 寸	AC220V，50Hz	98W	918 × 642 × 230	918 × 592 × 36	15	7W+7W
40 寸	AC220V，50Hz	135W	989 × 689 × 260	989 × 636 × 35	19.5	8W+8W
42 寸	ACV220V，50Hz	100 W、150W	1031 × 714 × 260	1031 × 662 × 39	21	8W+8W
46 寸	AC220V，50Hz	145W	1127 × 770 × 285	1127 × 712 × 33.5	24.3	8W+8W
47 寸	AC220V，50Hz	185W	1145 × 780 × 285	1145 × 728 × 39.9	25.5	8W+8W
55 寸	~220V，50Hz	130W、195W	1340 × 888 × 335	1340 × 833 × 39	33	8W+8W

注 1 寸≈ 0.033m。

LED 液晶电视外观图如图 4–37 所示。

LED 液晶电视 LE22T3 产品结构规格书见表 4–15。

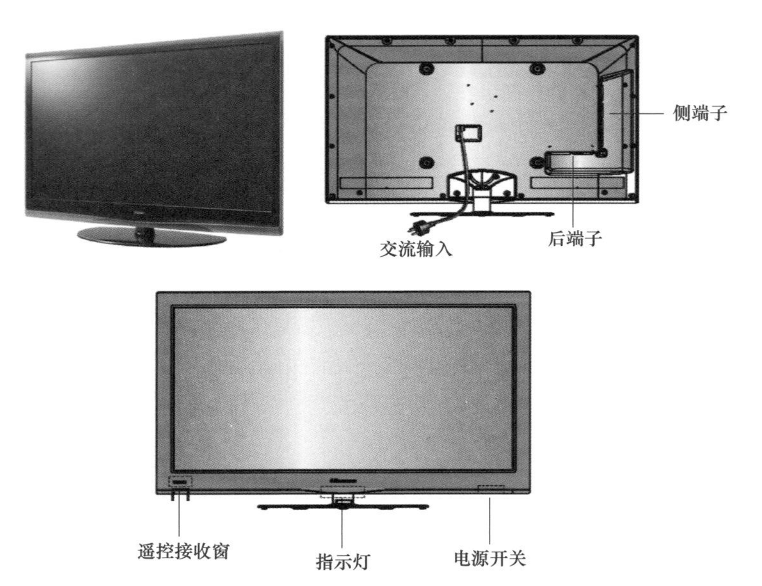

图 4-37　LED 液晶电视外观图

表 4-15　　　　　　LED 液晶电视 LE22T3 产品结构规格书

型号	规格	数据	尺寸图例
整机	净重（带底座）（kg）	3.75	
	净重（不带底座）（kg）	3.17	
	毛重（带底座）（kg）	5.1	
	毛重（不带底座）（kg）	—	
	净尺寸（带底座）（mm）	528×160×388	
	净尺寸（不带底座）（mm）	528×40×350	
	包装尺寸（含底座包装）（mm）	600×133×443	
	包装尺寸（不含底座）	—	
底座	底座型号	—	
	净重（kg）	0.58	
	毛重（kg）	—	
	净尺寸（底座，高度指至电视下沿距离）（mm）	260×160×38	
	包装尺寸（mm）	—	

续表

型号	规格	数据	尺寸图例
颜色	前壳	高光白	
	后壳	白，皮纹	
	底座	白玻璃，电镀底座	
	其他		
丝印	商标		
	按键		TV/AV MENU VOL+ VOL- CH+ CH-POWER
	左上		—
	右下	无	
	其他	无	—
壁挂支架	壁挂 VESA 孔位尺寸（mm）：75×75		壁挂型号：ZPB-BG11

4.21.2 LED 液晶电视有关布线要求参数

LED 液晶电视有关布线要求参数见表 4-16。

表 4-16　　LED 液晶电视有关布线要求参数

射频输入方式	75Ω 不平衡式
视频 / 音频输入——AV 端子视频 / 音频输入：音频输入	约 400mV 47KΩ
视频 / 音频输入——AV 端子视频 / 音频输入：视频输入	1Vp-p 75Ω
视频 / 音频输入——分量输入：YCb（Pb）Cr（Pr）输入	Y:1.0Vp-p 75Ω　Cb（Pb）Cr（Pr）：0.7Vpp　75Ω

4.21.3 LED 液晶电视各端子电平特性

LED 液晶电视各端子电平特性见表 4-17。

表 4-17　　LED 液晶电视各端子电平特性

接口名称	接口类型	端子（插孔）	电平	阻抗
视频输入	复合视频	视频	1.0Vp-p	75Ω
分量输入	模拟分量视频	Y	1.0Vp-p	75Ω
分量输入	模拟分量视频	Pb、Pr	0.7Vp-p	75Ω
VGA	VGA	R、G、B	0.7Vp-p	75Ω
VGA	VGA	HS、VS	TTL	高阻
音频输入	模拟音频	左、右	1Vrms	大于 10kΩ

4.21.4 LED 液晶电视视频音频连接设计

LED 液晶电视视频音频连接设计图例如图 4–38 所示。

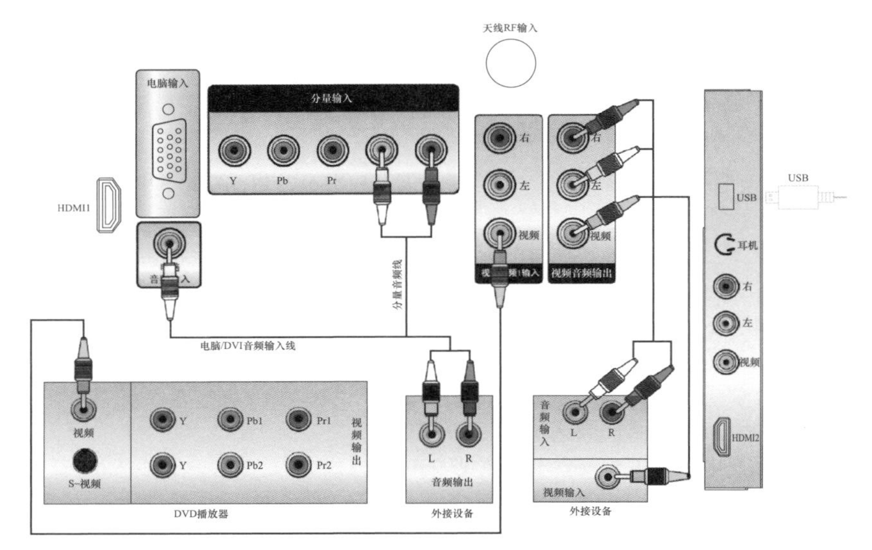

图 4–38 LED 液晶电视视频音频连接设计图例

4.21.5 LED 液晶电视 HDMI、电脑 VGA 端子连接设计

LED 液晶电视 HDMI、电脑 VGA 端子连接设计图例如图 4–39 所示。

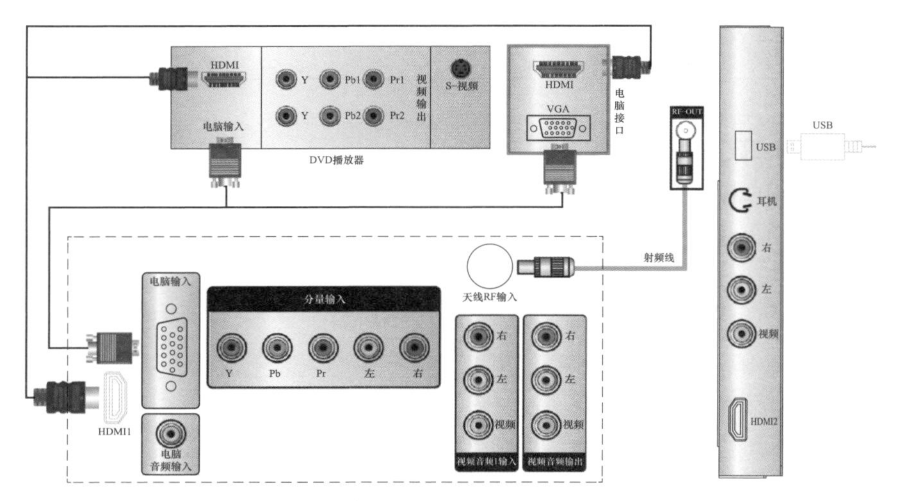

图 4–39 LED 液晶电视 HDMI、电脑 VGA 端子连接设计图例

4.21.6　LED 液晶电视分量端子的连接

LED 液晶电视分量端子的连接如图 4–40 所示。

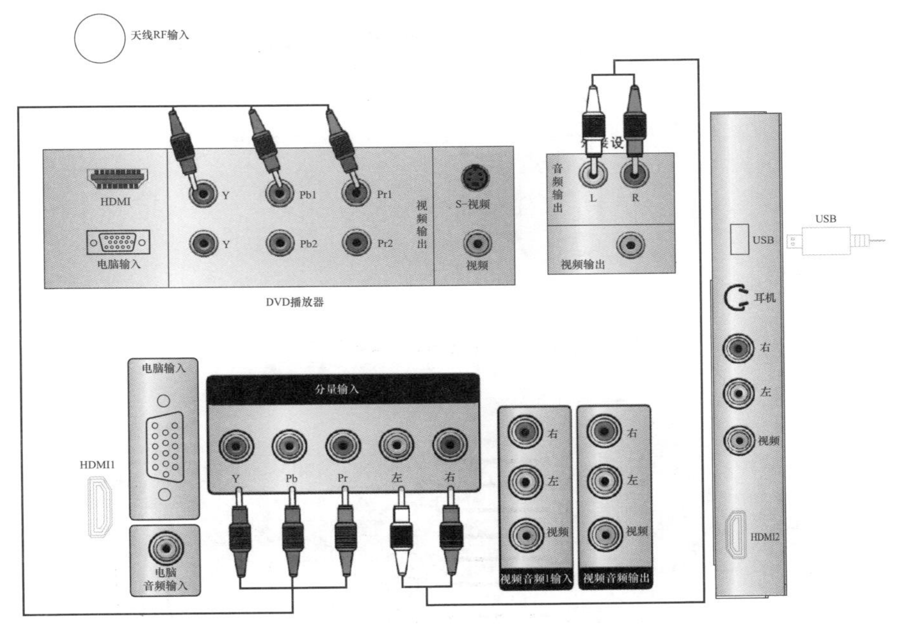

图 4–40　LED 液晶电视分量端子的连接

4.21.7　3D LED 常见的接口设计

3D LED 常见的接口连接如图 4–41 所示。

4.21.8　3D 电视正确的摆放设计

3D 电视正确的摆放设计，就是使电视机中央位置与观众眼睛处于同一水平线，与普通液晶电视收看距离一致，如图 4–42 所示。

4.21.9　液晶电视的距离的设计

液晶电视的距离的设计如图 4–43 所示。

4.21.10　液晶电视机背景墙的设计

液晶电视机背景墙的设计图例如图 4–44 所示。

4.22　电饭锅

家装电气设计电饭锅的电性能指标参考表 4–18。

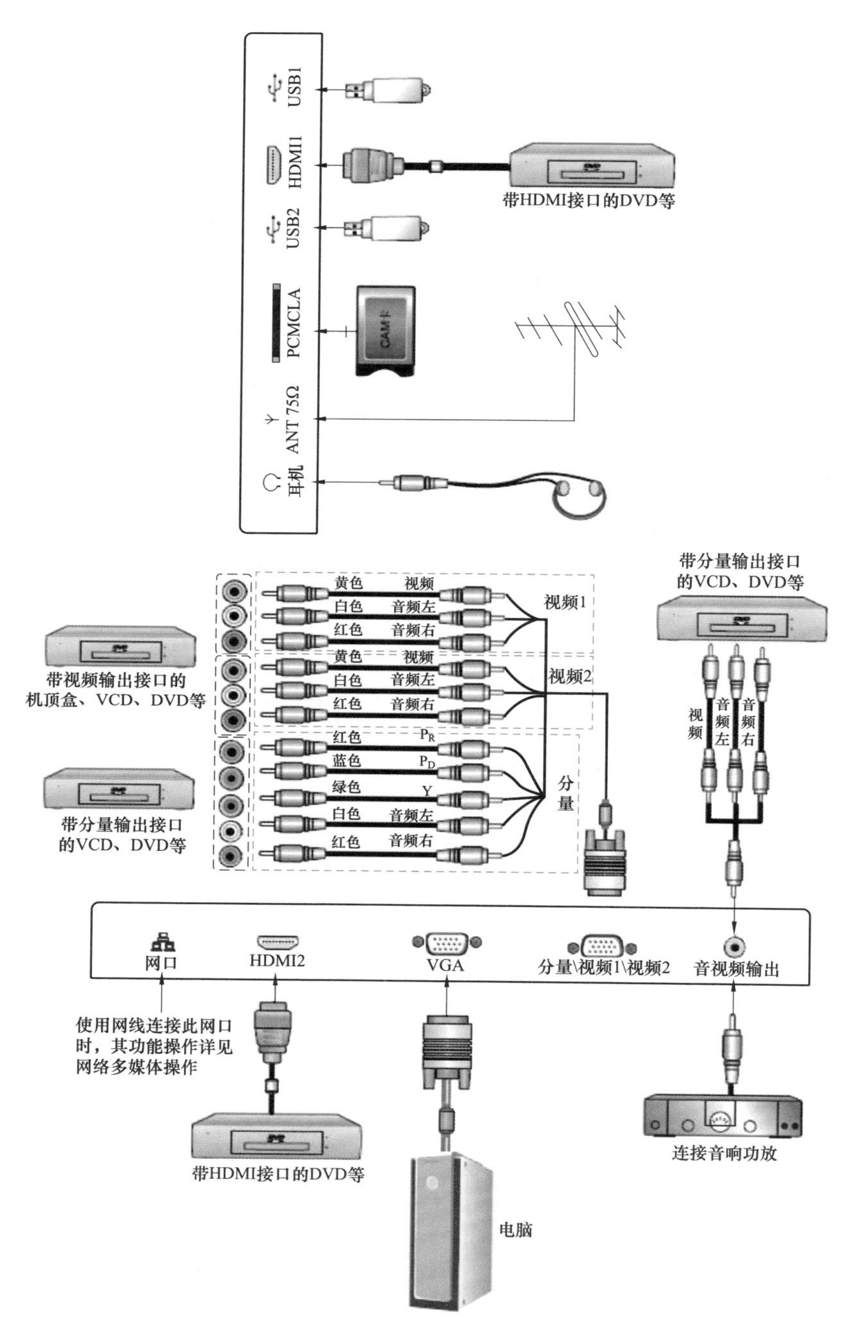

图 4-41　3D LED 常见的接口连接

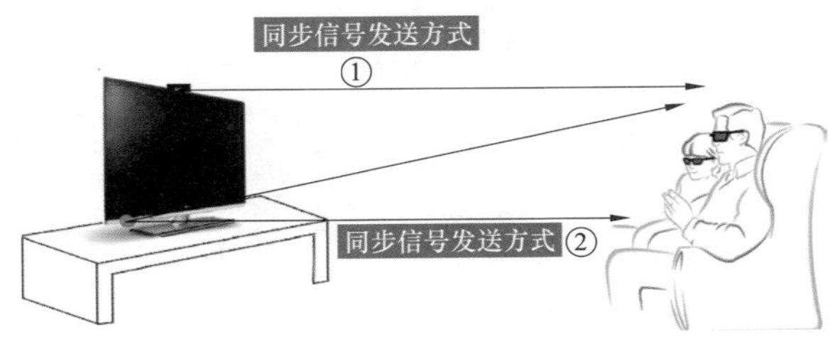

图 4-42　3D 电视正确的摆放图例

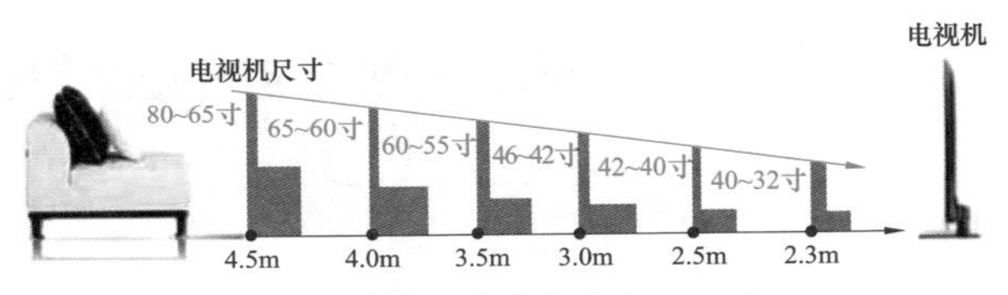

图 4-43　家装液晶电视的距离的设计

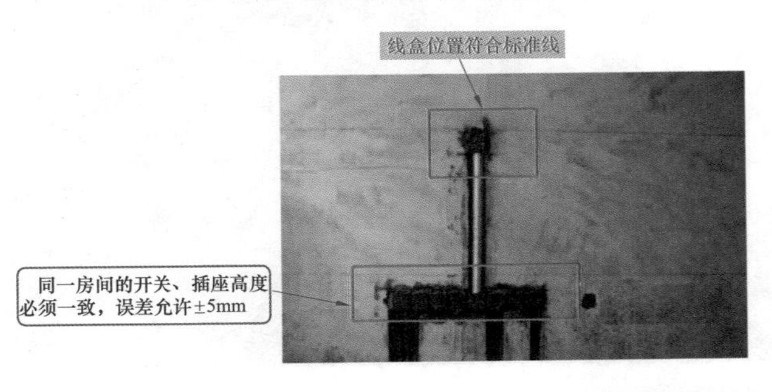

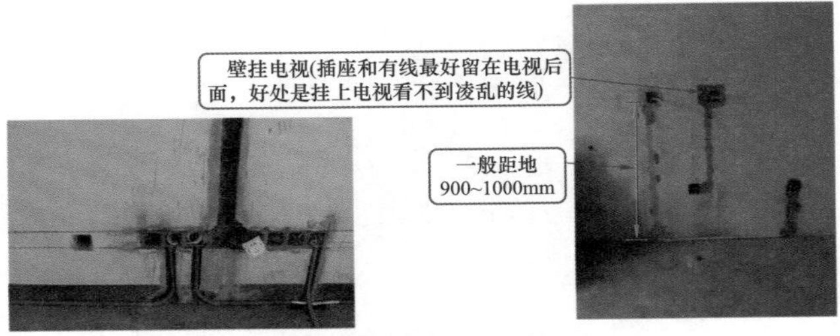

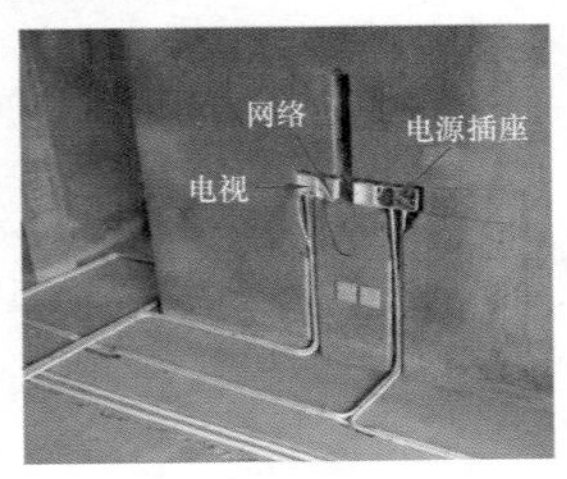

图 4-44　液晶电视机背景墙的设计图例

表 4-18　　　　电饭锅的电性能指标

项目	指标
额定总功率	有 1600W（5%~10%）、2100W（5%~10%）、2400W（5%~10%）等
泄漏电流	≤ 0.75mA

电饭锅相关设计图例如图 4-45 所示。

容积	额定功率	电源规格	煮饭类型	保温范围	防电类别
4.0L	800W	AC 220V 50Hz	2~8.3杯	60~80℃	I
5.0L	800W		2~10杯	60~80℃	I

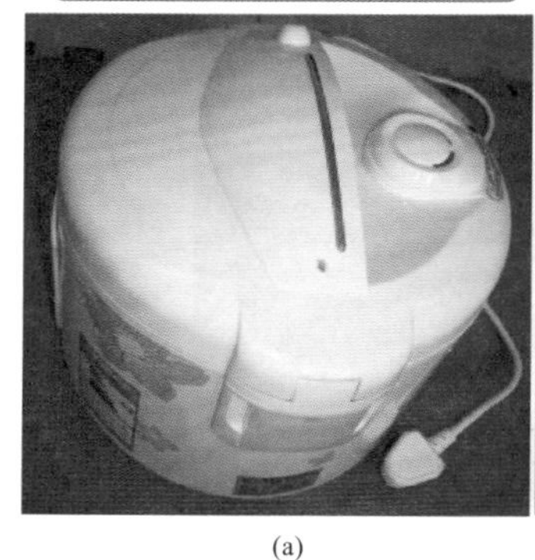

(a)

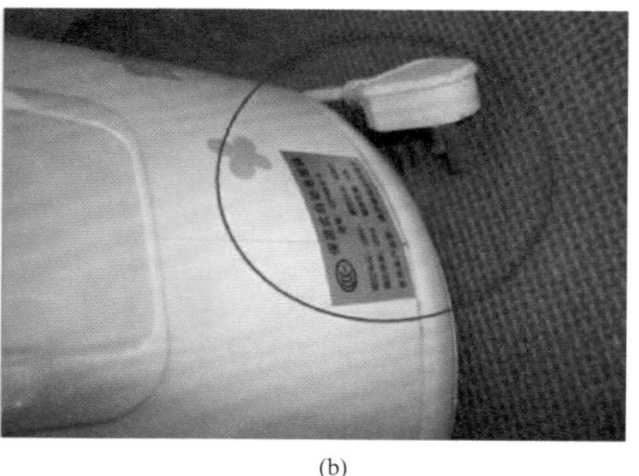

(b)

图 4-45　电饭锅相关设计图例
(a) 外形图；(b) 插头

电饭锅选购时，主要从功率、外观、性能等方面进行挑选。功率方面，可以根据家庭人口的多少与煮饭的米量来确定。电饭锅的功率、容量、参考煮米量参考对照见表 4-19。

表 4-19　　　　电饭锅的功率、容量、参考煮米量参考对照

额定功率（W）	300	400	500	700	900	1000
额定容量（L）	1.5	2.0	3.0	4.0	5.0	6.0
参考煮米量（kg）	0.45	0.60	0.90	1.20	1.50	1.80

一般三口之家，选用 500W 即可。

电饭锅的电源需要有接地装置，当电饭锅金属外壳带电时，电流能够由地线

引入地下，防止触电。

电饭锅属于耗电较大的电器，不要把电饭锅插在多用插座上使用，以免因多用插座、有关线路超过负荷，出现发热烧坏，甚至引起火灾等事故。

电饭锅的电器元件、接线多装在锅体内下部。因此，一般不要设计安装在潮湿的地方或有水溅的地方。

4.23 电吹风

家装电气设计电吹风的规格参考表 4–20。

表 4–20 常见电吹风的规格

名称	规格
额定电压	AC220V
额定频率	50Hz
额定输入功率	额定功率 1000W 等
热风温度	≤ 62℃、≤ 90℃等
体积	约 180mm × 180mm × 80mm
超高温保护	温控器（可复式）、温度熔断器

家用电吹风一般使用的是两孔插座。但为方便一般设置 5 孔插座。家用电吹风功率一般为 1200W 左右。家用电吹风的外形及设置注意事项如图 4–46 所示。

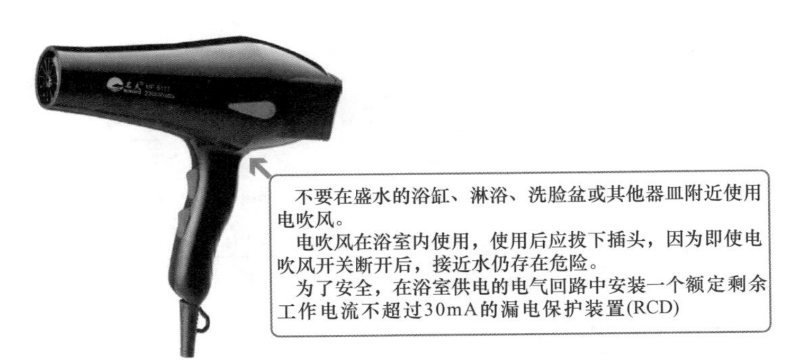

图 4–46 家用电吹风的外形及设置注意事项

4.24 电压力锅

家装电气设计电压力锅规格参考表 4–21。

表 4-21 常见的电压力锅规格

额定容积（L）	额定功率（W）	煮米（杯）	电源	额定工作压力（kPa）
4	900	2~8	AC220V 50Hz	80
5	1000	2~10		
6	1100	2~12		
4	900	2~8	AC220V 50Hz	80
5	1000	2~10		
6	1100	2~12		
4	900	2~8	AC220V	80

4.25 豆浆机

家装电气设计常用豆浆机参数参考表 4-22。

表 4-22 常用豆浆机参数

电动机功率	180W
加热功率	650W
电压	AC220V
频率	50Hz
容量	800~1000mL

4.26 电热水壶

家装电气设计常用电热水壶参数参考表 4-23。

表 4-23 常用电热水壶参数

产品型号	额定电压	额定功率	额定频率	额定容量
WEK-MG121L	AC220V	1500W	50Hz	1.2L
WEK-AS171L	AC220V	1800W	50Hz	1.7L

注 需要设计 10A 或者以上的插座，并且接地可靠。

4.27 家用搅拌机

家装电气设计常用家用搅拌机参数参考表 4-24。

表 4-24 常用家用搅拌机参数

型号	额定电压	额定功率
WBL-MP301J	AC220V/50Hz	300W

4.28 投影机

选择投影机时，除了关注投影机的亮度、分辨率、对比度等重要参数外，还需要了解投影机的焦距、可能提供的投影距离（也就是投影机镜头与银幕间的距离）。

为了在狭小的空间很短的投影距离获得较大的投影画面尺寸，需要选用配有广角镜头的投影机。在电影院或会堂环境投影距离很远的情况下，需要选择配有远焦镜头的投影机。

以图像水平宽度与对角线尺寸为基准的投射距离见表 4–25。

表 4–25　以图像水平宽度与对角线尺寸为基准的投射距离

至银幕的投射距离	最小图像宽度尺寸（最小水平投射比：1.83）	最大图像宽度尺寸（最小水平投射比：1.49）	最小对角线图像尺寸（最小对角线投射比：1.59）	最大对角线图像尺寸（最大对角线投射比：1.30）
0.75m	0.42m	0.51m	0.48m	0.58m
1.52m	0.83m	1.02m	0.96m	1.17m
3.1m	1.67m	2.04m	1.92m	2.34m
4.5m	2.5m	3.1m	2.87m	3.51m
6.1m	3.34m	4.08m	3.83m	4.68m

观看 3D 投射图像最佳观看距离见表 4–26。

表 4–26　观看 3D 投射图像最佳观看距离

图像显示宽度	0.6m	1.2m	1.8m	2.4m	3m	3.7m	4.3m
最佳观看距离	1.6m	0.6~1.2~3.3m	1.8~4.9m	2.4~6.5m	3~8.2m	3.7~9.8m	4.3~11.5m

4.29 饮水机

饮水机的外形与型号命名规格如图 4–47 所示。

一般的饮水机是三插头的电源插头，因此，需要设计 10A 或者以上规格的电源插座。

4.30 面包机

设置面包机的要求：

（1）有的面包机，需要设计配专用 250V/10A 三线电源插座，并且可靠接地。

（2）面包机，不可设计放置于户外或潮湿的地方使用。

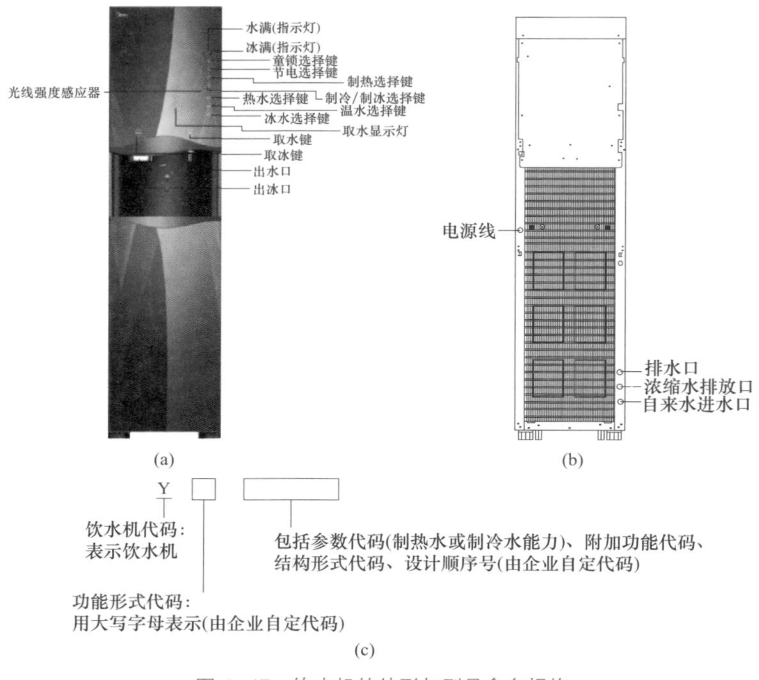

图 4-47　饮水机的外形与型号命名规格
(a) 正面；(b) 反面；(c) 型号命名规格

(3) 严禁将面包机设置在靠近热水器、电炉、电磁炉等热源的地方。

(4) 严禁设置在儿童可以操作、接触的地方。

(5) 面包机四周应设计留足够空间，须与周边物体保持最少 11cm 的距离。

面包机有关设计要求图例如图 4-48 所示。

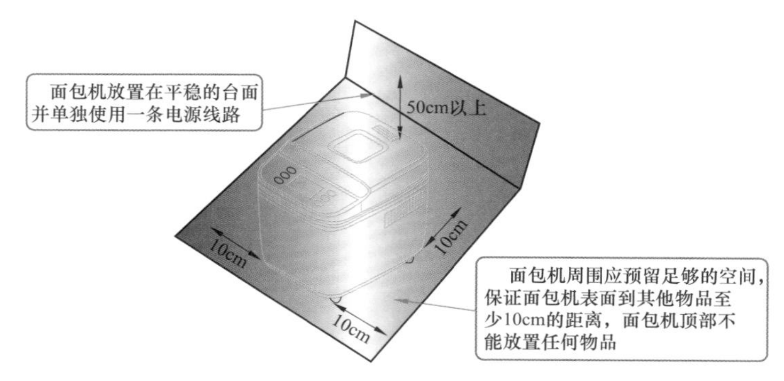

图 4-48　面包机设置要求

4.31 嵌入式消毒碗柜

设置嵌入式消毒碗柜要求：

（1）消毒柜应布置和安装在操作、保养方便且牢固的地方，不得倾斜安置。

（2）消毒柜应布置与燃气具、高温明火保持安全距离 15cm 以上。

（3）严禁将消毒柜及电源插座布置在可能受潮或被水淋湿的地方。

（4）必须设计带接地极的电源插座。

4.32 全自动洗衣机

设置全自动洗衣机的有关要求：

（1）如果在凸起的地表或者家中其他类似的地方设置洗衣机，容易发生摆动、震动，如图 4–49 所示。

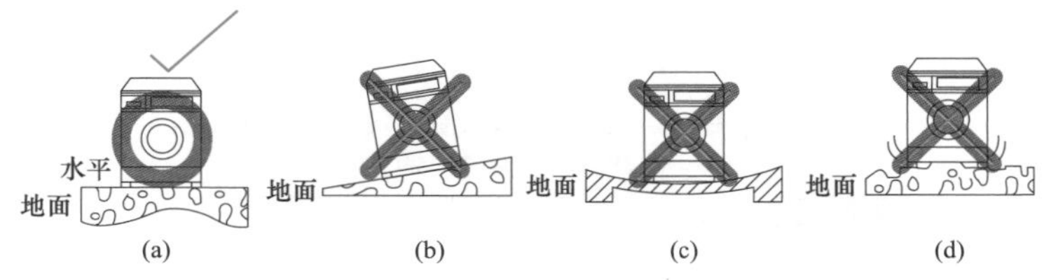

图 4–49　洗衣机的设置

(a) 水平地面；(b) 倾斜地面；(c) 凹陷地面；(d) 凹凸不平的地面

（2）确保洗衣机脚下没有任何异物，如图 4–50 所示。

图 4–50　确保洗衣机脚下没有任何异物

（3）如果设计洗衣机同墙壁间的距离小于 2cm，则供水管将会打结或者折叠起来，如图 4–51 所示。

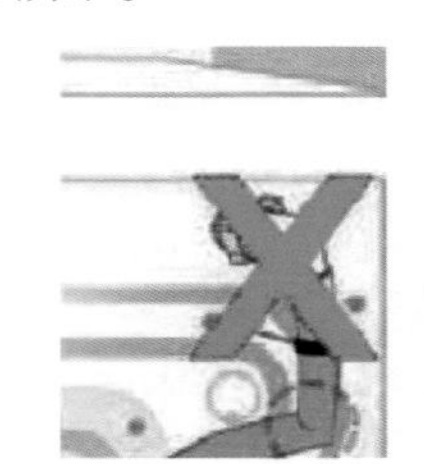

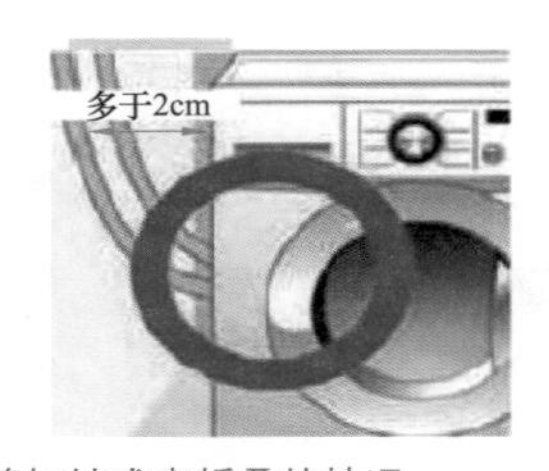

图 4–51　供水管打结或者折叠的情况

（4）洗衣机的设置安装要求图例如图 4–52 所示。

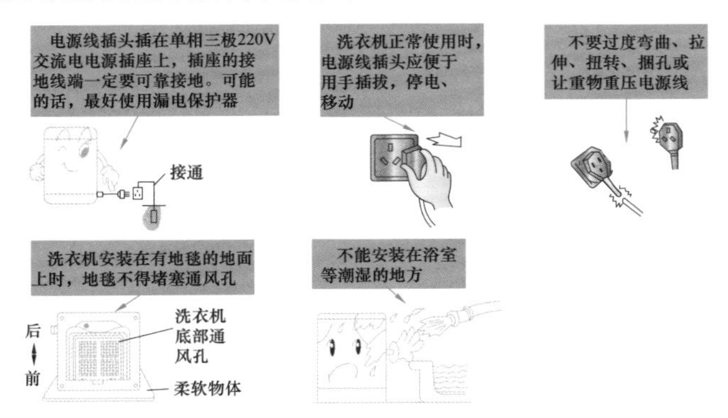

图 4–52　洗衣机的设置安装要求

4.33 电冰箱

电冰箱的类型如图 4–53 所示。

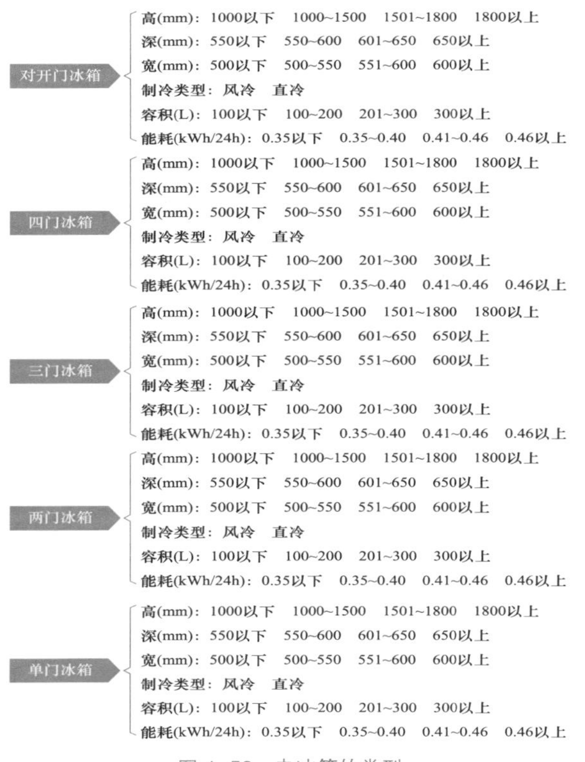

图 4–53　电冰箱的类型

4.34 酒柜

酒柜的类型如图 4–54 所示。

酒柜
- 高(mm)：1000以下　1000~1500　1501~1800　1800以上
- 深(mm)：550以下　550~600　601~650　650以上
- 宽(mm)：500以下　500~550　551~600　600以上
- 制冷类型：风冷　直冷
- 容积(L)：100以下　100~200　201~300　300以上
- 能耗(kWh/24h)：0.35以下　0.35~0.40　0.41~0.46　0.46以上

图 4–54　酒柜的类型

4.35 冷藏箱

设置冷藏箱的位置时，注意冷藏箱电源线不要被冷藏箱自身或其他重物压住，以免损坏。同时，冷藏箱背后也不要挤住电源插头。

冷藏箱箱顶上不要设计放置和使用稳压器、微波炉等电器。

冷藏箱的设置如图 4–55 所示。

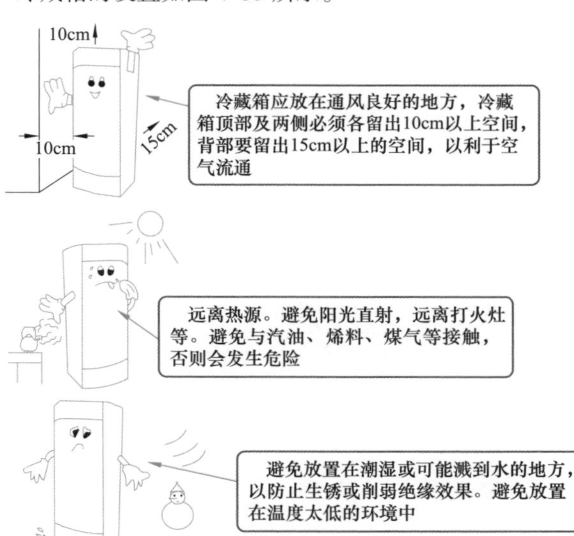

必须使用有单独接地的电源插座及合适的保险丝，与其他电器共用插座会引起高热起火

电源电压要求为187~242V，若电源条件不符合要求，需加500W以上的稳压器

电源线不要被冷藏箱自身或其他重物压住，以免损坏电源线，发生意外。冷藏箱背后不要挤压电源插头

勿使用松弛的电源线、插头、插座

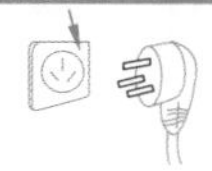

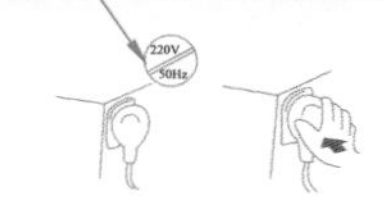

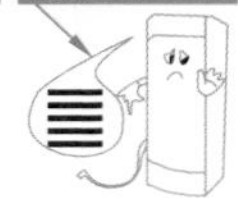

图 4–55　冷藏箱的设置

4.36 空调器

4.36.1 空调器有关设置要求

（1）选择空调器时，需要考虑多个因素的共同影响，如地理位置、气候条件、周围环境、房间格局、房间面积、房间朝向、居住人数、所处楼层、电器用量、建筑材料、密封情况、使用习惯等。

（2）一般情况下，可以先考虑房间面积，以及通过以下公式估算：

制冷量≈房间面积 ×（160~180W）

制热量≈房间面积 ×（240~280W）

估算值计算后，根据表 4-27 中的因素影响值适当增加。

表 4-27　　各种因素影响下制冷量、制热量的参考增加值

影响因素	条件	增加值（制冷量）
楼层结构	顶层	17W/m^2
楼层朝向	阳照	3W/m^2
居住人数	＞5 人	130W/ 人
电器用量	＞30W	11W/10W
玻璃门窗	＞5m^2	110W/m^2

（3）选择空调器时，也可以直接根据使用场所和房间面积制冷 / 制热量参考值来确定，具体见表 4-28。

表 4-28　　使用场所和房间面积制冷 / 制热量参考值

制冷 / 制热量（W）	适用房间面积（m^2）				
	家庭 160~180	办公室 180~200	商店 220~240	娱乐场所 220~280	饭店 250~350
2500	12~18	10~15	8~12	6~12	6~12
2800	13~20	10~18	10~15	8~15	8~15
3200	14~22	15~22	15~18	10~16	10~16
4500	23~30	20~28	18~28	16~25	16~25
5000	25~35	22~32	18~30	20~30	18~28
6100	33~38	30~33	25~28	22~28	17~24
7000	39~43	35~39	29~32	25~29	20~28
7500	42~47	37~42	31~34	27~31	21~30
12000	67~75	60~67	50~55	43~50	34~48

（4）房间空调器的设置，需要避开易燃气体发生泄漏的地方或有强烈腐蚀气体的环境；需要避开人工强电、磁场直接作用的地方；需要尽量避开易产生噪声、振动的地点；需要尽量避开自然条件恶劣的地方；需要设计在 儿童不易触及的地方；需要尽量缩短室内机与室外机连接的长度。

（5）空调器宜设置在朝北或朝东房间。因为朝北方向太阳辐射小，冷凝器的冷却效果好。如果空调房间只有一面南墙，无其他朝向可安装，则可以在空调器的上方加设遮阳板。

（6）空调器不宜与煤炉、燃气灶、暖气设备设置在一起，这样不安全，容易引起火灾。

（7）空调器不宜设置在窗台下面，因为这样冷气流不能均匀分布于整个房间。

（8）家装空调与其他大功率家用电器用电线尽量不要采用共用电线形式，应单独排线。

（9）一般空调器宜设置安装的高度不低于 1m。但是，空调器也不宜安装得过高，不宜高于 2m。常见空调插座如图 4–56 所示。

（10）通常双温 2P（含 2P）以上的分体机或柜机（空调器）启动时瞬间电流高，一般为运行电流的 2~3 倍。一般空调插头所承受的最大电流大约为 15A，而启动时一般的插头不能够承受如此高的电流，长期如此使用会造成电源插头烧焦，如图 4–57 所示，严重时会引起火灾。空调器额定电流 16A 以上的空调厂家是没有配电源插头的。使用时，必须设置空气开关或漏电保护开关。

(a)

(b)

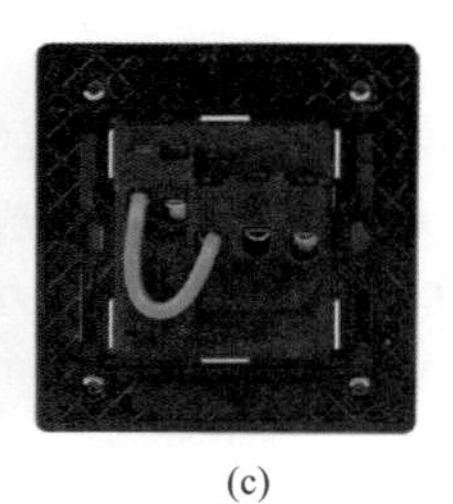

(c)

图 4–56　空调插座
(a) 外壳；(b) 内部正面；(c) 内部反面

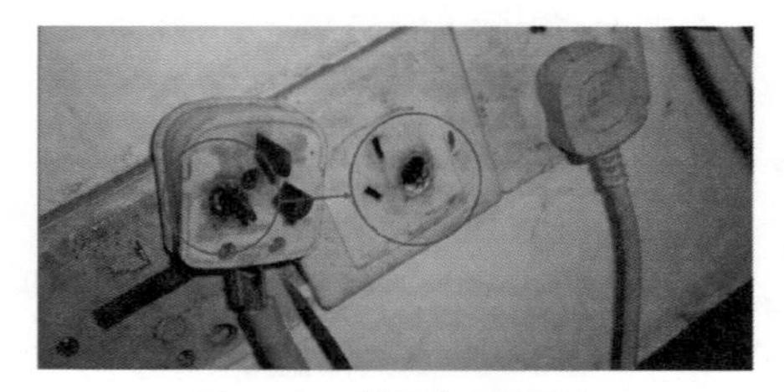

图 4–57　烧坏的空调插座

（11）对于一般身体健康的正常人而言，生理温度为 28~29℃。因此，空调房间温度尽量选定在这个温度附近。也就是说，空调房间合理的温度是夏天在 28~29℃，冬天在 18~20℃。

（12）家用空调的耗电量与压缩机的输入电功率及运行时间有关。

（13）设计选择家用空调的电线不能够过细，以免大电流引起电线发热发烫、加速电线老化、引发火灾等事故发生。家装时，需要单独给空调以及大功率的电器设计线路，并且选用的电线载流量要有裕度，以保证安全性。

4.36.2 怎样根据空调机的“匹”来设计适用面积

根据经验，空调机的“匹”适用面积见表 4–29。

表 4–29　　空调机的“匹”适用面积

空调机的“匹”（P）	适用面积
1	11~17m^2
1.25	18~23m^2
1.5	18~25m^2
2	30~33m^2
3	40~45m^2
5	60m^2 左右
10	100m^2 左右

4.36.3 怎样根据空调机的“匹”来选择空调

匹是口头功率单位，一般认为是空调机组压缩机的输入电功率，也有的认为是输出功率。匹就是 1 匹马力的意思。

瓦（W）是功率的国际单位，一般是空调的输出功率。匹（HP）与瓦（W）的关系为

1 匹马力 =750W

1P=0.735kW

制冷量的常见单位为大卡，国际单位瓦（W），他们间的关系为

1 大卡 ×1.162=1.162（W）

1 匹的制冷量与大卡、瓦（W）的关系为

1 匹的制冷量 =2000 大卡

1 匹制冷量 =2000 大卡 ×1.162=2324（W）

1.5 匹的空调 =2000 大卡 ×1.5×1.162=3486（W）

说明：这里的 W（瓦）表示制冷量。

1“匹”相当于制冷量 2200~2600W。可见，用匹来衡量制冷量是太粗了，为此，出现了大一匹、小一匹的细分。

一般说的 1“匹”指的是制冷量为 2300~2500W，输入功率为 800W 左右。

一般说的 2 匹指的是制冷量为 4500~5100W。

一般说的 1.5 匹指的是制冷量为 3200~3600W。

一般说的 0.75 匹指的是制冷量为 1700~2100W。

一般说的 1.25 匹指的是制冷量为 2600~3000W。

另外，家用电器也要消耗制冷量。电视、电灯、冰箱等每瓦功率要消耗制冷量 1W。门窗的方向也要消耗一定的制冷量，东面窗 $150W/m^2$，西面窗 $280/m^2$，南面窗 $180W/m^2$，北面窗 $100W/m^2$。楼顶、西晒，则需要适当增加制冷量。

设置空调时，根据以上估算的制冷量大小来选择。

4.36.4　空调机电源线的选择

选择空调机电源线时，设备用电量，也就是空调机组的耗电量（电功率）是已知的，然后利用三相交流电功率的公式求出电流

$$P\text{（电功率）}=\sqrt{3}\times 380\text{（三相电压）}\times I\text{（电流）}\times\cos\varphi$$

式中　$\cos\varphi$——电感负载的无功损耗，一般取常数 0.85。

把上述公式整理得到求电流的公式

$$I = P/\sqrt{3}\times 380\times 0.85\ (\cos\varphi)$$

然后，利用求出的电流，把电源线径求出来（该处是电线直径，不是横截面积。实际中的电源线的规格表示横截面积）。

计算线径的公式为

$$d = 0.8\times\sqrt{I}$$

式中　d——线径；

　　I——所求出的电流。

然后，利用电线直径，把电线的横截面积求出来，公式为

$$\text{横截面积}=\pi\times\text{半径}^2\approx\text{半径}\times\text{半径}\times 3.14$$

然后，根据所求横截面积，选取偏大规格的导线，也就是无论小数点是多少，均需要偏大取整。

以上，主要是针对三相电源。对于 220V 电源也适用，将有关公式中电源电压 380V 改成 220V 即可。

4.36.5　怎样根据空调机的“匹”来设计选择电源线

首先，把“匹”换成输入功率（额定）瓦（W）的单位，它们的换算关系

$$P\text{（W）}=\text{匹数}\times 735$$

$$1P=0.735kW$$

然后，根据功率公式进行换算

$$I=P/U$$

电流 = 功率 / 电压

然后，根据计算出的电流，计算出铜芯线的横截面积。一般铜导线的安全载流量是根据导线的长期允许工作温度和敷设条件来确定的。每 mm^2 的铜电线可以承受电流 5~8A。

以 BV 线为例，其安全载流量见表 4–30。

表 4–30　　BV 线的安全载流量

标称截面（mm^2）	安全载流量（A）	标称截面（mm^2）	安全载流量（A）
1	6.5	4	26
1.5	10	6	39
2.5	16	10	65

最后就是调整，取大数值的整数。由于铜芯线一般是整数 4、6、10mm^2 等，而计算的数值可能有小数或者不是在铜芯线的规格上，这时均需要往铜芯线上规格取值。例如，4.0001~5.9999 等均约上取大数值的整数 6mm^2。

【案例】 一台 5 匹空调，怎样选择其电线规格？

首先把“匹”换成输入功率（额定）瓦（W）的单位

输入功率（额定）$P=5\times735=3675$（W）

然后进行电流换算

最大电流 $I=P/U=3675/220=16.7$（A）

然后根据计算出的电流，计算出铜芯线的横截面积

每 mm^2 的电线可以承受电流 5~8A

$16.7A/8A=2.09mm^2$　　$16.7A/5A=3.34\ mm^2$

最后就是调整，取大数值的整数，则选择 4mm^2 铜芯线即可。

4.37 复式家居有关电设计

复式家居有关电设计图例如图 4–38 所示。

4.38 阳台有关电设计

室外也要设计安装灯具。灯具可以选择壁灯、草坪灯之类的专用室外照明灯。如果想在阳台上进行更多活动，如乘凉时看电视，则需要设计留好电源插座。

考虑到阳台遇到暴雨会大量进水，因此，阳台地面装修时要考虑水平倾斜度，保证水能流向排水孔，不能让水对着房间流。因此，阳台要求设计安装地漏。

阳台是否需要放洗衣机等电器，因此，防水插座需要设计。

阳台有关电设计图例如图 4-59 所示。

4.39 主卧室有关电设计

主卧室有关电设计图例如图 4-60 所示。

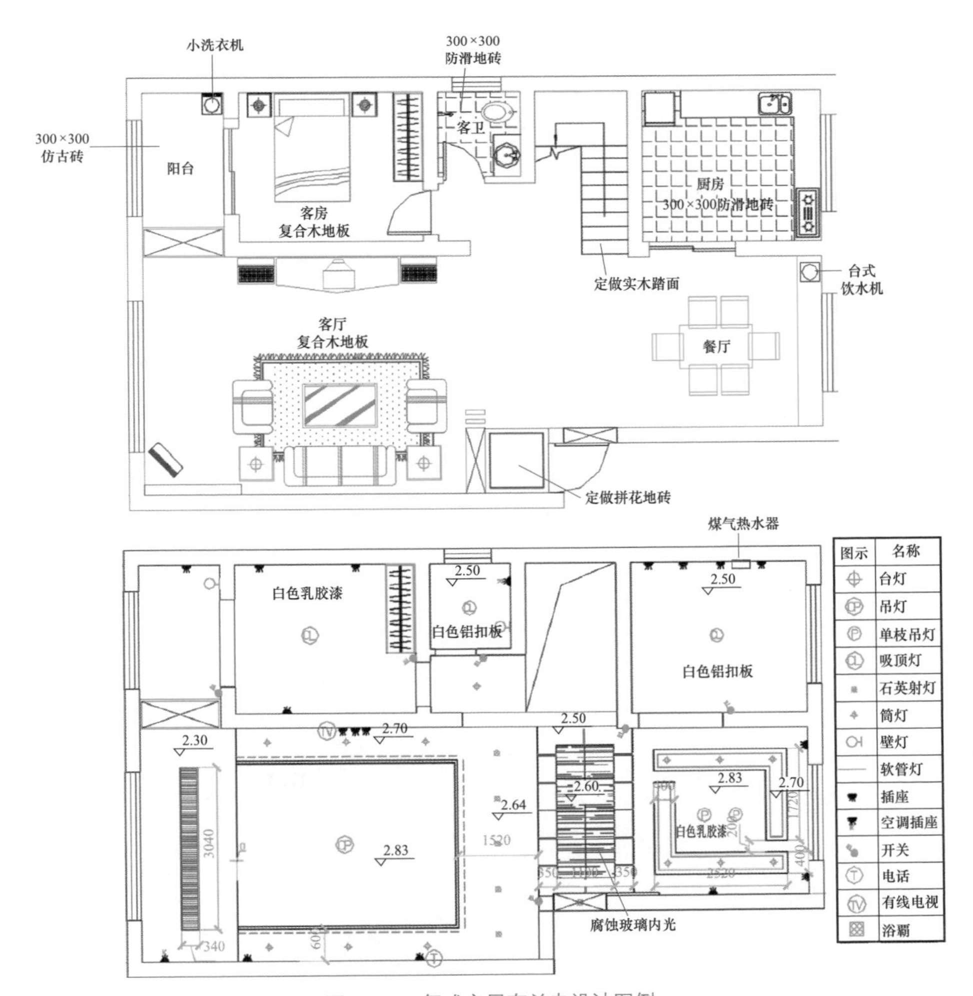

图 4-58　复式家居有关电设计图例

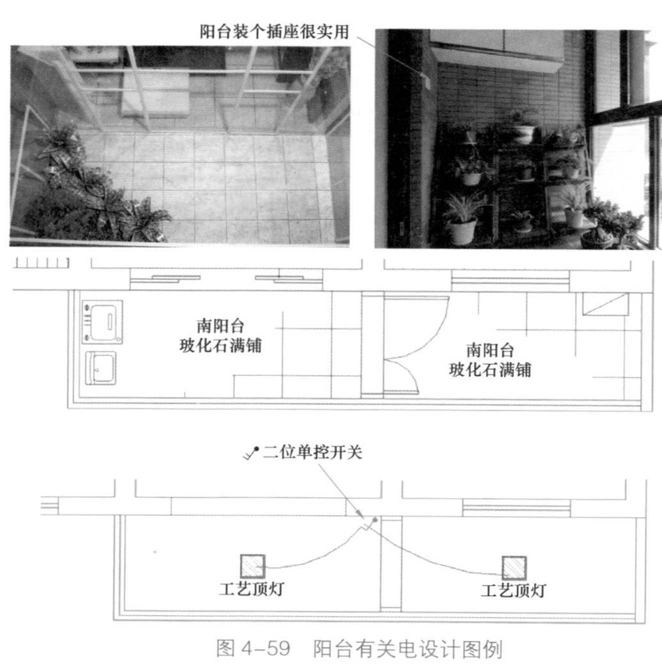

图 4-59　阳台有关电设计图例

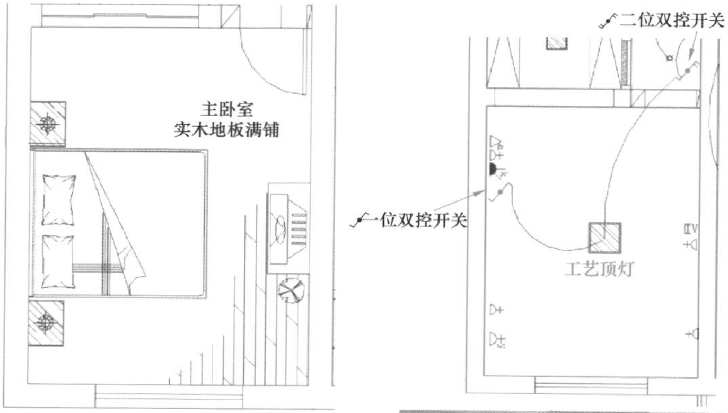

主卧室
实木地板满铺

二位双控开关
一位双控开关
工艺顶灯

图例说明

图例	说明	图例	说明
	分户配电箱		防溅插座
	地面二三眼插座		五眼插座
	宽带插座		有线电视接线盒
	音响线盒		电话线盒
	空调插座		

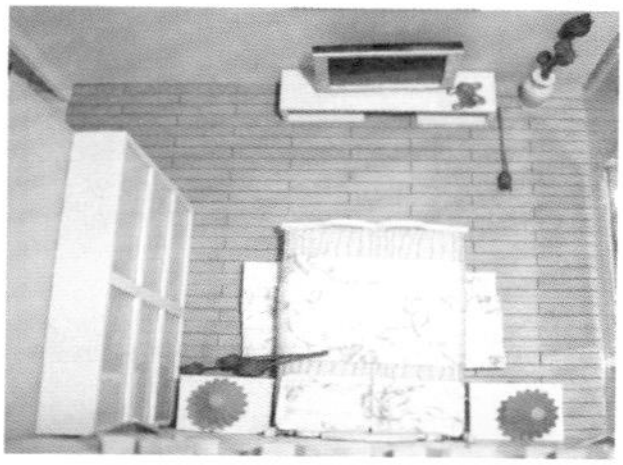

图 4-60　主卧室有关电设计图例

主卧室开关与插座主要有二位双控开关、一位双控开关、地面二三眼插座、宽带插座、音响线盒、空调插座、五眼插座、有线电视接线盒、电话线盒等。

主卧室地面一般为实木地板满铺。

4.40 次卧室有关电设计

次卧室有关电设计图例如图 4–61 所示。

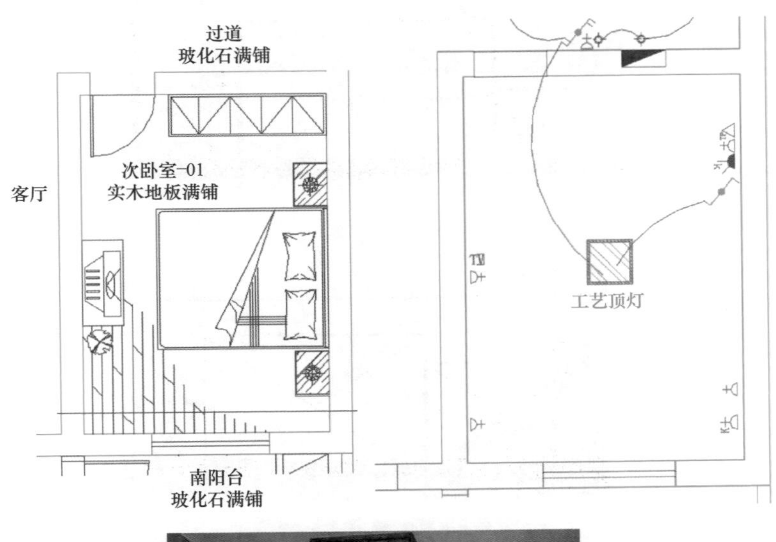

图 4–61　次卧室有关电设计

次卧室开关与插座主要有地面二三眼插座、宽带插座、音响线盒、空调插座、防溅插座、五眼插座、有线电视接线盒、电话线盒、一位双控开关、二位双控开关等。

次卧室地面一般为实木地板满铺。

4.41 卧室床头电路的设计

卧室床头电路的设计图例如图 4-62 所示。

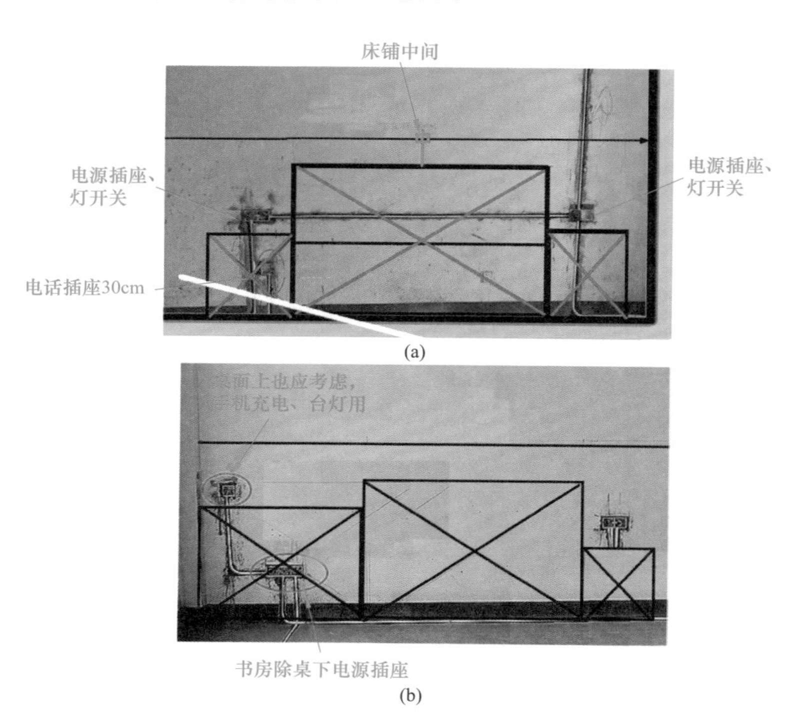

图 4-62 卧室床头电路的设计图例
(a) 主卧室；(b) 次卧室

4.42 厨房有关电设计

厨房灯光需分两个层次来设计。一层是对整个厨房照明的设计，另一层是对洗涤、准备、操作照明的设计。

吊柜下，设计装饰灯具能有效地增加照明度。厨房灯具可以不选择豪华型的，但是一定要设计选择一定亮度的灯具。

由于厨房照明要兼顾识别力，因此，设计选择厨房灯光以采用能保持蔬菜水果原色的荧光灯为佳。

设计装置厨房灯具时，安置部分要尽可能地远离炉灶。厨房不宜设计使用灯头开关，并且灯头最好设计选择卡口式的。

厨房有关电设计图例如图 4-63 所示。

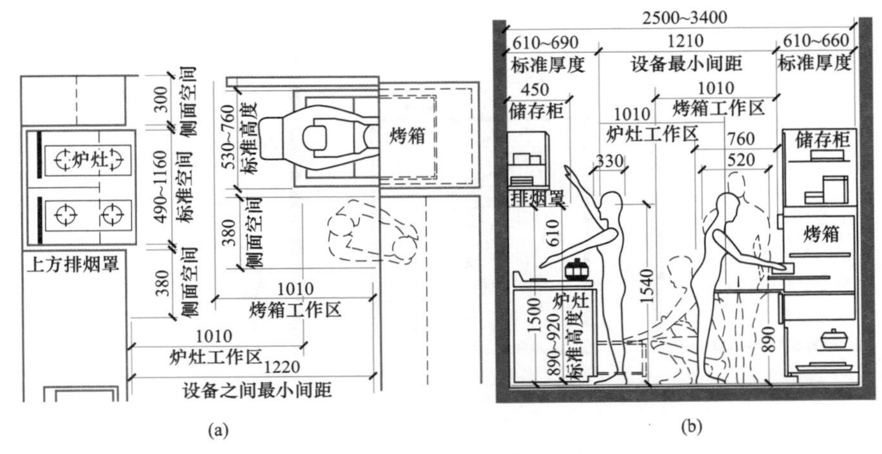

(a)　　(b)

图 4–63　厨房有关电设计图例
(a) 厨房平面；(b) 厨房立面

厨房有关设计参考尺寸：

（1）工作台高度，需要根据人体身高设定。

（2）橱柜的高度以适合最常使用厨房者的身高为宜，工作台面一般高 800~850mm。

（3）工作台面与吊柜底的距离一般为 500~700mm。

（4）放双眼灶的炉灶台面高度一般不超过 600mm。

4.43 卫生间有关电设计

卫生间的照明设计主要涉及净身空间、脸部整理部分的照明。卫生间灯光的设计，一般采用整体照明与局部照明相结合。卫生间的整体照明一般采用不易产生眩光的灯具。

有吊顶的卫生间，一般将灯位设计设置在吊顶底面以上的棚内空间中。通过吊顶底面的窗孔投射光源，以及在窗孔上覆以半透明材料制成的罩片，以产生柔和的散射光。

卫生间灯具可以设计选用吸顶灯。

卫生间有关设计图例如图 4–64 所示。

卫生间电路设计图例如图 4–65 所示。

卫生间有关设计参考尺寸：

（1）小卫生间，需要设计确定几个主要区域的活动尺寸。

（2）一般的淋浴区设计在角落安放。

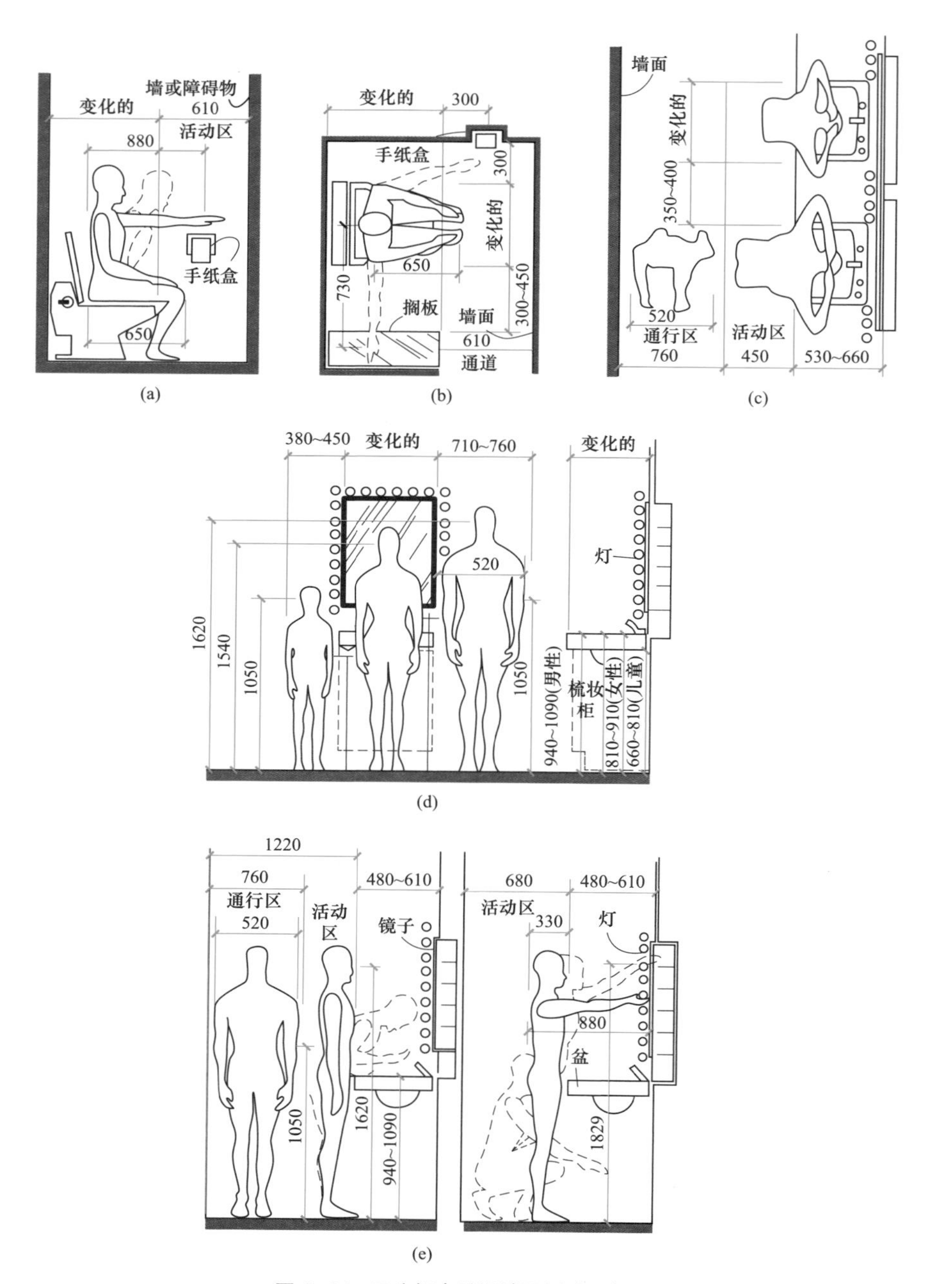

图 4-64　卫生间有关设计图例（一）

(a) 坐便池立面；(b) 坐便池平面；(c) 洗盆平面及间距；(d) 洗脸盆通常考虑的尺寸；(e) 男性的洗脸盆尺寸

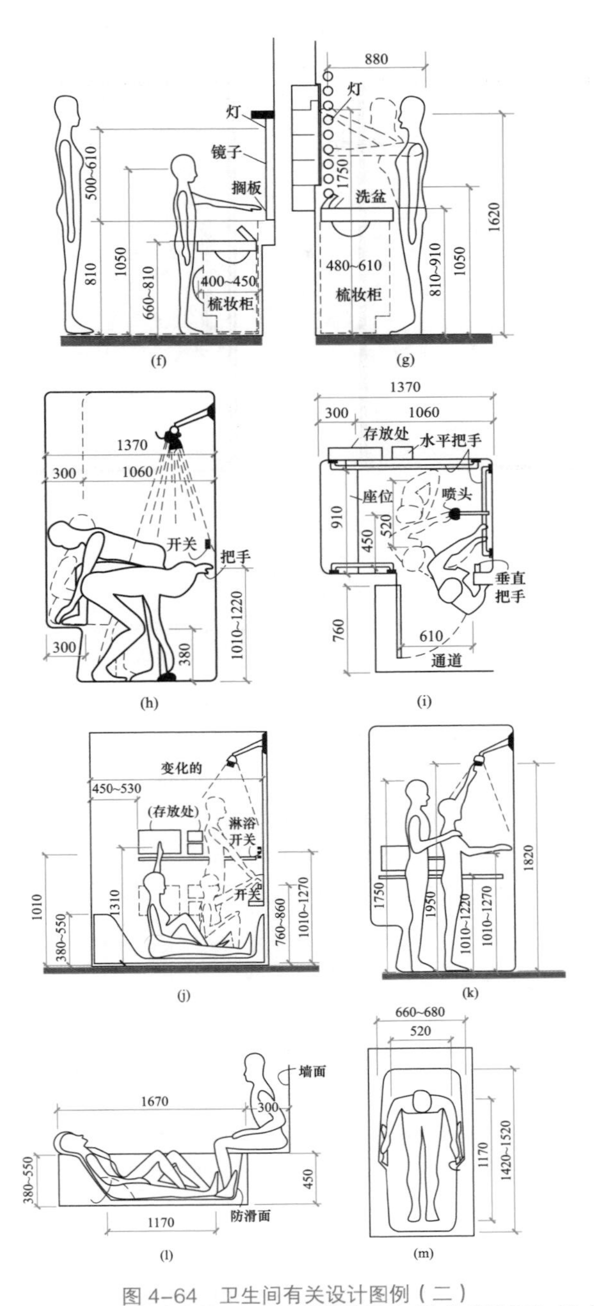

图 4-64　卫生间有关设计图例（二）

(f) 儿童的洗脸盆尺寸；(g) 女性的洗脸盆尺寸；(h) 淋浴间立面；(i) 淋浴间平面；(j) 淋浴、浴盆立面；(k) 淋浴间立面；(l) 浴盆剖面；(m) 单人浴盆平面

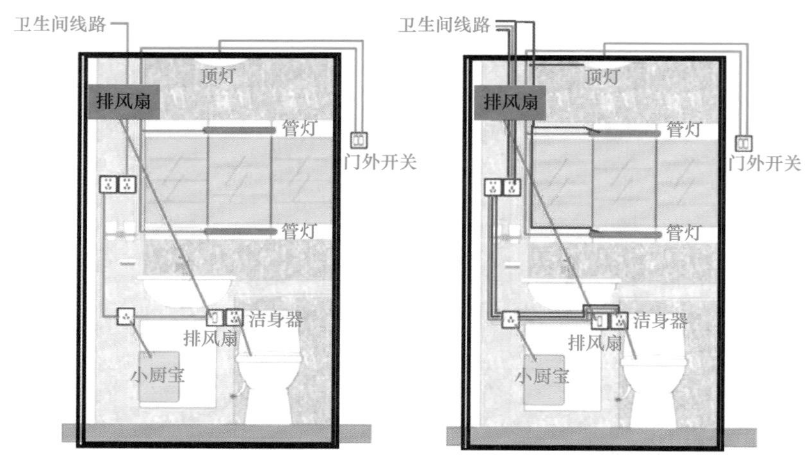

图 4-65 卫生间电路设计图例

（3）人在洗浴时活动的最小宽度设计为 80cm。

（4）淋浴花洒的高度设计要高于普通身高，使用才方便。

（5）搁架的高度要设计在触手可及的位置，一般情况下，人坐在浴缸中伸手触摸到的高度是 1.2m 左右，搁架也设计在该范围内。

（6）盥洗台一般宽度设计为 55~65cm。

（7）人站在盥洗台前的活动空间设计大约为 50cm。

（8）人在设计大于 76cm 的通道内行走较为舒适。

（9）盥洗台的高度设计在 85cm 时使用较为舒适。

（10）无特定的储物间时，也可以在盥洗台下设计设置收纳柜，但是，宽度不超过台面，一般设计在 45~55cm。

4.44 线路的设计

4.44.1 线盒与线盒、线盒与线管连接设计

线路设计安装时，各强弱电导线不得在吊平顶内裸露。线盒与线盒、线盒与线管必须用杯疏连接，如图 4-66 所示。地面铺设使用骑马卡固定，顶面铺设使用塑料管卡固定。

4.44.2 线路排放横平竖直

根据现场，设计好确定打洞、开槽的位置，以及设计用墨盒弹线定位。一般排管（6″PVC）开槽设计采用切割机或者专用水电开槽机开槽，并且要求横平竖直。槽深设计管壁离墙面 8~10mm。

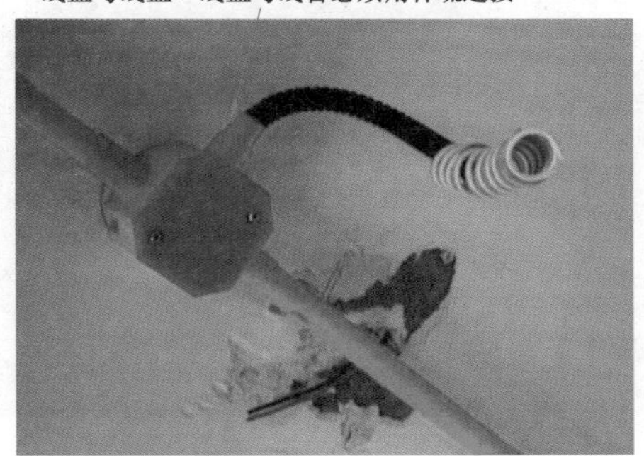

图 4–66　线盒与线盒、线盒与线管必须用杯疏连接

电源线与弱电线不得设计穿入同一根管内，强弱电盒间设计距离不小于 10mm。线路排放设计横平竖直图例如图 4–67 所示。

图 4–67　线路排放横平竖直

4.44.3　线路功能间独自布线

线路功能间独自布线就是采用点射方式进行，相关图例如图 4–68 所示。

4.44.4　转弯地方的设计

电路管转弯的地方一般要考虑实际的操作施工情况，设计图例如图 4–69 所示。

4.44.5　管路交叉处的设计

管路交叉处一般要考虑实际的操作施工情况。设计图例如图 4–70 所示。

4.44.6　插座引线的设计

插座引线的设计，可以一只插座单独由一根管线引入三根线来实现插座的安装，图例如图 4–71 所示。

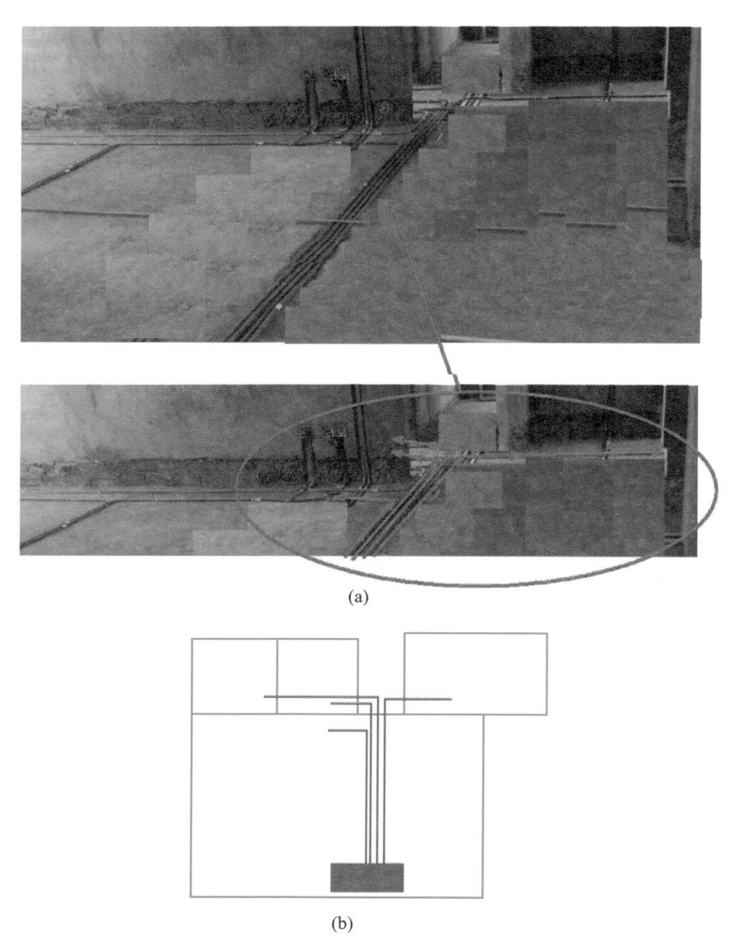

(a)

(b)

图 4-68　点射方式布线
(a) 实物图；(b) 原理图

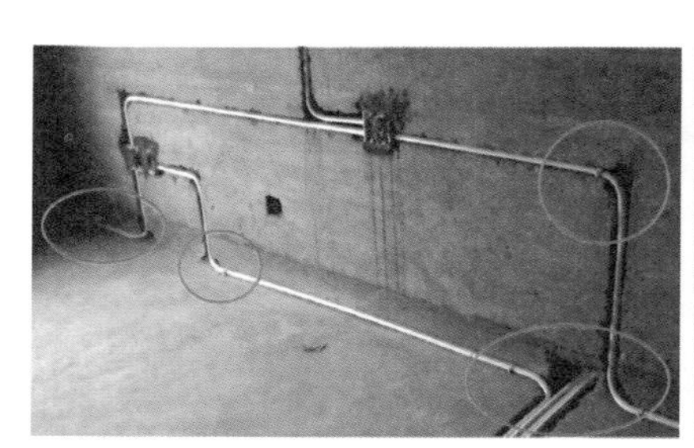

图 4-69　转弯处的设计图例（一）

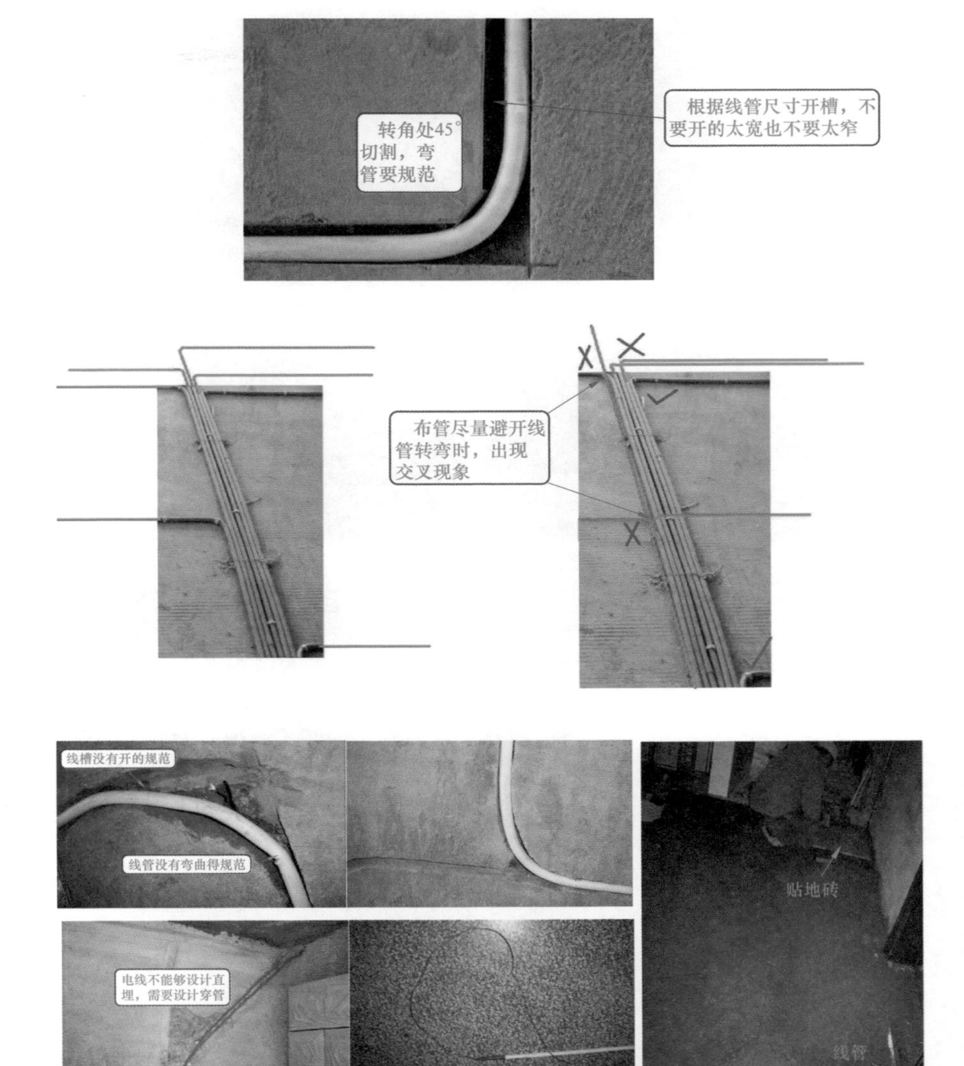

图 4–69　转弯处的设计图例（二）

4.44.7　转弯交叉地方的设计

转弯交叉地方的设计可以根据现场，以及采用附件与冷弯处理综合进行，图例如图 4–72 所示。

冷弯处理就是 PVC 管使用弹簧弯管器直接弯管。

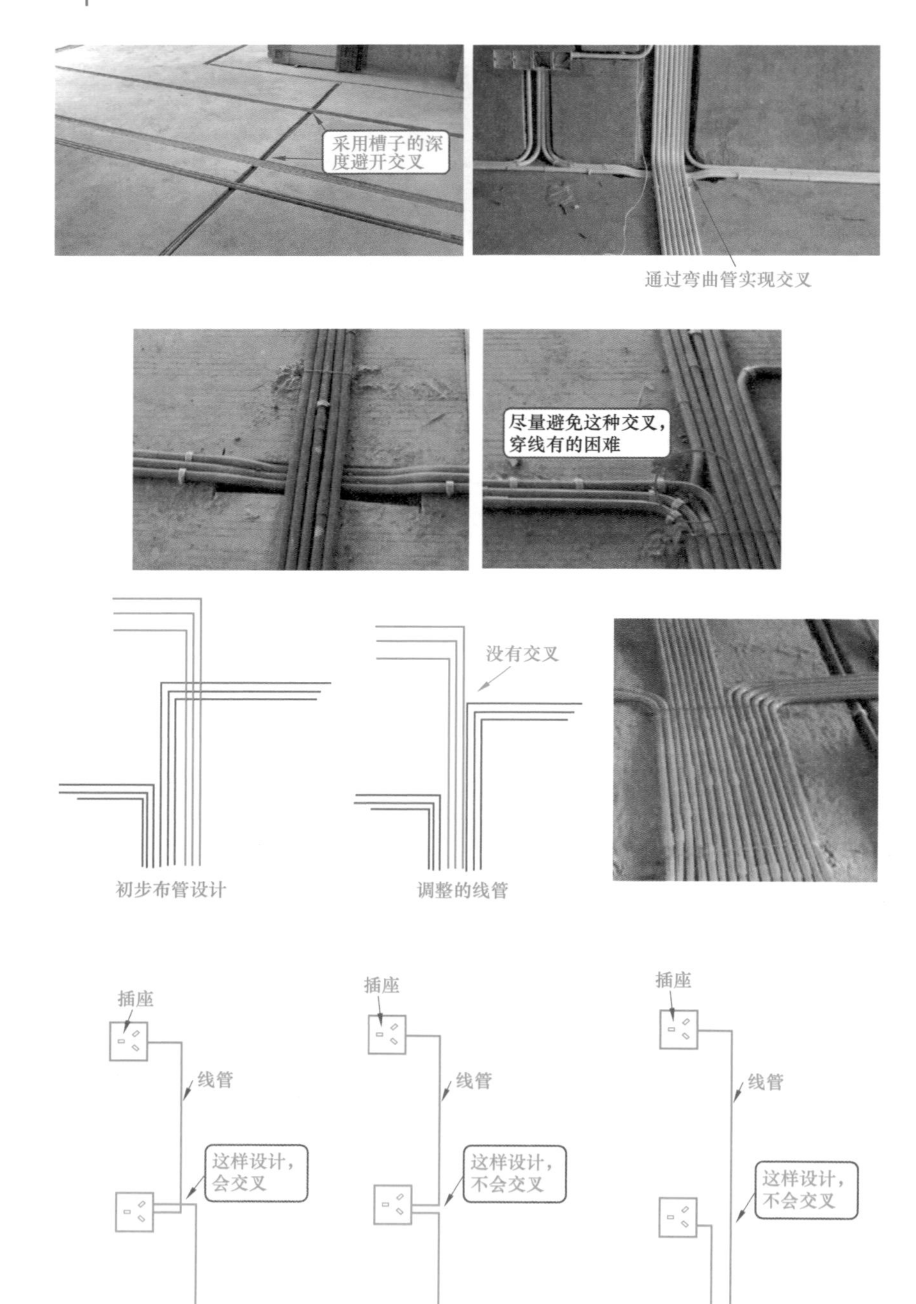

图 4-70 管路交叉处设计图例

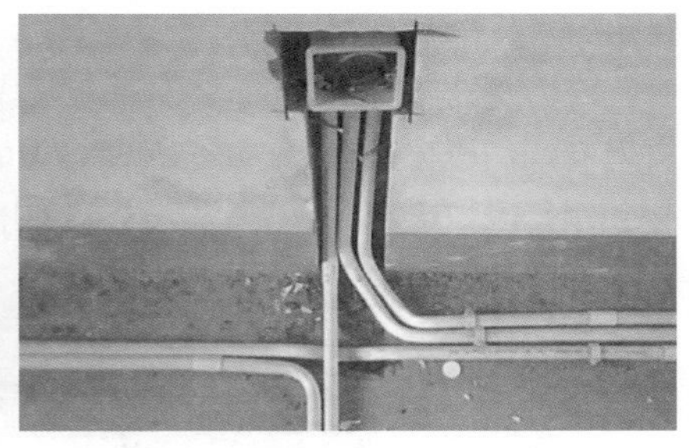

图 4-71　插座引线的设计

图 4-72　转弯交叉地方的设计

4.44.8　导线穿越楼板的设计

导线穿越楼板，应设计将导线穿入钢管或硬塑料管内保护，保护管上端口距地面不应小于 1.8m，下端口到楼板下为止，如图 4-73 所示。

图 4-73　导线穿越楼板的设计

4.44.9　导线穿越墙体的设置

导线穿越墙体时，应设置加装保护管（瓷管、塑料管、钢管）。保护管伸出墙面的长度不应小于 10mm，并且保持一定的倾斜度，其结构示意图如图 4-74 所示。导线相互交叉时，应在每根导线上设置套绝缘管，以及将套管在导线上固定。

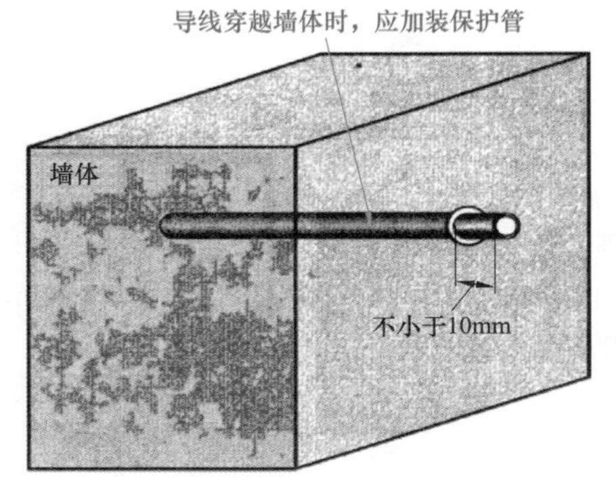

图 4-74　导线穿越墙体的设计

4.44.10 吊灯线的设计

室内敷设照明线路不能设计使用花线。花线横截面积小，允许安全载流量低，并且花线的机械强度低，不能承受过大的拉力。因此，花线不能设计在室内敷设中使用。但是花线可以设计做吊灯线使用，如图 4–75 所示。

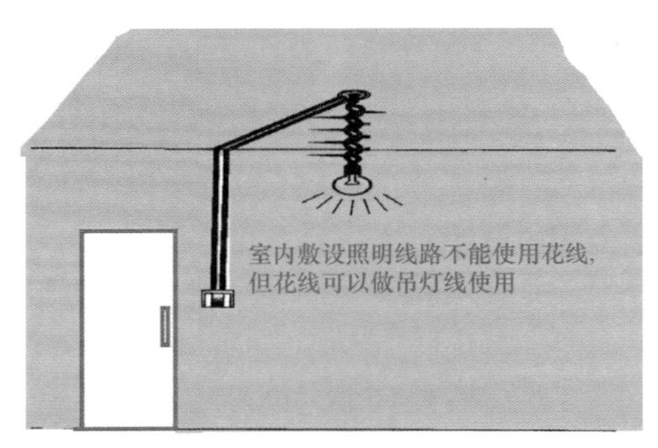

图 4–75　吊灯线的设计

4.44.11 明线敷设距离的设置

明线敷设距离的设置要求见表 4–31。

表 4–31　明线敷设距离的设置要求

固定方式	导线截面（mm^2）	固定点最大距离（m）	线间最小距离（mm）	与地面最小距离（m）	
				水平布线	垂直布线
槽板	≤ 4	0.05	—	2	1.3
卡钉	≤ 10	0.20	—	2	1.3
夹板	≤ 10	0.80	25	2	1.3
绝缘子（瓷柱）	≤ 16	3.0	50	2	1.3（2.7）
绝缘子（瓷瓶）	16~25	3.0	100	2.5	1.8（2.7）

注　括号内数值为室外敷设要求。

4.44.12 电线管与其他线管的敷设

若电线管路与热水管、蒸汽管同侧敷设，则应敷设在热水管、蒸汽管的下方。若有困难，则敷设在其上方。相互间的净距不宜小于下列数值：

（1）当管路敷设在热水管下方时，不宜设计小于 20cm；敷设于上方时，不宜小于 30cm。

（2）当管路敷设在蒸汽管下方时，不宜设计小于 50cm；敷设于上方时，不宜小于 100cm。

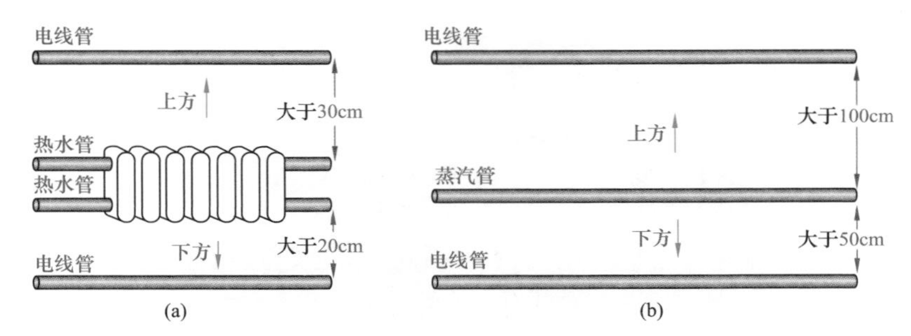

图 4–76　电线管路与热水管、蒸汽管的敷设
(a) 电线管与热水管设计敷设；(b) 电线管与蒸汽管设计敷设

管路敷设示意如图 4–76 所示。

如果不能符合上述要求，则应采取隔热措施。对有保温措施的蒸汽管，上下净距均可减少 20cm。

电线管路与其他管道（不包括可燃气体及易燃、可燃液体管道）的平行净距，不应设计小于 10cm。当与水管同侧敷设时，宜敷设在水管的上方。

管路互相交叉时的距离，不宜设计小于相应上述情况的平行净距。

电线管路与其他管道的距离要求如图 4–77 所示。

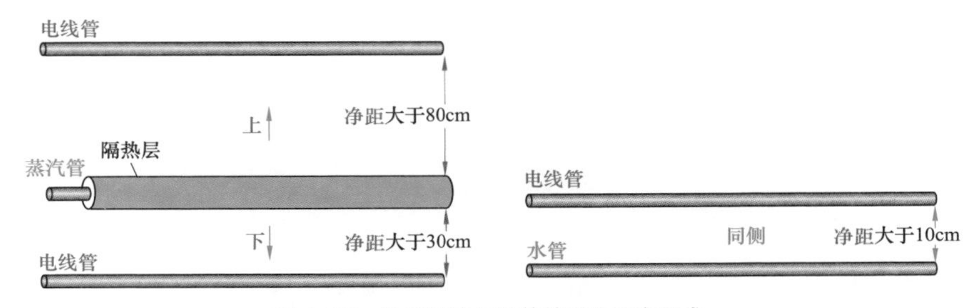

图 4–77　电线管路与其他管道的距离要求

电话线、电脑网络线、有线电视信号线、音响线等属于弱电类线，如果与电源线并行布线，易受 220V 电源线的电压干扰。因此，弱电线的走线必须避开电源线。

弱强电线两者距离，需要保持在 20cm 以上。它们的插座间距需要设计在 20cm 以上，插座下边线距地面需要不低于 30cm，如图 4–78 所示。

4.44.13　室内外绝缘导线间距离的设计

室内绝缘导线间的最小距离要求见表 4–32。绝缘导线至建筑物间的最小距离要求见表 4–33。

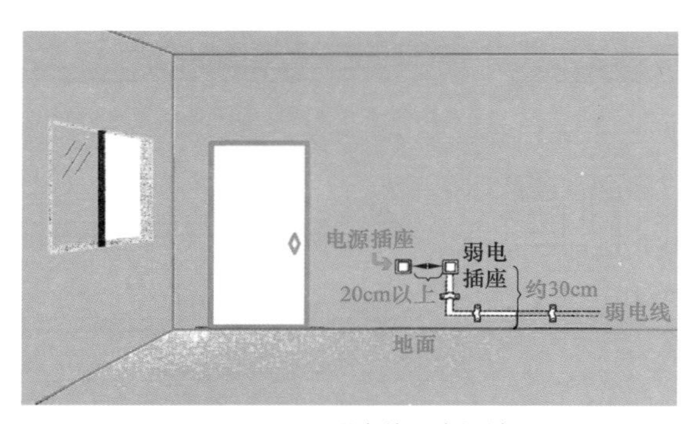

图 4–78　弱强电线距离设计

表 4–32　　室内绝缘导线间的最小距离要求

固定点距离（m）	最小间距（mm）
≤ 1.5	35
1.5~3	50
3~6	70
>6	100

表 4–33　　绝缘导线至建筑物间的最小距离要求

布线位置	最小距离（mm）
水平敷设时垂直距离在阳台、平台上和跨越屋顶	2500
窗户上	300
在窗户下	800
垂直敷设时至阳台、窗户的水平距离	600
导线至墙壁和构件的距离	35

绝缘导线至建筑物间的最小距离布线位置示意如图 4–79 所示。

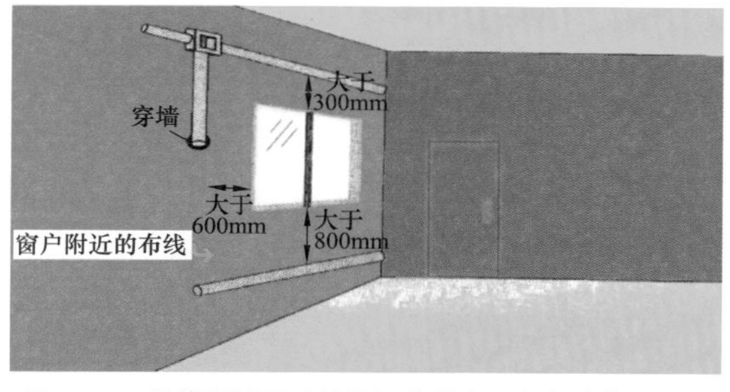

图 4–79　绝缘导线至建筑物间的最小距离布线位置示意

4.44.14　线管内导线设计

（1）线管内导线额定电压，要求大于线路的工作电压。

（2）线管内导线绝缘，要求设计符合线路安装方式、敷设环境的条件，截面要满足供电的要求与机械强度。

（3）线管设计的敷设位置，需要便于检查、修理、安装。导线连接与分支处，不受机械力作用。

（4）导线应设计尽量减少线路的接头。穿管导线、槽板配线中间不允许有接头。如果必要，则可以通过设计增加接线盒的方法来实现，如图 4-80 所示。

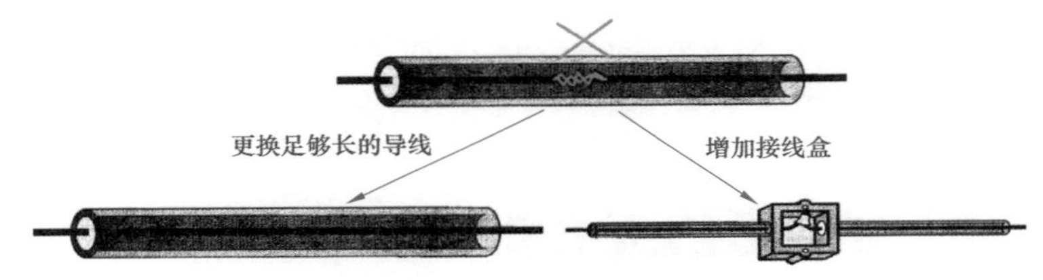

图 4-80　导线应设计尽量减少线路的接头

（5）明线敷设，要设计保持水平、垂直的距离，具体距离见表 4-34，图例如图 4-81 所示。

表 4-34　　绝缘导线至地面的最小距离

布线方式	最小距离（m）
导线水平敷设时	2.5
导线垂直敷设时	1.8

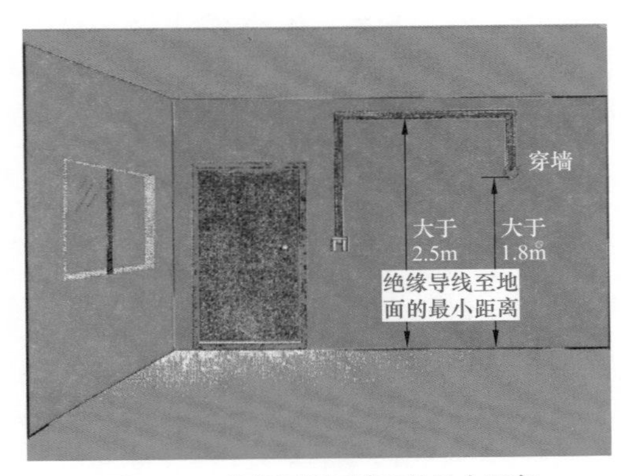

图 4-81　绝缘导线至地面的最小距离

（6）导线穿入管路中的要求。

当三根及以上绝缘导线穿于同一根管时，其总截面积（包括外护层）不应超过管内横截面积的 40%。

当两根绝缘导线穿于同一根管时，管内径不应小于两根导线外径之和的 1.35 倍（立管可取 1.25 倍）。

穿金属管的交流线路，需要设计将同一回路的所有相线和中性线（如果有中性线）穿于同一根管内。不同回路的线路不应穿于同一根金属管内，但下列情况可以除外：

1）电压为 50V 及以下的回路。

2）同一设备或同一联动系统设备的电力回路与无防干扰要求的控制回路。

3）同一照明花灯的几个回路。

4）同类照明的几个回路，但管内绝缘导线的根数不应多于 8 根。

4.45 功放设备容量的计算

功放设备容量的计算公式为

$$P=K_1K_2\sum P_0$$

式中 P——功放设备输出总电功率，W；

K_1——线路衰耗补偿系数。线路衰耗 1dB 时，取 1.26；线路衰耗 2dB 时，取 1.58；

K_2——老化系数，一般取 1.2~1.4；

P_0——每分路同时广播时的最大电功率，W；$P_0=K_iP_i$，其中：

P_i——第 i 支路的设备额定容量；

K_i——第 i 分路的同时需要系数，背景音乐系统 K_i 取 0.5~0.6。

第5章

水路设备、设施及管材的选择

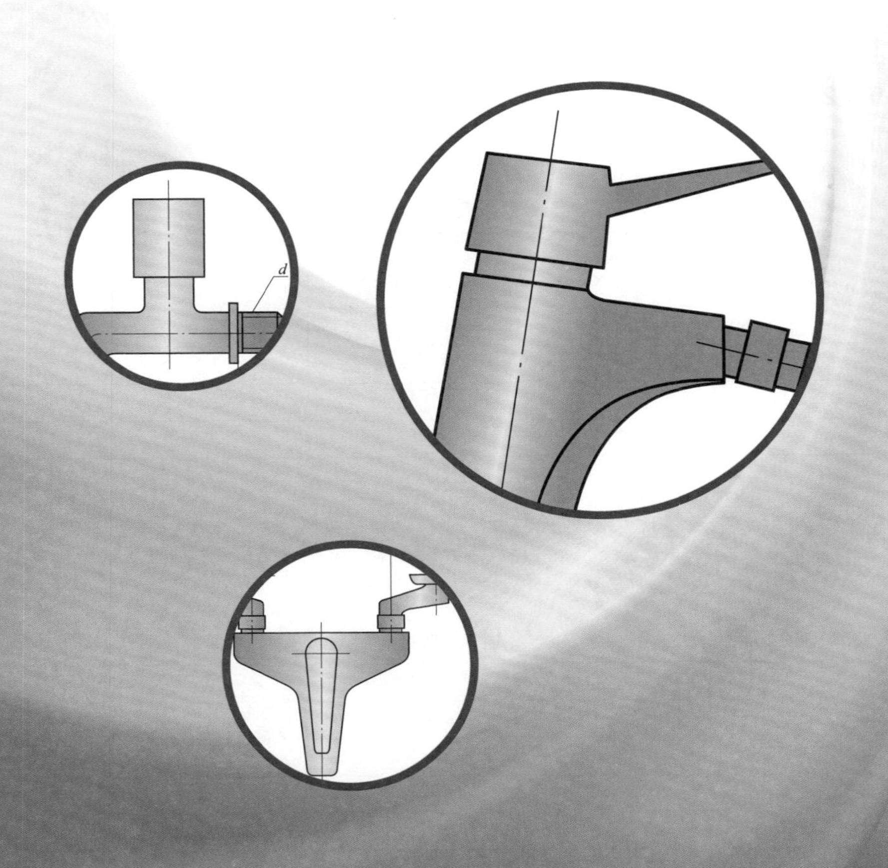

5.1 水管

5.1.1 管径常见的表达方式

（1）水煤气输送钢管（镀锌或非镀锌）、铸铁管等管材，管径一般以公称直径DN表示。

（2）塑料管材，管径一般按产品标准的方法表示。

（3）若设计均用公称直径DN表示管径，则有公称直径DN与相应产品规格对照表。

（4）建筑排水用硬聚氯乙烯管材规格，常用公称外径（DE）× 公称壁厚（e）表示。

（5）无缝钢管、焊接钢管（直缝或螺旋缝）、铜管、不锈钢管等管材，管径一般以外径乘以壁厚表示。

（6）钢筋混凝土（或混凝土）管、陶土管、耐酸陶瓷管、缸瓦管等管材，管径一般以内径d表示。

5.1.2 无专用通气管排水管能力

无专用通气管排水管能力见表5-1。

表5-1　无专用通气管排水管能力

污水立管管径（mm）	排水能力（L/s）	
	无专用通气立管	有专用通气立管或主通气立管
50	1.0	—
75	2.5	5
100	4.5	9
150	10.0	25

5.1.3 通气管管径

通气管管径见表5-2。

表5-2　通气管管径

通气管名称	排水管管径（mm）					
	32	40	50	75	100	150
器具通气管	32	32	32	—	50	
环形通气管			32	40	50	
通气立管	—	—	40	50	75	100

5.1.4　PPR 管外径与公称直径对照

PPR 管外径与公称直径对照见表 5–3。

表 5–3　　PPR 管外径与公称直径对照

PPR 管外径 DE（mm）	20	25	32	40	50	63	75	90
公称直径 DN（mm）	15	20	25	32	40	50	63	80

5.2　基本卫生设备推荐尺寸

基本卫生设备推荐尺寸见表 5–4。

表 5–4　　基本卫生设备推荐尺寸

名称	型号	外形平面标志尺寸长 × 宽（mm）
浴盆	小型	1200 × 700
浴盆	中型	1500 × 720
洗面器	小型	460 × 360
洗面器	中 1 型	510 × 410
洗面器	中 2 型	560 × 460
大便器	坐便器	（740~780）×（420~500）
大便器	蹲便器	（610~6450）×（280~430）
洗衣机	双缸	700 × 420
洗衣机	全自动	600 × 600
镜箱或镜子	小型	450 × 350
镜箱或镜子	中 1 型	500 × 400
镜箱或镜子	中 2 型	550 × 450

5.3　水嘴（水龙头）

5.3.1　水嘴（水龙头）标识与转动方向

水嘴（水龙头）冷热水标识应清晰，一般蓝色（或 C 或冷字）表示冷水，红色（或 H 或热字）表示热水。双控水嘴的冷水标识一般在右，热水标识在左。

水嘴轮式手柄逆时针方向转动为开启，顺时针方向转动为关闭。

5.3.2　陶瓷片密封水嘴

陶瓷片密封水嘴的类型见表 5–5。

表 5-5 陶瓷片密封水嘴的类型

类型	解说
单柄水嘴、双柄水嘴	单柄水嘴、双柄水嘴是指水嘴启闭控制手柄（手轮）的数量。单柄是指由一个手柄（手轮）控制冷水、热水的流量与温度。 双柄水嘴是指由两个手柄（手轮）控制冷水、热水的流量与温度
单控水嘴、双控水嘴	单控水嘴、双控水嘴是指水嘴控制供水管路的数量。单控水嘴是指控制一路供水；双控水嘴是指控制两路（冷、热）供水

陶瓷片密封水嘴的命名规律如图 5-1 所示。

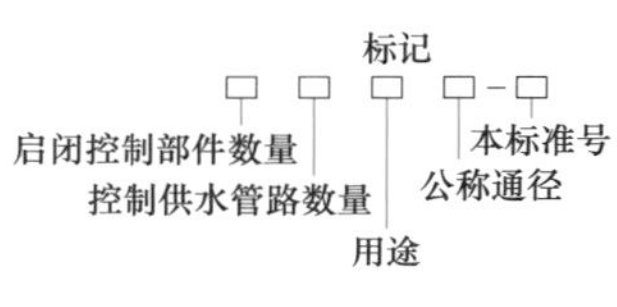

<table>
<tr><td colspan="2">启闭控制部件数量</td><td colspan="3">单柄</td><td colspan="3">双柄</td></tr>
<tr><td colspan="2">代号</td><td colspan="3">D</td><td colspan="3">S</td></tr>
<tr><td colspan="2">供水管路数量</td><td colspan="3">单控</td><td colspan="3">双控</td></tr>
<tr><td colspan="2">代号</td><td colspan="3">D</td><td colspan="3">S</td></tr>
<tr><td>用途</td><td>普通</td><td>面盆</td><td>浴盆</td><td>洗涤</td><td>净身</td><td>淋浴</td><td>洗衣机</td></tr>
<tr><td>代号</td><td>P</td><td>M</td><td>Y</td><td>X</td><td>J</td><td>L</td><td>XY</td></tr>
</table>

图 5-1 陶瓷片密封水嘴的命名规律

5.3.3 单柄单控陶瓷片密封普通水嘴规格尺寸

单柄单控陶瓷片密封普通水嘴规格尺寸如图 5-2 所示。

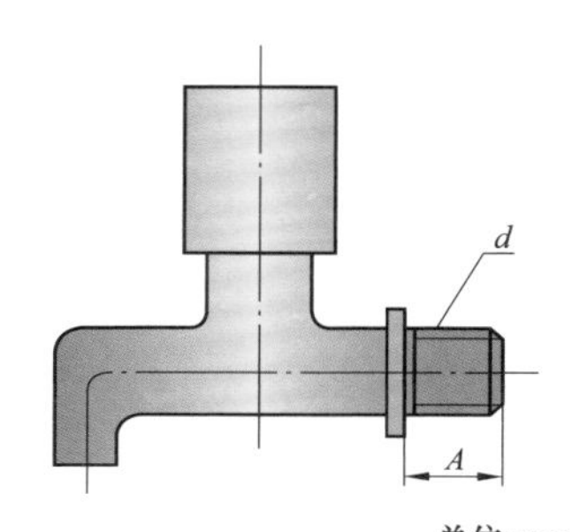

单位: mm

DN	d	A
15	G1/2″	⩾14
20	G3/4″	⩾15
25	G1″	⩾18

图 5-2 单柄单控陶瓷片密封普通水嘴规格尺寸

5.3.4 单柄单控陶瓷片密封面盆水嘴规格尺寸

单柄单控陶瓷片密封面盆水嘴规格尺寸如图 5-3 所示。

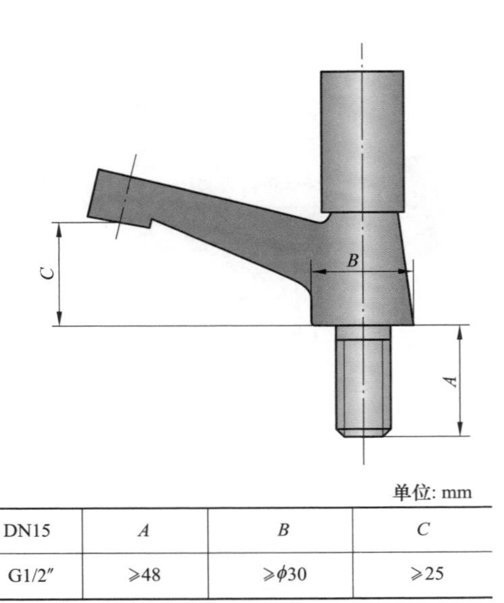

单位: mm

DN15	A	B	C
G1/2″	⩾48	⩾ϕ30	⩾25

图 5-3 单柄单控陶瓷片密封面盆水嘴规格尺寸

5.3.5 单柄双控陶瓷片密封面盆水嘴规格尺寸

单柄双控陶瓷片密封面盆水嘴规格尺寸如图 5-4 所示。

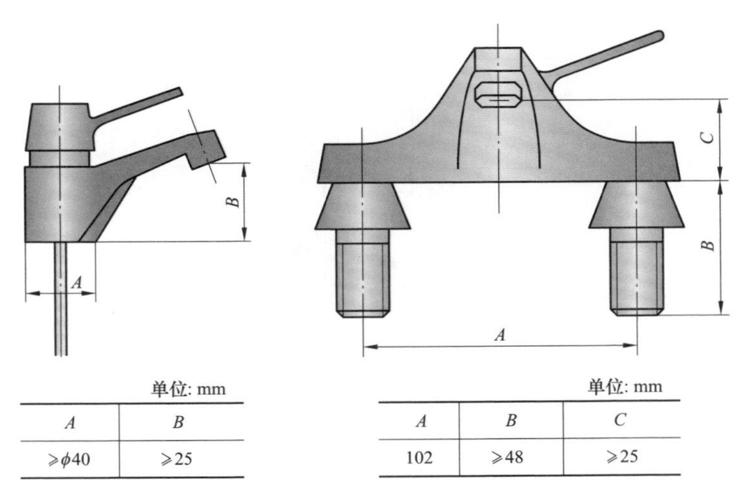

单位: mm

A	B
⩾ϕ40	⩾25

单位: mm

A	B	C
102	⩾48	⩾25

图 5-4 单柄双控陶瓷片密封面盆水嘴规格尺寸

5.3.6 单柄双控陶瓷片密封浴盆水嘴规格尺寸

单柄双控陶瓷片密封浴盆水嘴规格尺寸如图 5-5 所示。

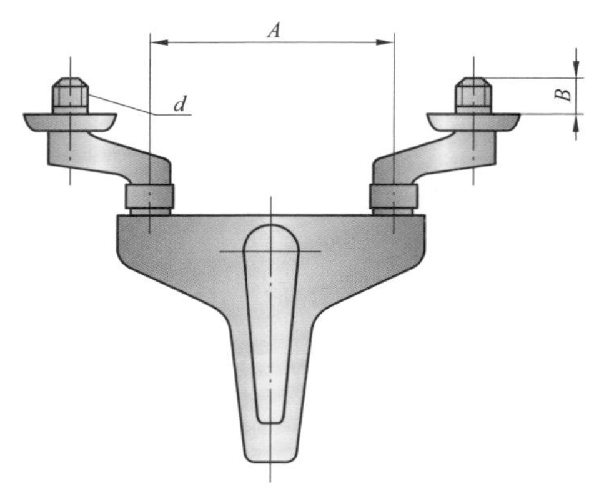

单位: mm

DN	d	A	B
15	G1/2″	150 偏心管调节尺寸范围120~180	≥16
20	G3/4″		≥20

图 5-5　单柄双控陶瓷片密封浴盆水嘴规格尺寸

5.3.7　陶瓷片密封洗涤水嘴规格尺寸

陶瓷片密封洗涤水嘴规格尺寸如图 5-6 所示。

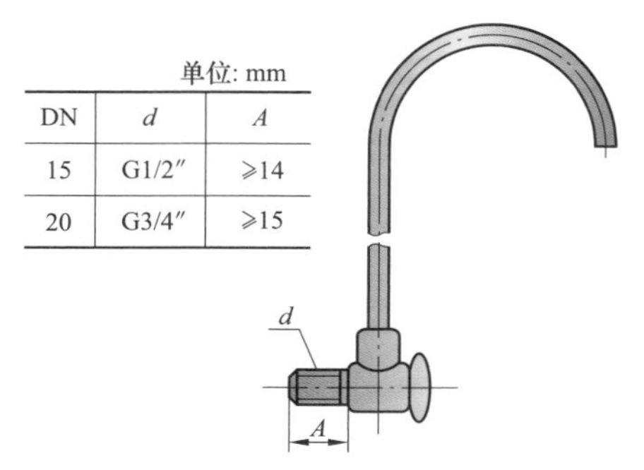

单位: mm

DN	d	A
15	G1/2″	≥14
20	G3/4″	≥15

图 5-6　陶瓷片密封洗涤水嘴规格尺寸

5.3.8　单柄双控陶瓷片密封净身器水嘴规格尺寸

单柄双控陶瓷片密封净身器水嘴规格尺寸如图 5-7 所示。

5.4 阀

5.4.1　卫生洁具、暖气直角式截止阀型号编制方法

卫生洁具、暖气直角式截止阀型号编制方法如图 5-8 所示。

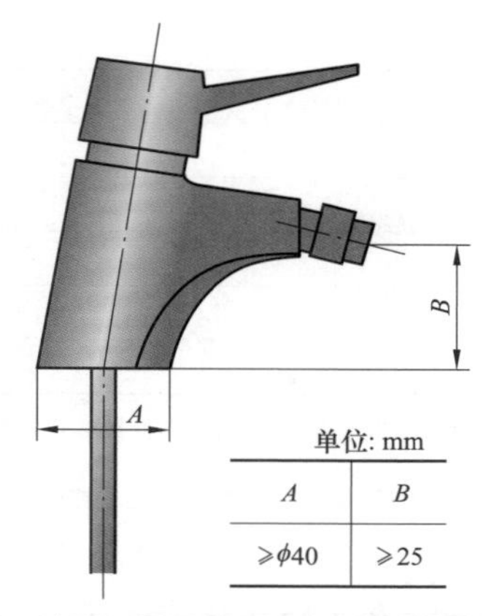

图 5-7 单柄双控陶瓷片密封净身器水嘴规格尺寸

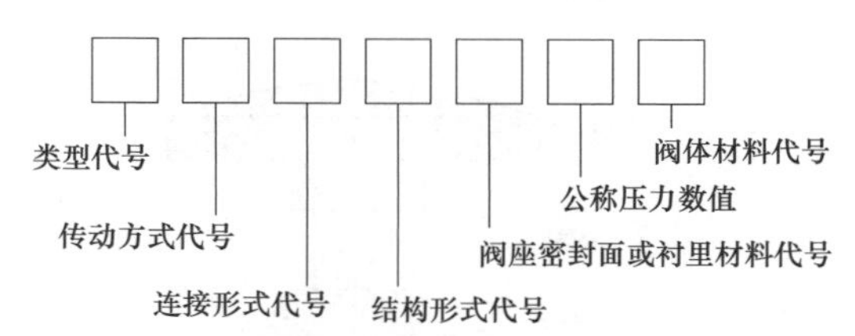

图 5-8 卫生洁具、暖气直角式截止阀型号编制方法

类型代号、阀座密封面或衬里材料代号和阀体材料代号用汉语拼音字母表示。连接形式代号和结构形式代号分别用阿拉伯数字 1 和 4 表示。传动方式代号省略卫生洁具、暖气直角式截止阀的公称压力数值分别用数值表示。

类型代号、阀座密封面或衬里材料代号和阀体材料代号用汉语拼音字母表示见表 5-6。

表 5-6 类型代号、阀座密封面或衬里材料代号和阀体材料代号用汉语拼音字母表示

类型	代号
卫生洁具直角式截止阀	JW
暖气直角式截止阀	JN
阀座密封面或衬里材料	代号
铜合金	T
橡胶	X
尼龙塑料	N
氟塑料	F

续表

类型	代号
合金钢	H
阀体材料	代号
铜合金	T
铸铁	Z
可锻铸铁	K

注 1. 由阀体直接加工的阀座密封面材料代号用“W”表示。当阀座和阀瓣密封面材料不同时，用低硬度材料代号表示。

2. 产品均在压力不大于0.98MPa条件下工作。为了与其他材料区别，故规定铸铁的阀体材料代号不能省略。

5.4.2 铜质卫生洁具直角式截止阀的基本尺寸

铜质卫生洁具直角式截止阀的基本尺寸如图5–9所示。

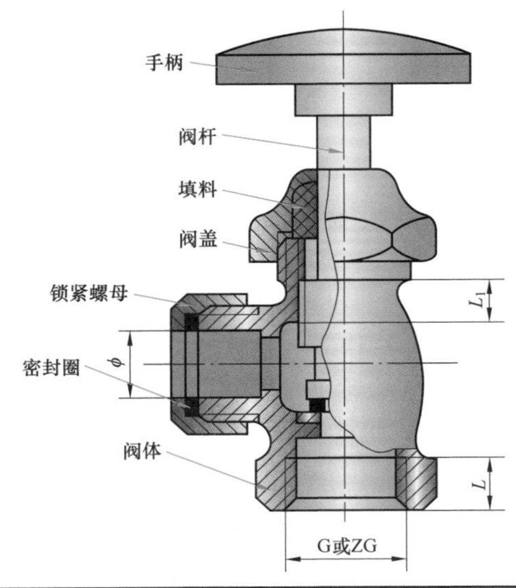

单位: mm

产品名称	公称通径	传动螺纹			阀体和阀盖的连接螺纹	管螺纹		直径ϕ
		外螺纹	内螺纹	关闭后有效旋合长度L_1		规格	有效长度L	
铜质卫生洁具直角式截止阀	15	Tr18×3—8C	Tr18×3—8H	不小于9	M24×1.5	G1/2″或ZG1/2″	不小于10	13
可锻铸铁卫生洁具直角式截止阀		Tr12×3—8C	Tr12×3—8H		M18×1.5			

图5–9 铜质卫生洁具直角式截止阀的基本尺寸

5.4.3 可锻铸铁卫生洁具直角式截止阀的基本尺寸

可锻铸铁卫生洁具直角式截止阀的基本尺寸如图 5-10 所示。

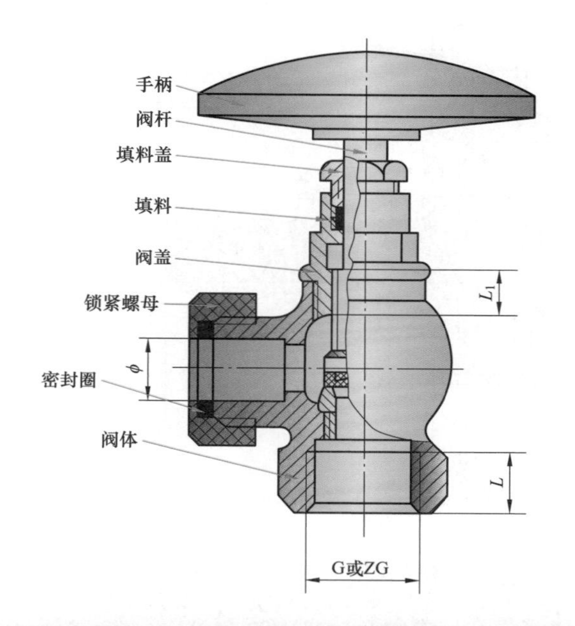

单位: mm

产品名称	公称通径	传动螺纹			阀体和阀盖的连接螺纹	管螺纹		直径 ϕ
		外螺纹	内螺纹	关闭后有效旋合长度 L_1		规格	有效长度 L	
铜质卫生洁具直角式截止阀	15	Tr18×3—8C	Tr18×3—8H	不小于9	M24×1.5	G1/2″ 或 ZG1/2″	不小于10	13
可锻铸铁卫生洁具直角式截止阀		Tr12×3—8C	Tr12×3—8H		M28×1.5			

图 5-10 可锻铸铁卫生洁具直角式截止阀的基本尺寸

5.4.4 暖气直角式截止阀的基本尺寸

暖气直角式截止阀的基本尺寸如图 5-11 所示。

5.4.5 卫生洁具及暖气管道用直角阀型号标志

卫生洁具及暖气管道用直角阀型号标志如图 5-12 所示。

5.4.6 卫生洁具及暖气管道用直角阀使用条件

卫生洁具及暖气管道用直角阀使用条件见表 5-7。

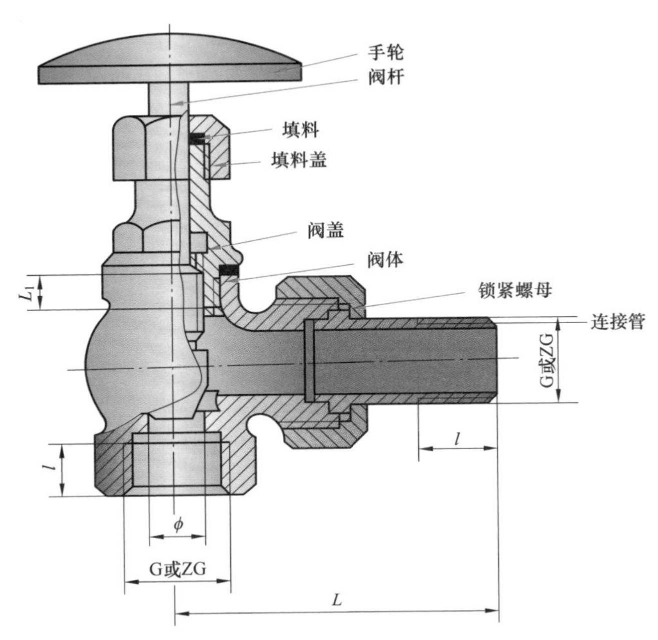

单位: mm

产品名称	公称通径	传动螺纹			阀体和阀盖的连接螺纹	管螺纹		直径 ϕ	安装长度 L
		外螺纹	内螺纹	关闭后有效旋合长度 L_1		规格	有效长度 l		
暖气直角式截止阀	15	Tr12×3—8C	Tr12×3—8H	不小于9	M20×1.5	G或ZG 1/2″	不小于10	13	66
	20	Tr14×3—8C	Tr14×3—8H		M30×1.5 M30×1.5	G或ZG 3/4″	不小于11	19	70
	25	Tr16×4—8C	Tr16×4—8H	不小于12	M36×1.5	G或ZG 1″	不小于12	25	85

图 5-11　暖气直角式截止阀的基本尺寸

表 5-7　　卫生洁具及暖气管道用直角阀使用条件

产品类型	公称尺寸	公称压力（MPa）	介质	介质温度（℃）
卫生洁具直角阀	DN15、DN20、DN25	1.0	冷、热水	≤ 90
暖气管道直角阀	DN15、DN20、DN25	1.6	暖气	≤ 150

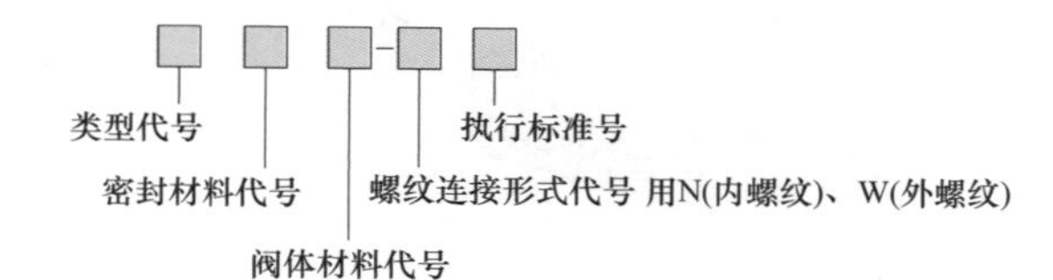

密封材料	铜合金	不锈钢	铸铁	塑料	其他
阀体材料代号	T	B	Z	S	Q

产品类型	卫生洁具直角阀	暖气管道直角阀
产品类型代号	JW	JN

密封材料	铜合金	橡胶	尼龙塑料	氟塑料	合金钢	陶瓷	其他
密封材料代号	T	X	N	F	H	C	Q

图 5-12 卫生洁具及暖气管道用直角阀型号标志

5.4.7 卫生洁具直角阀尺寸

卫生洁具直角阀尺寸如图 5-13 所示。

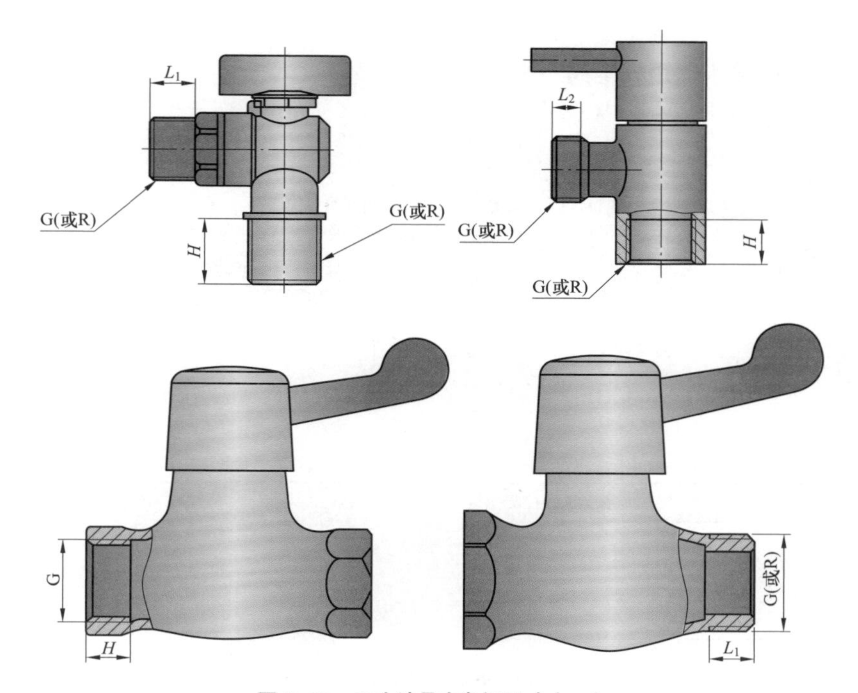

图 5-13 卫生洁具直角阀尺寸（一）

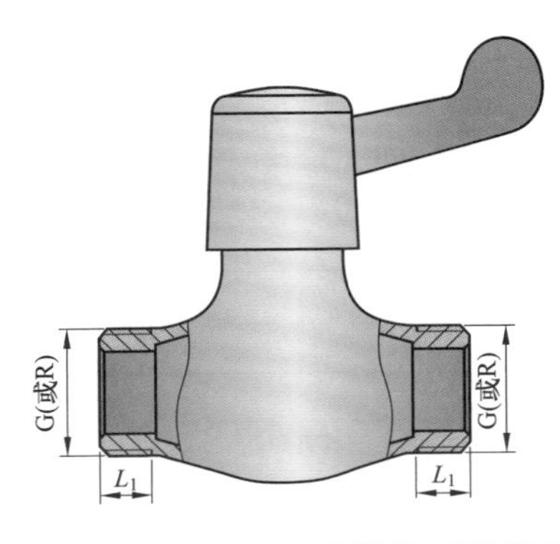

单位: mm

产品名称	公称尺寸	螺纹特征代号	H	L_1	L_2
卫生洁具直角阀	DN15	G或R	≥12	≥8	≥6
	DN20	G或R	≥14	≥12	—
	DN25	G或R	≥14.5	≥12	—
暖气管道直角阀	DN15	G或R	≥10	≥16	—
	DN20	G或R	≥14	≥16	—
	DN25	G或R	≥14.5	≥18	—

图 5-13　卫生洁具直角阀尺寸（二）

5.4.8 电热水器用安全阀

电热水器用安全阀规格如图 5-14 所示。

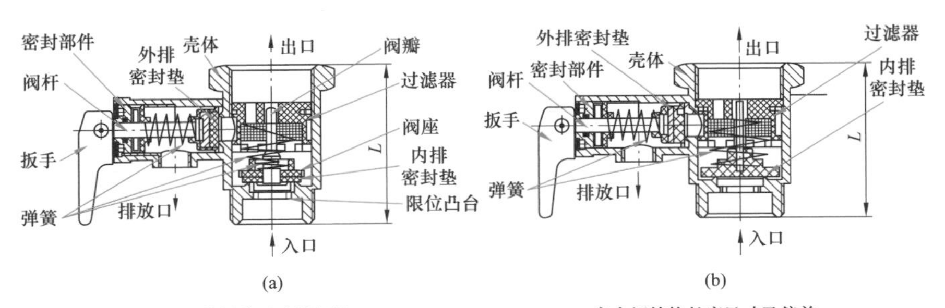

连接螺纹承受的扭矩

公称尺寸	承受扭矩(N·m)
DN15	≥30
DN20	≥50
DN25	≥60

安全阀结构长度尺寸及偏差

公称尺寸	结构长度(mm)	
	L	偏差
DN15	45	±1.5
DN20	55	±2.0
DN25		

图 5-14　电热水器用安全阀规格
(a) 封闭式安全阀；(b) 敞开式安全阀

5.5 水槽

5.5.1 家用不锈钢水槽型号

家用不锈钢水槽型号如图 5–15 所示。

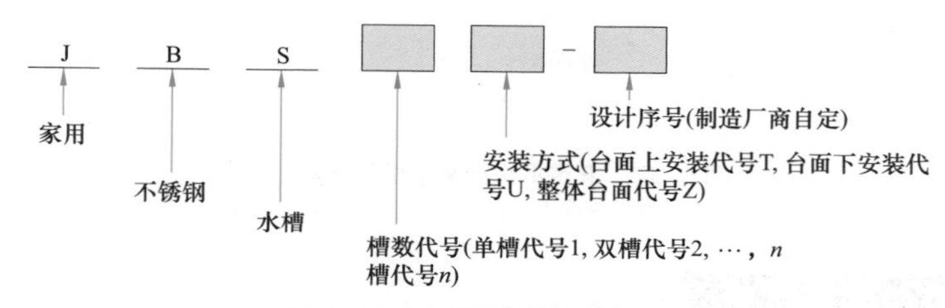

图 5–15　家用不锈钢水槽型号

5.5.2 家用不锈钢水槽的分类

家用不锈钢水槽的分类如图 5–16 所示。

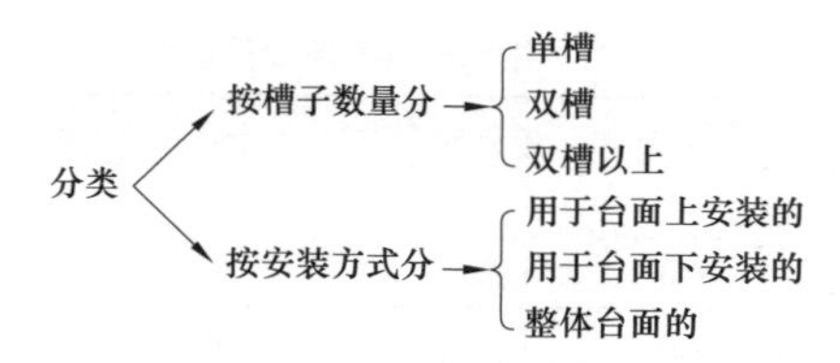

图 5–16　家用不锈钢水槽的分类

5.5.3 家用不锈钢水槽相关连接

家用不锈钢水槽相关连接如图 5–17 所示。

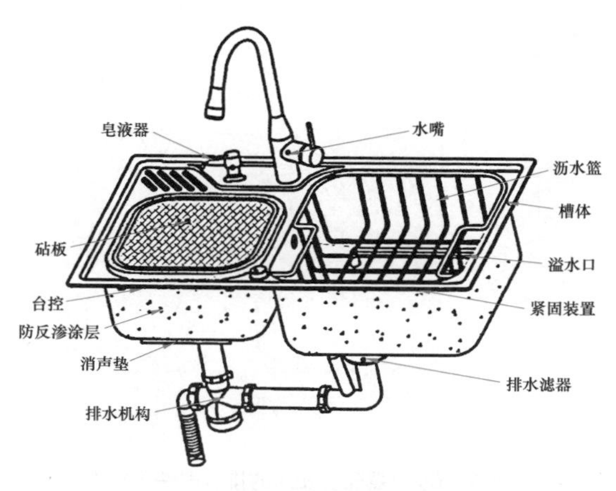

图 5–17　家用不锈钢水槽相关连接（一）

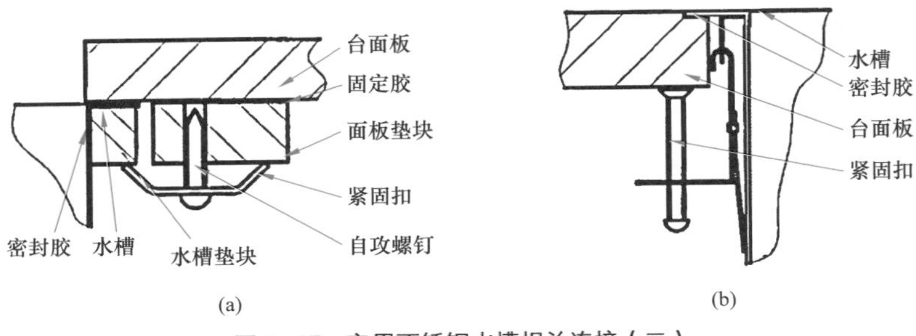

图 5–17 家用不锈钢水槽相关连接（二）
（a）下托紧固安装示意；（b）上嵌紧固安装示意

5.6 排水配件

5.6.1 卫生洁具排水配件

卫生洁具排水配件溢流流速要求见表 5–8。

表 5–8 卫生洁具排水配件溢流流速要求 单位：L/s

配件类型	洗面器	浴缸	净身器	洗涤槽
不带存水弯的排水配件	0.45	1.0	0.45	0.7
带存水弯的排水配件	0.4	0.8	0.4	0.6
带溢流装置的排水配件	0.25	0.6	0.25	0.25

5.6.2 面盆与净身器配合使用的排水配件尺寸

面盆与净身器配合使用的排水配件尺寸如图 5–18 所示。

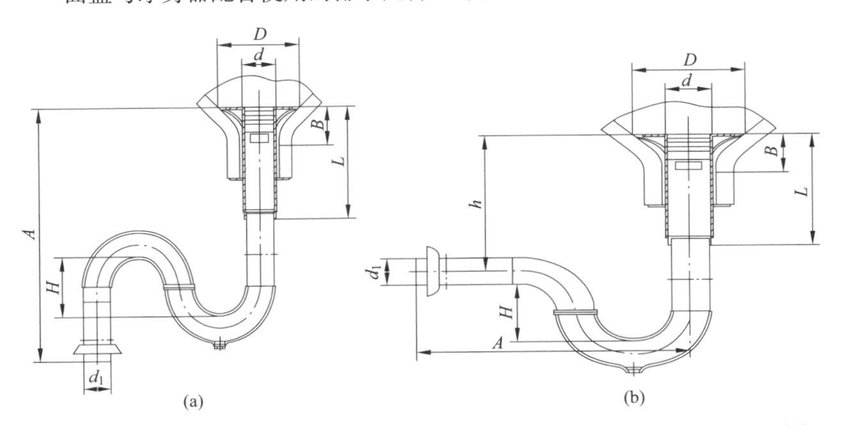

图 5–18 面盆与净身器配合使用的排水配件尺寸（一）
（a）S 型排水配件；（b）P 型排水配件

单位: mm

名称	安装长度	溢流口位置	法兰外径	排水配件内径	有效工作长度	水封深度	出口尺寸	垂直安装距离
代号	A	B	D	d	L	H	d_1	h
尺寸要求	150~250(P型) ≥550(S型)	≤35	58~65	32~45	≥65	≥50	30~32	120~200

图 5-18 面盆与净身器配合使用的排水配件尺寸（二）

5.6.3 与浴盆配合使用的排水配件尺寸

与浴盆配合使用的排水配件尺寸如图 5-19 所示。

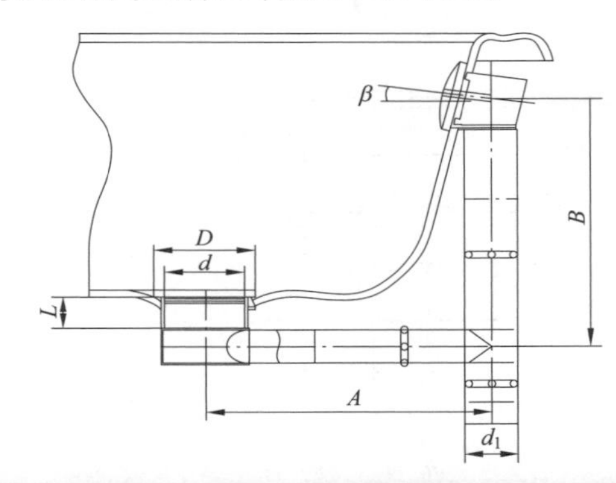

名称	安装长度(mm)	溢流距离(mm)	法兰外径(mm)	排水配件内径(mm)	出口尺寸(mm)	有效工作长度(mm)	倾角(°)
代号	A	B	D	d	d_1	L	β
尺寸要求	150~350	250~400	60~70	≤50	30~50	≤30	10

图 5-19 与浴盆配合使用的排水配件尺寸

5.6.4 与净身器配合使用的排水配件尺寸

与净身器配合使用的排水配件尺寸如图 5-20 所示。

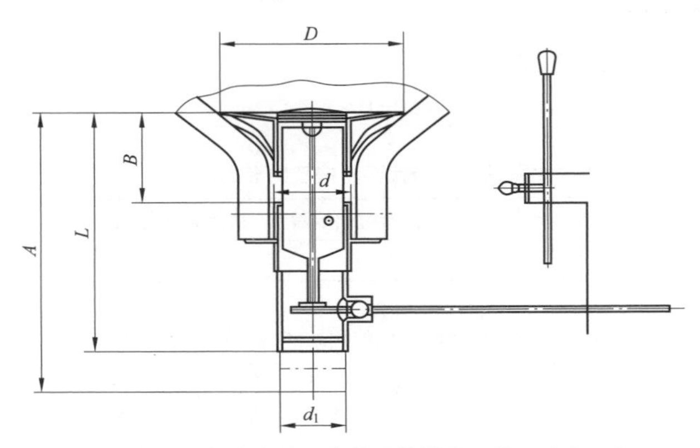

图 5-20 与净身器配合使用的排水配件尺寸（一）

单位: mm

名称	安装长度	溢流距离	有效工作长度	法兰外径	排水配件内径	出口尺寸
代号	A	B	L	D	d	d_1
尺寸要求	⩾200	⩽35	⩾90	58~ 65	32~45	30~32

图 5-20　与净身器配合使用的排水配件尺寸（二）

5.6.5　洗涤槽配合使用的排水配件尺寸

洗涤槽配合使用的排水配件尺寸如图 5-21 所示。

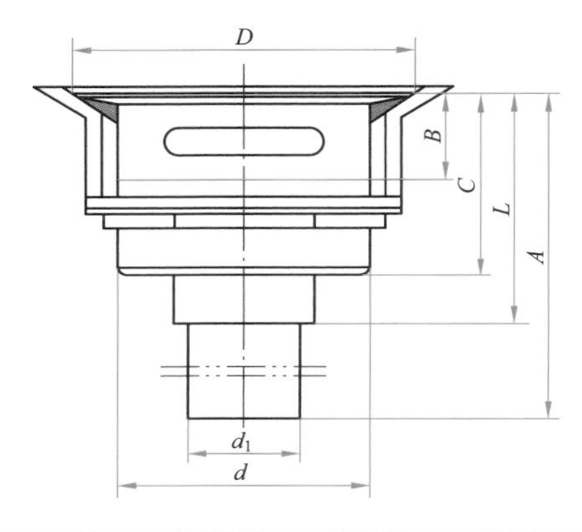

单位: mm

名称	安装长度	溢流距离	螺纹长度	承口深度	法兰外径	配件出口尺寸	出口尺寸
代号	A	B	C	L	D	d	d_1
尺寸要求	⩾180	⩽35	⩾55	⩾55	80~95	52~64	30~38

图 5-21　洗涤槽配合使用的排水配件尺寸

5.7 地漏

5.7.1　地漏的分类与代码

地漏的分类与代码见表 5-9 和表 5-10。

表 5-9　地漏的分类与代码（按密封形式分）

密封形式	水封式地漏	机械密封式地漏	混合密封式地漏	其他
代号	S	J	H	Q

表 5-10　地漏的分类与代码（按使用功能或安装形式分）

使用功能或安装形式	直通式地漏	侧墙式地漏	密闭式地漏	带网框式地漏	防溢式地漏	多通道式地漏	直埋式地漏	其他
代号	ZT	CQ	MB	WK	FY	DT	ZM	QT

5.7.2 地漏排水流量的要求

地漏排水流量的要求见表 5-11。

表 5-11 地漏排水流量的要求

地漏承口内径尺寸 ϕ（mm）	用于卫生器具排水（L/s）	用于地面排水（L/s）
ϕ<40	≥ 0.5	≥ 0.16
40 ≤ ϕ<50		≥ 0.3
50 ≤ ϕ<75	—	≥ 0.4
75 ≤ ϕ<100	—	≥ 0.5

注 有多个承口的地漏（如多通道式地漏），按其相应功能的最大尺寸的一个承口来计算。

5.7.3 地漏基本结构

地漏基本结构如图 5-22 所示。

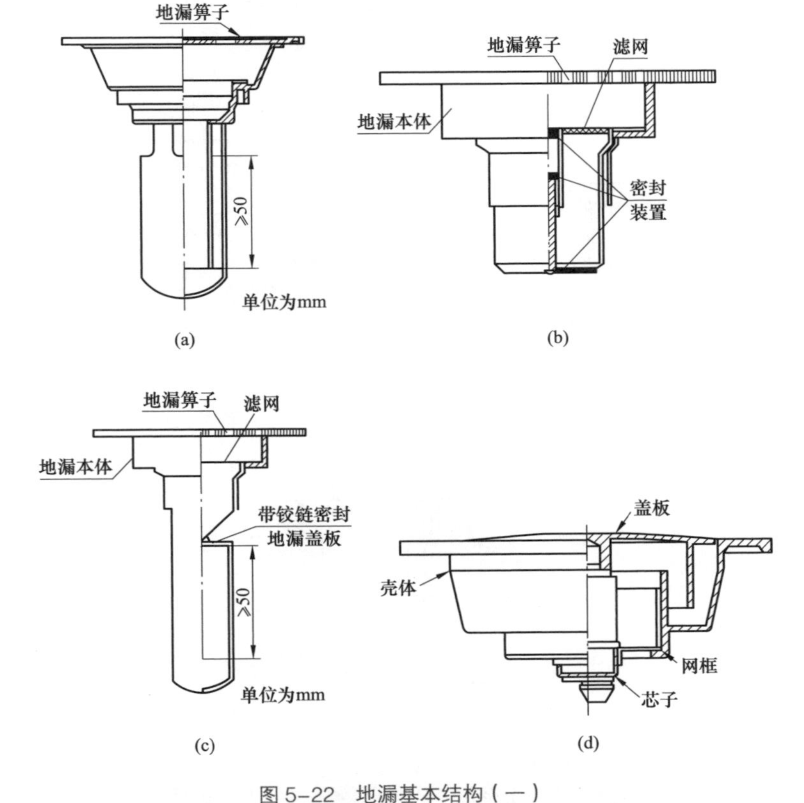

图 5-22 地漏基本结构（一）

(a) 水封地漏；(b) 机械密封地漏；(c) 混合密封地漏；(d) 密封型地漏

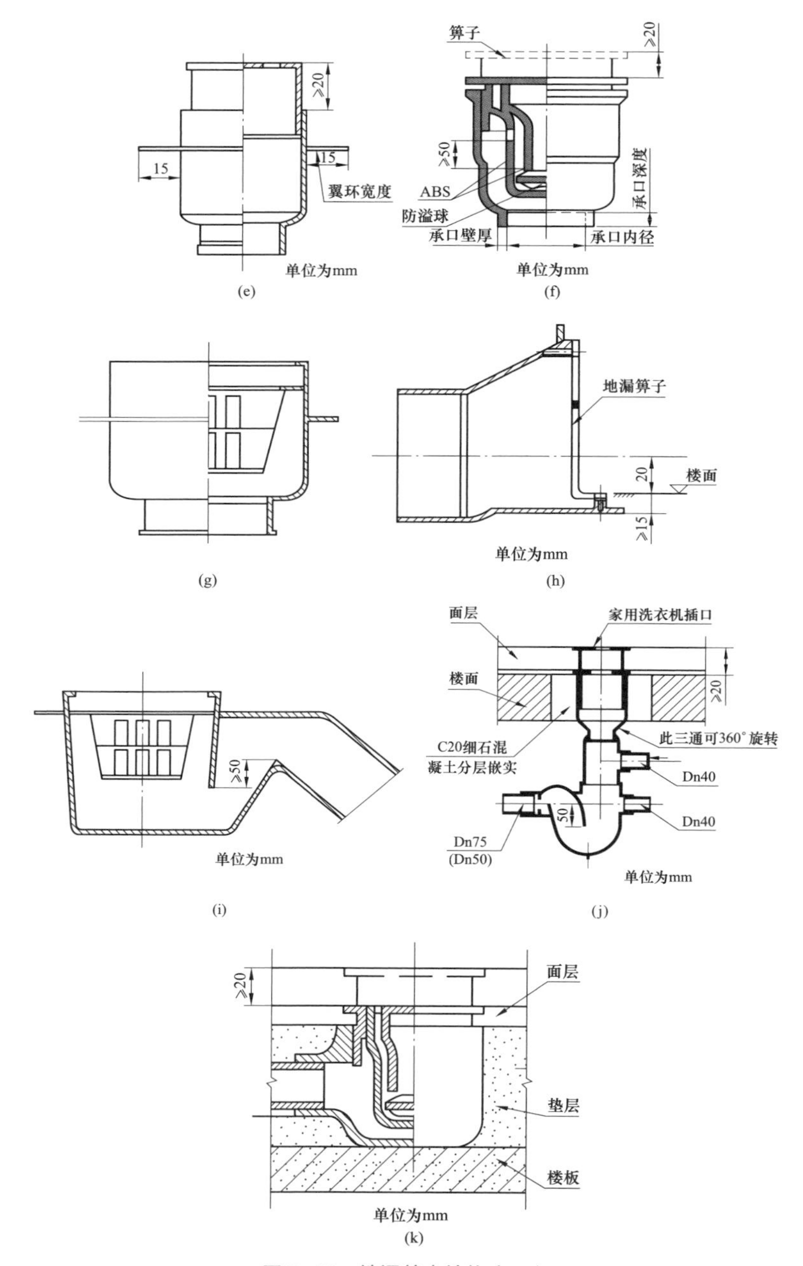

图 5-22 地漏基本结构（二）

(e) 直通式地漏；(f) 防溢地漏；(g) 带网框地漏（直排）；(h) 侧墙式地漏；(i) 带网框地漏（横向式）；(j) 多通道地漏；(k) 直埋式地漏

第6章

水路设计

6.1 卫生单元

6.1.1 卫生间功能与布局的设计

卫生间设计布局，可以分为开放式布置、间隔式布置。开放式布置就是将浴室、便器、洗脸盆等卫生设备都安排在同一个空间里。间隔式布置是将便器纳入一个空间，洗、浴独立出来。卫生间功能与布局的设计不同，则相关水路设计会有一定的差异。一个完整的卫生间，一般具备如厕、洗漱、沐浴、更衣、洗衣、干衣、化妆、洗理用品储藏等功能。具体设计，需要根据实际的使用面积与业主的生活习惯、要求确定。

家居卫生间最基本的设计要求，就是合理布置洗手盆、座厕、淋浴间，以及其排污管。洗手盆、座厕、淋浴间基本的设计布置就是由低到高设置，也就是从卫生间门口开始，一般是洗手台向着卫生间门，座厕紧靠其侧，淋浴间设置于最内端。

洗手台设计依卫生间大小来确定。洗手台区的设计是一个卫生间的主体。一般楼宇的卫生间设计的面积一般为 3~6m^2。卫生间内的洗手台大小必须考虑留出入的活动空间。如果 3m^2 洗手间，则可以设计 1.2m × 0.6m 的洗手台。

一般预留座厕的宽度不少于 0.75m。

淋浴间的标准尺寸是 0.9m × 0.9m，净空最理想是 1m × 1m。除非空间特别小，不要设计小于 0.8m × 0.8m。

卫生间地面应设计选用防水、防滑的材料，以免沐浴后地面有水而滑到。

卫生间开关最好设计有安全保护装置，插座不能设计暴露在外面，以免溅上水导致漏电短路。

当卫生间使用燃气热水器沐浴时，需要设计通风，以免发生一氧化碳中毒。

卫生间的一切设计都不能影响通风、采光。卫生间还需要设计排气扇，以便把污浊的空气抽入烟道或排出窗外。

若卫生间设计化妆台，则需要设计一定亮度的灯光。

常见卫生间功能与布局的设计图例如图 6–1 所示。

卫生间布局设计实例如图 6–2 所示。

6.1.2 卫生单元种类

卫生单元种类见表 6–1。

6.1.3 住宅卫生间采用的尺寸系列

住宅卫生间采用的尺寸系列见表 6–2。

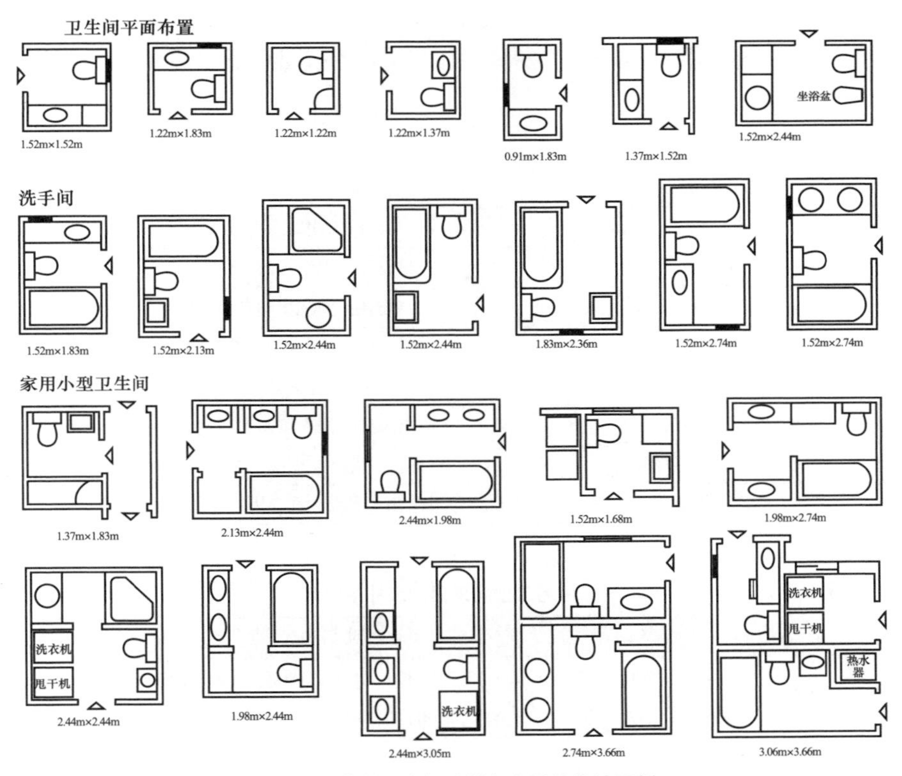

图 6-1　常见卫生间功能与布局的设计图例

图 6-2　卫生间布局设计实例

表 6-1　　卫生单元种类

卫生单元种类	定义
厕所单元	供排便用的专用空间
浴室单元	供洗浴用的专用空间
盥洗单元	供盥洗用的专用空间
洗衣单元	供洗衣用的专用空间
厕所、浴室单元	供排便、洗浴用的专用空间
厕所、盥洗单元	供排便、盥洗用的专用空间
厕所、洗衣单元	供排便、洗衣用的专用空间
浴室、盥洗单元	供洗浴、盥洗用的专用空间
盥洗、洗衣单元	供盥洗、洗衣用的专用空间
厕所、浴室、盥洗单元	供排便、洗浴、盥洗用的专用空间
厕所、盥洗、洗衣单元	供排便、盥洗、洗衣用的专用空间

表 6-2　　住宅卫生间采用的尺寸系列　　单位：mm

方向		尺寸系列（净尺寸）
水平方向	长向	900、1100、1200、1300、1500、1600、1800、2100、2400、2700、3000
	短向	900、1100、1200、1300、1500、1600
垂直方向	高度	≥ 2000

注　特殊情况下，表中尺寸系列允许有 ±50mm 的调整量。

6.1.4 各卫生单元平面最小净尺寸、净面积及典型平面布置形式——厕所单元

各卫生单元平面最小净尺寸、净面积及典型平面布置形式——厕所单元见表 6-3。

表 6-3　　各卫生单元平面最小净尺寸、净面积及典型平面布置形式——厕所单元

档次	平面最小净尺寸（mm）	净面积（m^2）	典型平面布置形式
一	900 × 1200（门外开）	1.08	1200 900

续表

档次	平面最小净尺寸（mm）	净面积（m^2）	典型平面布置形式
二	900 × 1500	1.35	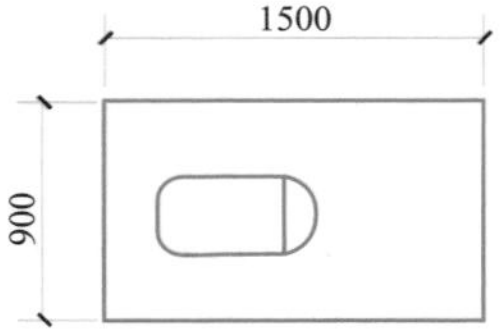 1500 900
三	900 × 1300（门外开）	1.17	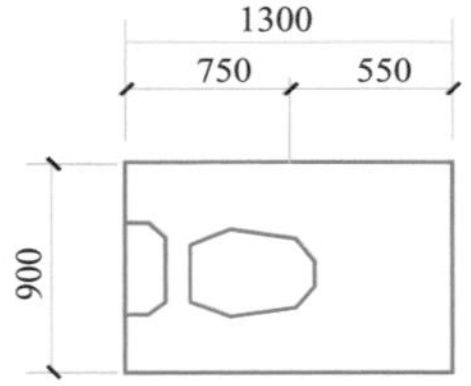 1300 750 550 900
	900 × 1500	1.35	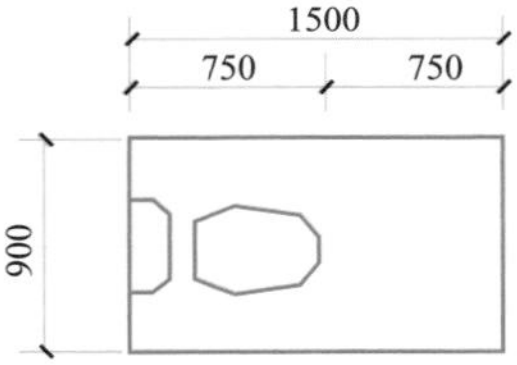 1500 750 750 900

6.1.5 各卫生单元平面最小净尺寸、净面积及典型平面布置形式——浴室单元

各卫生单元平面最小净尺寸、净面积及典型平面布置形式——浴室单元见表 6–4。

表 6–4　各卫生单元平面最小净尺寸、净面积及典型平面布置形式——浴室单元

档次	平面最小净尺寸（mm）	净面积（m^2）	典型平面布置形式
一	900 × 1200	1.08	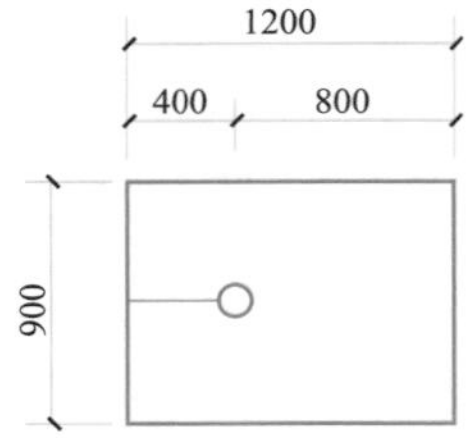 1200 400 800 900

续表

档次	平面最小净尺寸（mm）	净面积（m²）	典型平面布置形式
二	1300 × 1300（门外开）	1.69	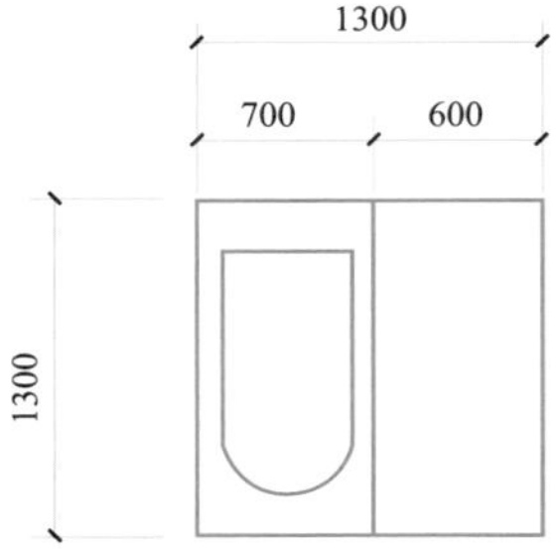
三	1600 × 1500	2.40	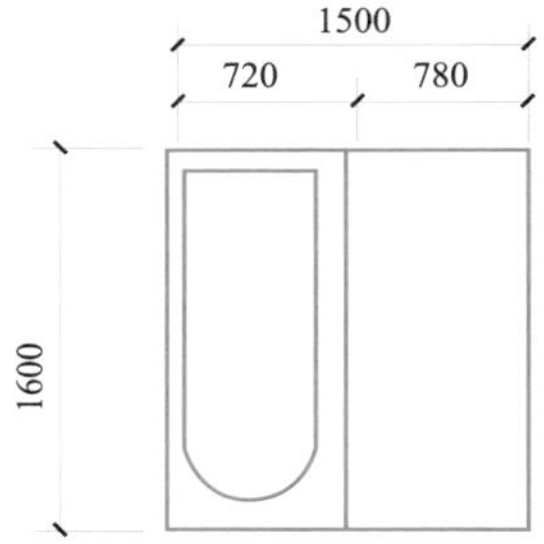

6.1.6 各卫生单元平面最小净尺寸、净面积及典型平面布置形式——盥洗单元

各卫生单元平面最小净尺寸、净面积及典型平面布置形式——盥洗单元见表 6–5。

表 6–5　各卫生单元平面最小净尺寸、净面积及典型平面布置形式——盥洗单元

档次	平面最小净尺寸（mm）	净面积（m²）	典型平面布置形式
一、二、三	900 × 1100	0.99	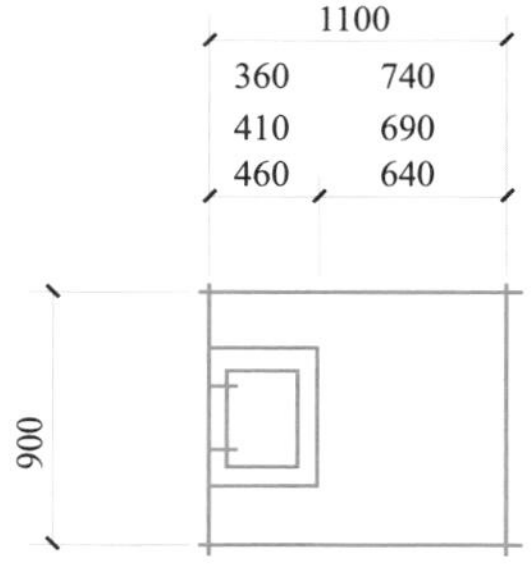

6.1.7　各卫生单元平面最小净尺寸、净面积及典型平面布置形式——洗衣单元

各卫生单元平面最小净尺寸、净面积及典型平面布置形式——洗衣单元见表 6–6。

表 6–6　各卫生单元平面最小净尺寸、净面积及典型平面布置形式——洗衣单元

档次	平面最小净尺寸（mm）	净面积（m^2）	典型平面布置形式
一、二、三	900 × 1200	1.08	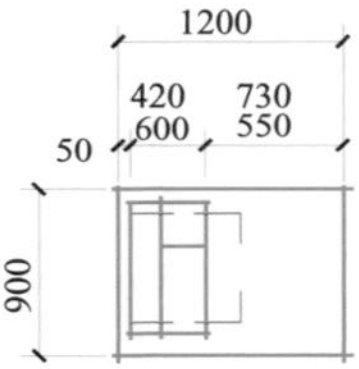

6.1.8　各卫生单元平面最小净尺寸、净面积及典型平面布置形式——厕所盥洗单元

各卫生单元平面最小净尺寸、净面积及典型平面布置形式——厕所盥洗单元见表 6–7。

表 6–7　各卫生单元平面最小净尺寸、净面积及典型平面布置形式——厕所盥洗单元

档次	平面最小净尺寸（mm）	净面积（m^2）	典型平面布置形式
一	900 × 1800（门外开）	1.62	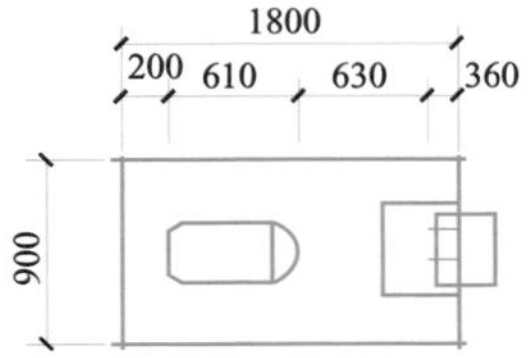
	1200 × 1500	1.80	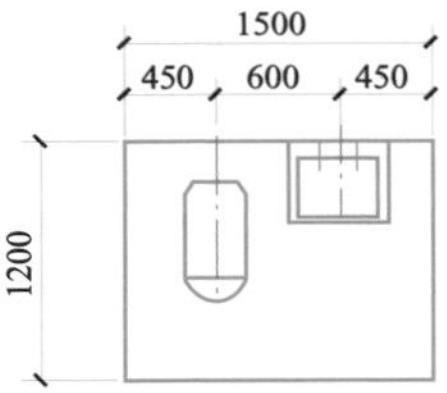

续表

档次	平面最小净尺寸（mm）	净面积（m^2）	典型平面布置形式
二	900 × 1800（门外开）	1.62	1800 750 640 590 410 460 900
三	1300 × 1500	1.95	1500 450 600 450 1300

6.1.9 各卫生单元平面最小净尺寸、净面积及典型平面布置形式——厕所、浴室单元

各卫生单元平面最小净尺寸、净面积及典型平面布置形式——厕所、浴室单元见表 6–8。

表 6–8 各卫生单元平面最小净尺寸、净面积及典型平面布置形式——厕所、浴室单元

档次	平面最小净尺寸（mm）	净面积（m^2）	典型平面布置形式
一	900 × 1600	1.44	1600 200 610 340 450 900
	1200 × 1500	1.80	1500 450 600 450 900

续表

<table>
<tr><th>档次</th><th>平面最小净尺寸（mm）</th><th>净面积（m^2）</th><th>典型平面布置形式</th></tr>
<tr><td rowspan="2">二</td><td>1300 × 1500（门外开）</td><td>1.95</td><td>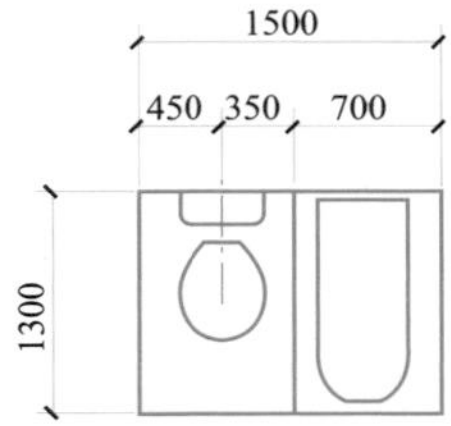
</td></tr>
<tr><td>1500 × 1500</td><td>2.25</td><td>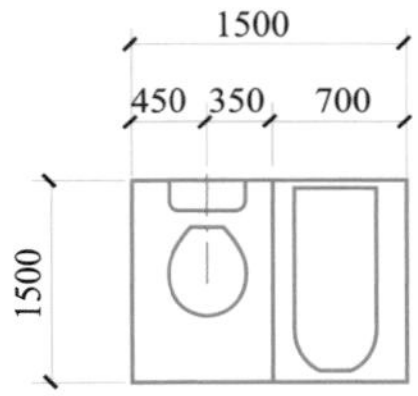
</td></tr>
<tr><td>三</td><td>1600 × 1600</td><td>2.56</td><td>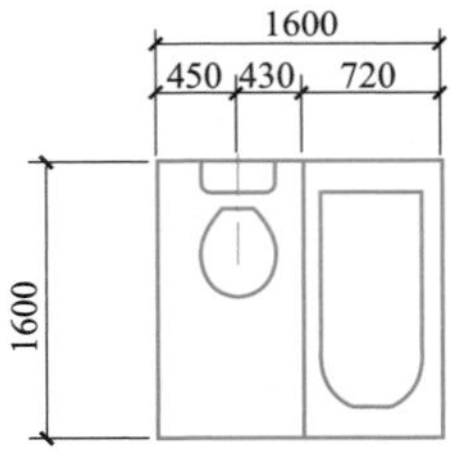
</td></tr>
</table>

6.1.10 各卫生单元平面最小净尺寸、净面积及典型平面布置形式——厕所洗衣单元

各卫生单元平面最小净尺寸、净面积及典型平面布置形式——厕所洗衣单元见表 6–9。

6.1.11 各卫生单元平面最小净尺寸、净面积及典型平面布置形式——盥洗洗衣单元

各卫生单元平面最小净尺寸、净面积及典型平面布置形式——盥洗洗衣单元见表 6–10。

表 6-9　各卫生单元平面最小净尺寸、净面积及典型平面布置形式——厕所洗衣单元

档次	平面最小净尺寸（mm）	净面积（m^2）	典型平面布置形式
一	900 × 2100	1.89	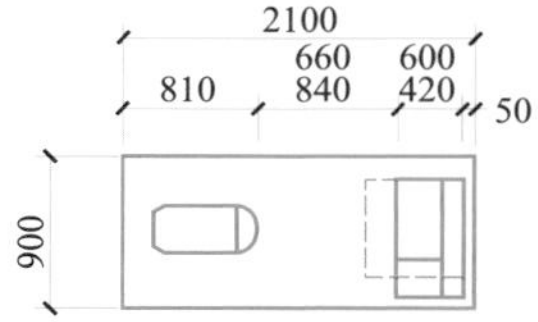
	1200 × 1500（门外开）	1.80	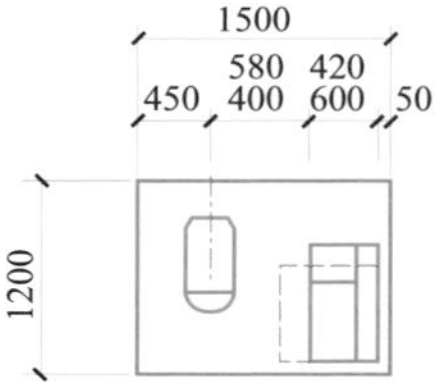
二	900 × 2100	1.89	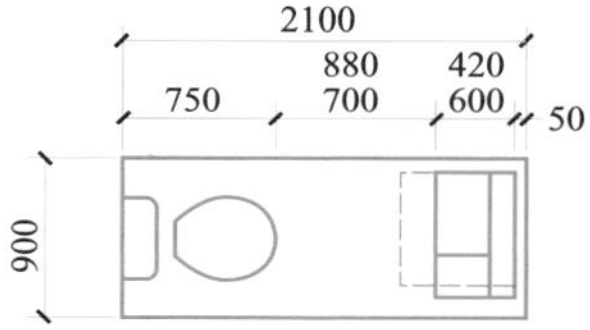
	1300 × 1500（门外开）	1.95	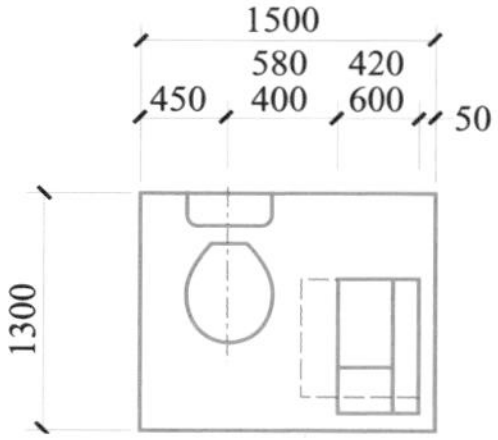

表 6-10　各卫生单元平面最小净尺寸、净面积及典型平面布置形式——盥洗洗衣单元

档次	平面最小净尺寸（mm）	净面积（m^2）	典型平面布置形式
一、二、三	900 × 1800	1.62	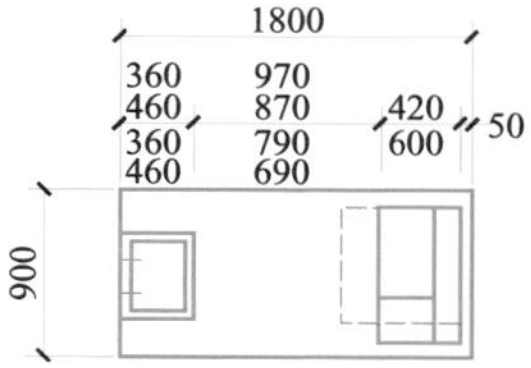

续表

档次	平面最小净尺寸（mm）	净面积（m^2）	典型平面布置形式
一、二、三	1200 × 1500	1.80	

6.1.12　各卫生单元平面最小净尺寸、净面积及典型平面布置形式——浴室盥洗单元

各卫生单元平面最小净尺寸、净面积及典型平面布置形式——浴室盥洗单元见表 6–11。

表 6–11　各卫生单元平面最小净尺寸、净面积及典型平面布置形式——浴室盥洗单元

档次	平面最小净尺寸（mm）	净面积（m^2）	典型平面布置形式
一	900 × 1500	1.35	
	1100 × 1200	1.32	
二	1300 × 1500	1.95	

续表

档次	平面最小净尺寸（mm）	净面积（m^2）	典型平面布置形式
三	1600 × 1500	2.40	1500 450 330 720 1600

6.1.13 各卫生单元平面最小净尺寸、净面积及典型平面布置形式——厕所浴室盥洗单元

各卫生单元平面最小净尺寸、净面积及典型平面布置形式——厕所浴室盥洗单元见表 6–12。

表 6–12 各卫生单元平面最小净尺寸、净面积及典型平面布置形式——厕所浴室盥洗单元

档次	平面最小净尺寸（mm）	净面积（m^2）	典型平面布置形式
一	900 × 2100	1.89	2100 810 490 440 360 900
	1200 × 1800	2.16	1800 450 350 450 140 400 1200 450
	1500 × 1500	2.26	1500 450 600 450 1500 450

续表

档次	平面最小净尺寸（mm）	净面积（m^2）	典型平面布置形式
二	1300 × 2100	2.73	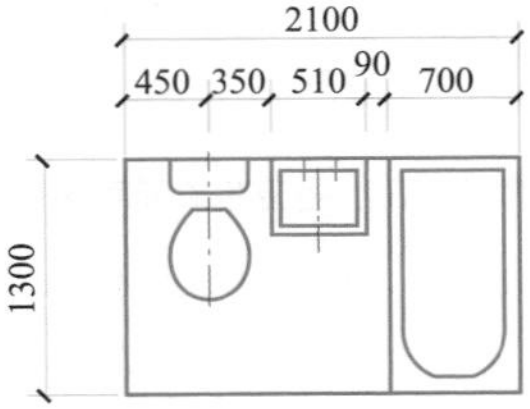 2100; 450 350 510 90 700; 1300
	1500 × 1800	2.70	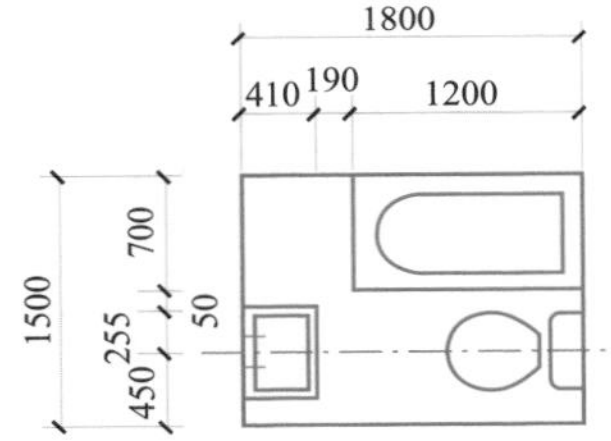 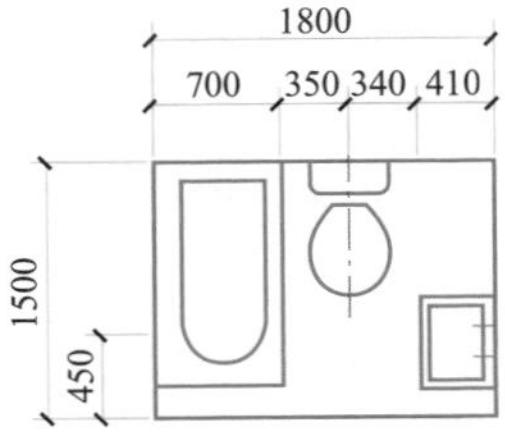 1800; 410 190 1200; 1500; 700 50 255 450 1800; 700 350 340 410; 1500; 450
三	1600 × 2100	3.36	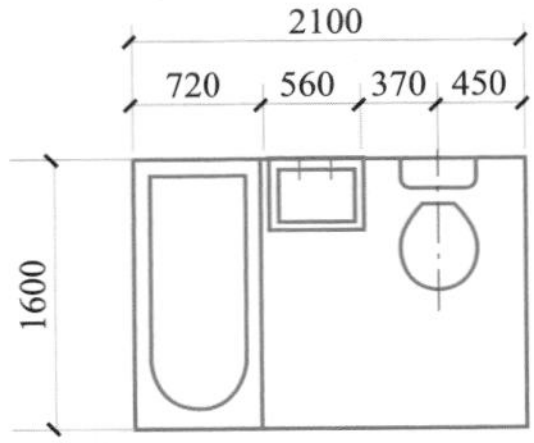 2100; 720 560 370 450; 1600
	1600 × 2100	3.36	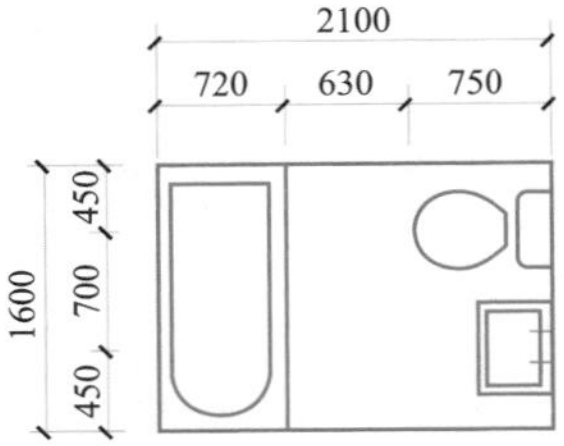 2100; 720 630 750; 1600; 450 700 450

6.1.14 各卫生单元平面最小净尺寸、净面积及典型平面布置形式——厕所盥洗洗衣单元

各卫生单元平面最小净尺寸、净面积及典型平面布置形式——厕所盥洗洗衣单元见表 6–13。

表 6–13 各卫生单元平面最小净尺寸、净面积及典型平面布置形式——厕所盥洗洗衣单元

档次	平面最小净尺寸（mm）	净面积（m^2）	典型平面布置形式
一	1200 × 2100	2.52	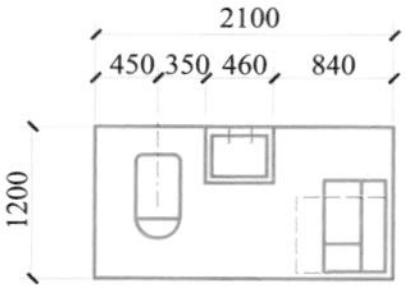 2100；450 350 460 840；1200
			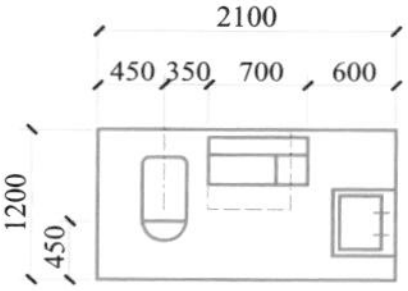 2100；450 350 700 600；1200；450
	1600 × 1600	2.56	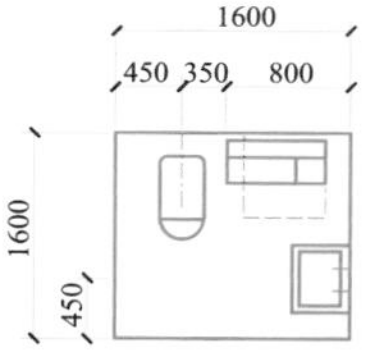 1600；450 350 800；1600；450
二	1300 × 2100	2.73	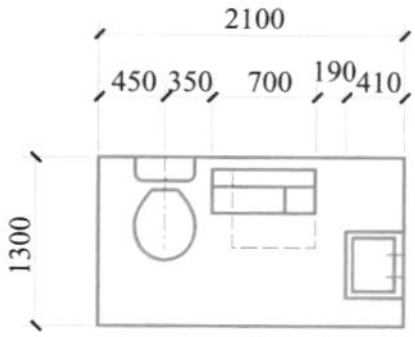 2100；450 350 700 190 410；1300
三	1300 × 2400	3.12	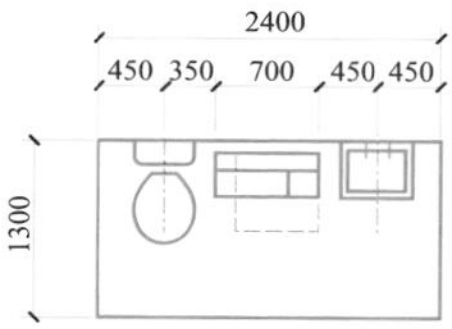 2400；450 350 700 450 450；1300

注 1. 表中所列卫生单元平面尺寸面积均包括了供水管、排水管散热器所占的尺寸面积。
2. 表中所列卫生单元平面尺寸一般也包括了排气道的尺寸、面积，少数卫生单元如设排气道尺寸。
3. 表中所列卫生单元平面尺寸面积不够时，可另设计增加排气道所占的尺寸、面积。
4. 表中所列平面布置形式均按明管计算。
5. 严寒地区凡靠外墙有外窗的卫生单元中建议设计散热器。
6. 卫生单元布置中还应设计散热器门窗的位置、门的开向与管道的关系。
7. 具有排便或洗浴功能的卫生单位（如暗设）时，应设计排气道的具体位置。

6.1.15 厕所单元功能分档设施配置

厕所单元功能分档设施配置见表 6–14。

表 6–14 厕所单元功能分档设施配置

档次	必须设置		建议设置
一	蹲便器	供水管、排水管、地漏、排气道（暗单元）、照明灯具	手纸盒、排气扇（暗单元）
二	坐便器		

6.1.16 浴室单元功能分档设施配置

浴室单元功能分档设施配置见表 6–15。

表 6–15 浴室单元功能分档设施配置

档次	必须设置		建议设置
一	沐浴器	挂衣钩、供水管、排水管、地漏、排气道（暗单元）、散热器（采暖地区）、照明灯具	肥皂盒、浴巾杆、浴扶手、隔板、排气扇（暗单元）、热水管道系统
二	小型浴盆		
三	中型浴盆		

6.1.17 盥洗单元功能分档设施配置

盥洗单元功能分档设施配置见表 6–16。

表 6–16 盥洗单元功能分档设施配置

档次	必须设置		建议设置	
一	小型洗面器	供水管、排水管、照明灯具	小型镜箱（或镜子阀板）	毛巾杆、电插座
二	中 1 型洗面器		中 1 型镜箱（或镜子阀板）	
三	中 2 型洗面器		中 2 型镜箱（或镜子阀板）	

6.1.18 洗衣单元功能分档设施配置

洗衣单元功能分档设施配置见表 6–17。

表 6–17 洗衣单元功能分档设施配置

必须设置	建议设置
洗衣机位、供水管、排水管、给水龙头、地漏、照明灯具、单相三孔电插座	—

6.1.19 厕所浴室单元功能分档设施配置

厕所浴室单元功能分档设施配置见表 6–18。

表 6-18　　　　厕所浴室单元功能分档设施配置

<table>
<tr><th>档次</th><th colspan="2">必须设置</th><th>建议设置</th></tr>
<tr><td>一</td><td>蹲便器、淋浴器</td><td rowspan="3">挂衣钩、供水管、排水管、地漏、排气道（暗单元）、散热器（采暖地区）、照明灯具</td><td rowspan="3">手纸盒、肥皂盒、浴帘杆、浴巾杆、浴扶手、隔板、排气扇（暗单元）、热水管道系统</td></tr>
<tr><td>二</td><td>坐便器、小型浴盆（或淋浴器）</td></tr>
<tr><td>三</td><td>坐便器、中型浴盆带淋浴器</td></tr>
</table>

6.1.20 厕所盥洗单元功能分档设施配置

厕所盥洗单元功能分档设施配置见表 6-19。

表 6-19　　　　厕所盥洗单元功能分档设施配置

<table>
<tr><th>档次</th><th colspan="2">必须设置</th><th colspan="2">建议设置</th></tr>
<tr><td>一</td><td>蹲便器、小型洗面器</td><td rowspan="3">供水管、排水管、地漏、排气道(暗单元)、照明灯具</td><td>小型镜箱（或镜子隔板）</td><td rowspan="3">手纸盒、毛巾杆、排气扇（暗单元）、电插座</td></tr>
<tr><td>二</td><td>坐便器、中 1 型洗面器</td><td>中 1 型镜箱（或镜子隔板）</td></tr>
<tr><td>三</td><td>坐便器、中 2 型洗面器</td><td>中 2 型镜箱（或镜子隔板）</td></tr>
</table>

6.1.21 厕所洗衣单元功能分档设施配置

厕所洗衣单元功能分档设施配置见表 6-20。

表 6-20　　　　厕所洗衣单元功能分档设施配置

<table>
<tr><th>档次</th><th colspan="2">必须设置</th><th>建议设置</th></tr>
<tr><td>一</td><td>蹲便器</td><td rowspan="2">洗衣机位、供水管、排水管、给水龙头、地漏、排气通（暗单元）、照明灯具、单相三孔电插座</td><td rowspan="2">手纸盒、排气扇（暗单元）</td></tr>
<tr><td>二</td><td>坐便器</td></tr>
</table>

6.1.22 浴室盥洗单元功能分档设施配置

浴室盥洗单元功能分档设施配置见表 6-21。

表 6-21　　　　浴室盥洗单元功能分档设施配置

<table>
<tr><th>档次</th><th colspan="2">必须设置</th><th colspan="2">建议设置</th></tr>
<tr><td>一</td><td>淋浴器小型洗面器</td><td rowspan="3">挂衣钩、供水管、排水管、地漏、排气道（暗单元）、散热器（采暖地区）、照明灯具</td><td>小型镜箱（或镜子隔板）</td><td rowspan="3">毛巾杆、浴巾杆、浴帘杆、浴扶手、隔板、排气扇（暗单元）、热水管道系统、电插座</td></tr>
<tr><td>二</td><td>小型浴盆
中 1 型洗面器</td><td>中 1 型镜箱(或镜子隔板)</td></tr>
<tr><td>三</td><td>中型浴盆
中 2 型洗面器</td><td>中 2 型镜箱(或镜子隔板)</td></tr>
</table>

6.1.23 盥洗洗衣单元功能分档设施配置

盥洗洗衣单元功能分档设施配置见表 6–22。

表 6–22 盥洗洗衣单元功能分档设施配置

<table>
<tr><th>档次</th><th colspan="2">必须设置</th><th colspan="2">建议设置</th></tr>
<tr><td>一</td><td>小型洗面器</td><td rowspan="3">洗衣机位、供水管、排水管、给水龙头、地漏、照明灯具、单相三孔电插座</td><td>小型镜箱（或镜子阁板）</td><td rowspan="3">毛巾杆、电插座</td></tr>
<tr><td>二</td><td>中 1 型洗面器</td><td>中 1 型镜箱（或镜子阁板）</td></tr>
<tr><td>三</td><td>中 2 型洗面器</td><td>中 2 型镜箱（或镜子阁板）</td></tr>
</table>

6.1.24 厕所浴室盥洗单元功能分档设施配置

厕所浴室盥洗单元功能分档设施配置见表 6–23。

表 6–23 厕所浴室盥洗单元功能分档设施配置

<table>
<tr><th>档次</th><th colspan="2">必须设置</th><th colspan="2">建议设置</th></tr>
<tr><td>一</td><td>蹲便器、淋浴器、小型洗面器</td><td rowspan="3">供水管、排水管、地漏、排气道（暗单元）、散热器（采暖地区）。照明灯具</td><td>小型镜箱（或镜子阁板）</td><td rowspan="3">手纸盒、毛巾杆、浴巾杆、浴帘杆、浴扶手、挂衣钩、排气扇（暗单元）、电插座</td></tr>
<tr><td>二</td><td>坐便器、小型浴盆、中 1 型洗面器</td><td>中 1 型镜箱（或镜子阁板）</td></tr>
<tr><td>三</td><td>坐便器、中型浴盆带淋浴器、中 2 型洗面器</td><td>中 2 型镜箱（或镜子阁板）</td></tr>
</table>

6.1.25 厕所盥洗洗衣单元功能分档设施配置

厕所盥洗洗衣单元功能分档设施配置见表 6–24。

表 6–24 厕所盥洗洗衣单元功能分档设施配置

<table>
<tr><th>档次</th><th colspan="2">必须设置</th><th colspan="2">建议设置</th></tr>
<tr><td>一</td><td>蹲便器、小型洗面器</td><td rowspan="3">洗衣机位、供水管、排水管、给水龙头、地漏、排气道（暗单元）、照明灯具、单相三孔电插座</td><td>小型镜箱（或镜子阁板）</td><td rowspan="3">手纸盒、毛巾杆、排气管（暗单元）、电插座</td></tr>
<tr><td>二</td><td>坐便器、中 1 型洗面器</td><td>中 1 型镜箱（或镜子阁板）</td></tr>
<tr><td>三</td><td>坐便器、中 2 型洗面器</td><td>中 2 型镜箱（或镜子阁板）</td></tr>
</table>

6.1.26 设施距墙与相互间尺寸关系

设施距墙与相互间尺寸关系见表 6–25。

表 6–25 设施距墙与相互间尺寸关系

名称	设施距墙与相互间尺寸关系
蹲便器	中心距侧墙有竖管大于或等于 450mm；无竖管大于或等于 400mm。 中心距侧面器具大于或等于 350mm。 后边距墙大于或等于 200mm。 前边距墙距器具大于或等于 400mm
坐便器	中心距侧墙有竖管大于或等于 450mm；无竖管大于或等于 400mm。 中心距侧面器具大于或等于 350mm。 前边距墙大于或等于 550mm；距器具大于或等于 500mm
淋浴器	喷头中心距墙大于或等于 450mm。 喷头中心与器具水平距离大于或等于 350mm
浴盆	人体进出面一边距墙大于或等于 600mm
洗面器	中心距侧墙大于或等于 450mm。 侧边距一般器具大于或等于 100mm。 与浴盆可重叠 50mm。 前边距墙、距器具大于或等于 600mm
洗衣机	后面距墙大于或等于 50mm。 侧面距墙大于或等于 100mm。 前面距墙距器具大于或等于 500mm
供水管	供水管外壁距墙大于或等于 20mm
排水管	排水管外壁一边距墙 80mm。 一边距墙大于或等于 50mm

6.2 供水与排水

6.2.1 生活用水定额与小时变化系数

生活用水定额与小时变化系数见表 6–26。

表 6–26 生活用水定额与小时变化系数

住宅差别	卫生器具设置标准	单位	生活用水定额（最高日）（L）	小时变化系数
普通住宅	有大便器、洗涤盆、无淋浴设备	每人每日	85~150	3.0~2.5
	有大便器、洗涤盆和淋浴设备		130~220	2.8~2.3
	有大便器、洗涤盆、淋浴设备和热水供应		170~300	2.5~2.0
高级住宅和别墅	有大便器、洗涤盆、淋浴设备和热水供应		300~400	2.3~1.8

6.2.2 供水系统

供水系统的类型如图 6–3 所示。

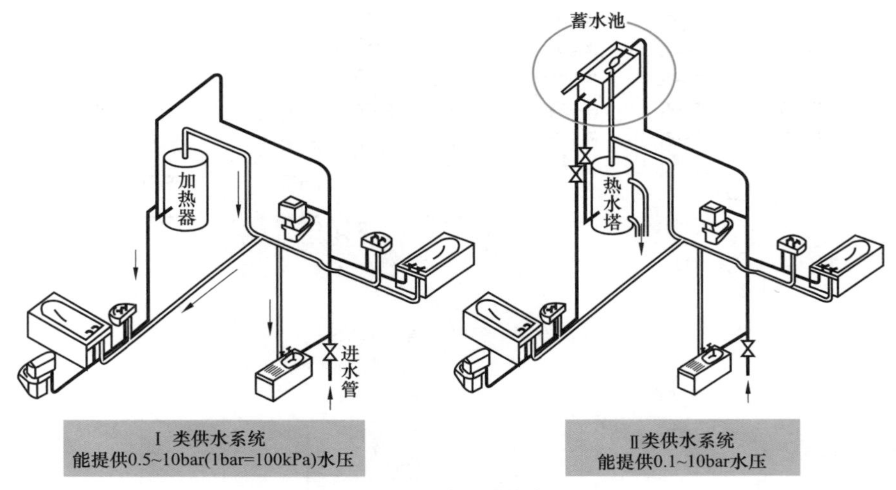

图 6–3 供水系统的类型

6.2.3 直接给水方式

直接给水方式如图 6–4 所示。

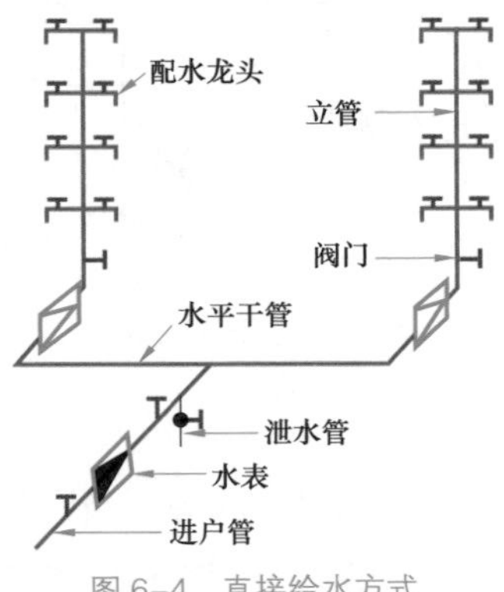

图 6–4 直接给水方式

6.2.4 单设水箱供水方式

单设水箱供水方式如图 6–5 所示。

6.2.5 水泵给水方式

若室外管网压力经常不满足要求，则可以设计采用水泵给水方式。水泵给水方式如图 6–6 所示。

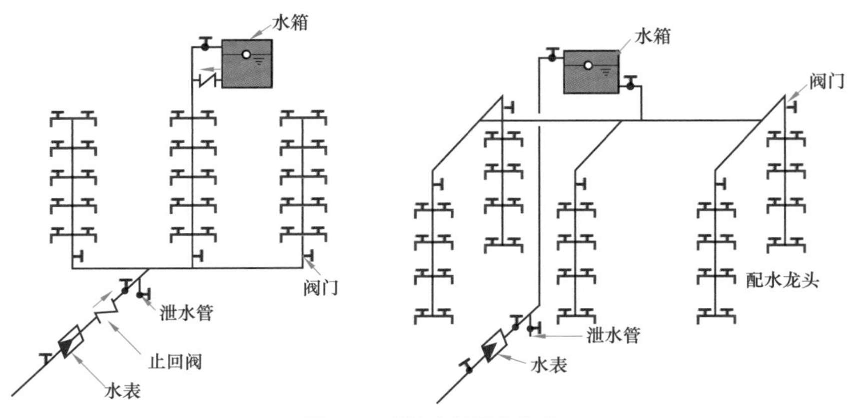

图 6-5 单设水箱供水方式

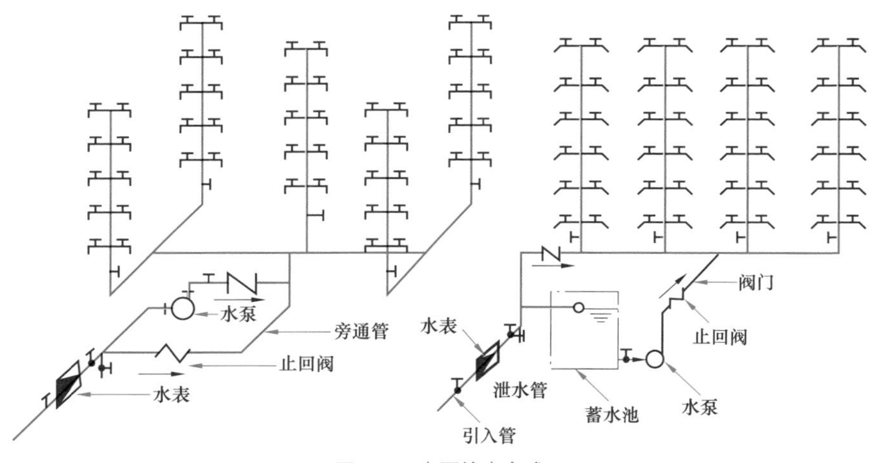

图 6-6 水泵给水方式

6.2.6 高层建筑水压

高层建筑对消防给水的安全可靠性能要求严格，因此，高层建筑一般独立设计了生活给水系统、消防给水系统。高层建筑，如果只设计一个给水系统供水，建筑低层的配水点所受的静水压力很大，易产生水锤，损坏管道、附件，并且流速过大产生水流噪声。

卫生器具的最大静水压力一般设计不得超过 0.35MPa。因此，高层建筑给水系统设计分区。

市政给水管网提供常年的水压一般为 0.3MPa。根据给水最小所需压力进行估算：第一层水压一般为 0.10MPa；第二层水压一般为 0.12MPa；二层以上每增加一层压力需增加 0.04MPa。一般 0.30MPa 的压力，能够直接供到第 6 层还多 0.02MPa。

因此，1~6 层可以设计为一个区，并且 1~6 层可以设计直接用市政管网直接供水。采用低区市政管网直接供水，可以消除低区供水依赖减压阀来降低静水压力的现象。

高层建筑水压分区图例如图 6-7 所示。

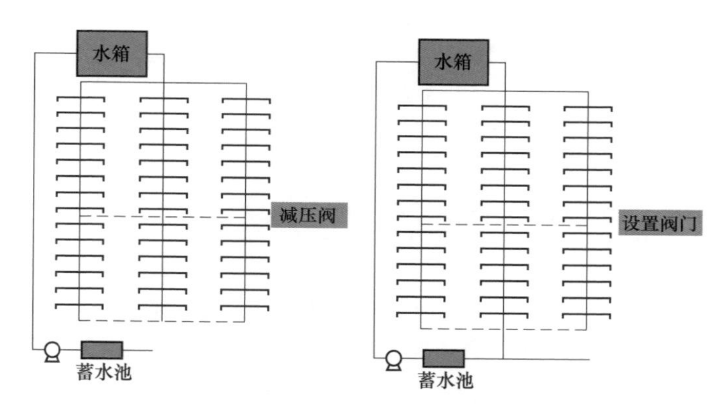

图 6-7　高层建筑水压分区图例

6.2.7　室内给水系统所需水压估算

室内给水系统所需水压估算如图 6-8 所示。

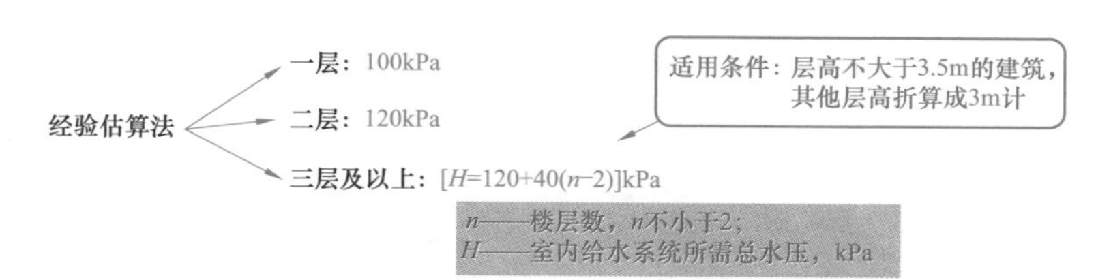

图 6-8　室内给水系统所需水压估算

6.2.8　管道流速计算

管道流速公式为

$$v=\frac{4Q}{\pi D^2}$$

式中　v——管道流速，m/s；

Q——管段流量，L/s；

D——管道的计算内径，m。

6.2.9 沿程水头损失

沿程水头损失计算公式为

$$h=i \cdot L$$

式中 h——沿程水头损失，kPa；

L——管段长度，m；

i——每米管道的水头损失，kPa/m。

6.2.10 管件局部水头损失

管件局部水头损失 h 的计算为

$$h=K \cdot v^2/2g$$

式中 h——局部水头损失，m；

v——水流速度，m/s；

g——重力加速度，9.8m/s^2；

K——管件的摩阻系数，具体见表 6–27。

表 6–27 管件的摩阻系数

管材类型	K 值	管件类型	K 值
90° 弯头	1.00	闸阀：开	0.12
45° 弯头	0.4	闸阀：1/4 关闭	1.00
22.5° 弯头	0.2	闸阀：1/2 关闭	6.00
90° 正三通（主流管方向）	0.35	闸阀：3/4 关闭	24.00
90° 正三通（非主流管方向）	1.20	蝶阀：(开)	0.30

6.2.11 温度对压力的折减系数

公称压力 P_N 是指管材输送 20℃水的最大工作压力。当输水温度不同时，需要根据表 6–28 给出的不同温度对压力的折减系数 f_t 修正工作压力。

用折减系数乘以公称压力得到最大允许工作压力。

表 6–28 温度对压力的折减系数

温度（℃）	折减系数 f_t
$0<t \leqslant 25$	1
$25<t \leqslant 35$	0.8
$35<t \leqslant 45$	0.63

根据温度对压力的折减系数可知，压力随着温度升高而降低。因此，在设计选择管材规格时，需要根据管材实际工作环境温度进行设计选择。

6.3 潜水泵的选择

6.3.1 潜水泵扬程的计算

（1）水泵的总扬程估计公式为

水泵的总扬程 = 地形扬程 + 阻力扬程 + 设备扬程

式中 地形扬程——地形的高差引起的压力；

阻力扬程——水管道中的阻力引起的压力；

设备扬程——水管道末端额外要求的压力。

吸水扬程也就是水泵把井水从吸水底阀经吸水管抽上来，到水泵的进水口时的这一段抽升高程，则

吸水扬程 = 吸水地形扬程 + 吸水阻力扬程

（2）潜水泵实际需要扬程。选择水泵时，水泵本身额定扬程已经由厂家提供，一般泵的铭牌上有标志，无需使用者计算。实际需要的扬程，可以根据水泵与其配套的管道系统通过额定流量时所需要的扬程来确定。

实际需要的扬程等于水泵的提水高度（也叫静扬程）加上管路中的总水头损失（包括局部水头损失、沿程水头损失）。

水泵实际需要的扬程计算公式为

$$H=h+h_j+h_f$$

式中 H——实际需要的扬程；

h——静扬程；

h_j——局部水头损失；

h_f——沿程水头损失。

6.3.2 无塔供水深井泵的选配

深井泵属于潜水电泵，简称潜水泵。设计选择深井泵时，需要考虑井深、一个小时的需水量、井口距离实际地方长度、井口直径、静水位距离、深井泵放到井下面距离、井口到实际地点的距离是平行距离还是有坡度等。

选择无塔供水深井泵，要先确定深井泵的直径，再计算深井泵的流量，然后计算深井泵的扬程，最后根据水质选择相应材质的深井泵。

【案例】一个需要安装无塔供水深井泵的井井深为 300m，井口直径为 300mm，静水位距离地面 50m，深井泵放到井下 280m 位置处，井口距离实际水箱 1000m，是平行距离，水箱容量 1000m^3，5h 打满水，应怎样选择深井泵?

【分析与计算】首先得确定深井泵的直径，必须要在 300mm 以下，因为井口直径为 300mm，不然放不下去。再计算深井泵的流量：

水箱容量 1000m^3，5h 打满，则深井泵的流量不能低于 200m^3/h，也就是

$1000m^3 \div 5h = 200m/h^3$。

然后计算深井泵的扬程：水泵放在井下 280m 的位置，井深 300m，则水泵的扬程到地面就是 280m。

井口距离水箱有 1000m 的平行距离，则根据 1000m 的平行距离差不多 50m 的垂直扬程。如果中间有弯头，则可以选择 100m 实际扬程。

则深井泵的所需扬程为

$$280m+100m=380m$$

最后，根据泵的直径、流量、扬程选择深井泵的型号即可。

6.3.3 水泵电动机功率与扬程流量的关系

水泵电动机功率计算公式为

$$\text{功率} = \text{力} \times \text{速度}$$

$$P=F \times v$$

式中 F——力，N；

v——速度，m/s。

经验公式为

$$\text{水泵功率} \times 0.6 = \text{水泵质量流量} \times \text{水泵扬程} \times \text{重力加速度}$$

$$0.6 \times P=Q_{\text{质}} \times H \times g$$

$$\text{功率} \times 0.6 = \text{流量} \times \text{扬程} \times 9.8$$

$$0.6 \times 1.713 \times U \times I \times \cos\varphi=Q_{\text{体}} \times \rho_{\text{密}} \times H \times g$$

式中 P——电动机功率，N·m/s；

$Q_{\text{质}}$——水泵质量流量，kg/s；

H——水泵扬程，m；

g——重力加速度，$9.8m/s^2$；

U——电动机电压，V；

I——电动机电流，A；

$\cos\varphi$——电动机功率因数；

$Q_{\text{体}}$——水泵体积流量，L/s；

$\rho_{\text{密}}$——水的密度，kg/L。

如果流量用 m^3/h 为单位，则经验公式为

$$\text{功率} = (\text{流量} \times \text{扬程} \times 9.8) / (3600 \times 0.6)$$

$$\text{功率} = \text{流量} \times \text{扬程} \times 0.0045$$

6.3.4 燃气热水器水泵的选配

燃气热水器上一般标明适用水压 0.02~1.0MPa。也就是水压在 0.02~1.0MPa，燃气热水器能正常工作。

0.02MPa 的水压，大约相当于 2m 高的水位差。

1.0MPa 的水压，大约相当于 10^3m 高的水位差。

如果为燃气热水器选配水泵，则水泵的扬程就是不小于热水器到水源水面的高度再加上 2m。

燃气热水器上一般都有水压联动装置，当水压在要求的范围内（如 0.02~1.0 MPa）时，联动装置才可以靠地动作。如果水压过低，则不能打开气阀，无法完成点火。水压过高，燃气热水器水箱会承受不了压力而把水箱涨破。不过，热水器一般不用担心水压过大。因为，很多热水器设计了泄压阀或者泄压装置。因此，对于燃气热水器最低水压的需要，设计时反而需要更多关注一些。

6.4 管道与流速

6.4.1 管道内流速常用值

管道内流速常用值见表 6-29。

表 6-29　　管道内流速常用值

流体种类	应用场合	管道种类	平均流速	说明
水	一般给水	主压力管道	2~3	
水	一般给水	低压管道	0.5~1	
水	泵进口		0.5~2.0	
水	泵出口		1.0~3.0	
水	工业用水	离心泵压力管	3~4	
水	工业用水	离心泵吸水管	DN250　1~2	
水	工业用水	离心泵吸水管	DN250　1.5~2.5	
水	工业用水	往复泵压力管	1.5~2	
水	工业用水	往复泵吸水管	<1	
水	工业用水	给水总管	1.5~3	
水	工业用水	排水管	0.5~1.0	
水	冷却	冷水管	1.5~2.5	
水	冷却	热水管	1~1.5	
水	凝结	凝结水泵吸水管	0.5~1	
水	凝结	凝结水泵出水管	1~2	
水	凝结	自流凝结水管	0.1~0.3	
气体	低压		10~20	
气体	高压		8~15	20~30MPa
气体	排气	烟道	2~7	

续表

流体种类	应用场合	管道种类	平均流速	说明
压缩空气	压气机	压气机进气管	–10	
		压气机输气管	–20	
	一般情况	DN<50	<8	
		DN>70	<15	
饱和蒸汽	锅炉、汽轮机	DN<100	15~30	
		DN=100~200	25~35	
		DN>200	30~40	
过热蒸汽	锅炉、汽轮机	DN<100	20~40	
		DN=100~200	30~50	
		DN>200	40~60	

6.4.2 平均经济流速

经济流速是指在设计供水管道的管径时，使供水的总成本最低的流速。管材的选择一般设计采用经济流速法，根据不同管材确定适宜的流速、管径。

经济流速一般受管材价格、使用年限、施工费用、动力价格等因素影响。如果管材价格低、动力价格高，则经济流速设计小值；反之，则设计选取大值。

给水工程平均经济流速见表 6–30。

表 6–30　　给水工程平均经济流速

管径（mm）	平均经济流速 (m/s)
100~400	0.6~0.9
⩾ 400	0.9~1.4

一般大管径可取较大的平均经济流速，小管径可取较小的平均经济流速。

6.4.3 给水管道设计秒流量

给水管道设计秒流量，计算公式为

$$q_g=0.2\alpha\sqrt{N_g}+kN_g$$

式中　q_g——计算管段的给水设计秒流量；

N_g——计算管段的卫生器具给水当量总数；

α、k——根据建筑物性质而确定的系数，参考表 6–31。

使用上述公式时，需要注意以下几点：

（1）有大便器延时自闭冲洗阀的给水管段，大便器延时自闭冲洗阀的给水当

表 6-31 根据建筑物用途而定的系数值

建筑物名称		α 值	k 值
普通住宅	有大便器、洗涤盆和无淋浴设备	1.05	0.0050
	有大便器、洗涤盆和淋浴设备	1.02	0.0045
	有大便器、洗涤盆、淋浴设备和热水供应	1.1	0.0050
高级住宅和别墅		1.1	0.0050
幼儿园、托儿所		1.2	0
门诊部、诊疗所		1.4	
办公楼、商场		1.5	
学校		1.8	
医院、疗养院、休养所		2.0	
集体宿舍、旅馆、招待所、宾馆		2.5	
部队营房		3.0	

量设计均以 0.5 计，计算得到的 q_g 附加 1.10L/s 的流量后作为该管段的给水设计秒流量。

（2）当计算值大于该管段上按卫生器具给水额定流量累加所得流量值时，设计应采用卫生器具给水额定流量累加所得流量值。

（3）当计算值小于该管段上一个最大卫生器具给水额定流量时，设计应采用一个最大卫生器具给水额定流量作为设计秒流量。

6.4.4 给水当量

卫生器具当量是以某一卫生器具流量值为基数，其他卫生器具的流量值与其的比值。

1 个给水当量：一般是将管径为 15mm，流量为 0.2L/s 作为一个给水当量值。

1 个排水当量：一般是将管径为 50mm，排水流量 0.33L/s 作为一个排水当量值。

1 个排水当量大约为 1 个给水当量的 1.65 倍。

6.5 管道压力设计

管道压力设计，一般需已知的条件：流量，单位为 m^3/h；管线长度，单位为 m；管线落差；管件局部水头损失等。

管材压力计算公式为

$$h_f=f\times(Q^{1.77}/d^{4.77})\times L+\text{落差损失}+\text{管件局部水头损失}$$

式中 h_f——水头损失，指水泵将一定量的水输送到目的地所损失的压力。折合为高度，m；

f——常数 1.01×10^5；

Q——流量，m^3/h；

d——内径，mm；

L——管线长度，m。

【案例】 某管材规格为 PVCϕ110 ×2.2×6m（0.8MPa）。供水条件：从低向高处供水，落差 30m，要求供水量 $50m^3/h$，管线长度 2km。试压时是否产生爆管？该种规格的管材能否符合使用要求？

【分析与解答】 根据管材压力计算公式，有

$$h_f=f\times(Q^{1.77}/d^{4.77})\times L+\text{落差损失}$$
$$=1.01\times10^5\times(50^{1.77}/105^{4.77})\times2000+30$$
$$\approx1.01\times10^5\times(1016.663/4375956101)\times2000+30$$
$$\approx46.9+30$$
$$\approx76.9\ (m)$$
$$\approx0.77\ (MPa)$$

计算得出实际工作压力为 0.77 MPa，选择管材的压力为 0.8 MPa，因此，试压时不会产生爆管。

6.6 排水系统

6.6.1 排水系统的类型

排水系统，可以分为合流制、分流制。合流制就是指粪便污水与生活废水，生产污水与生产废水在建筑物内部分开用管道排到室外。分流制就是指粪便污水与生活废水，生产污水与生产废水在建筑物内部混合用同一根管道排到室外。

排水系统采用分流制或合流制，要根据污水性质、污染程度、结合室外排水制度、有利于综合利用与处理要求等来设计确定。

室外为合流制，而生活污水必须经过局部处理（化粪池）后才能排入室外合流制下水道，有条件将生活废水与生活污水分别设置管道采用分流制排出。

排水系统的类型图例如图 6–9 所示。

6.6.2 室内排水系统的分类

室内排水系统的分类如图 6–10 所示。

6.6.3 室内外排水系统的组成

室内外排水系统的组成如图 6–11 所示。

6.6.4 污水横管的直线管段上检查口或清扫口间的最大距离

污水横管的直线管段上检查口或清扫口间的最大距离见表 6–32。

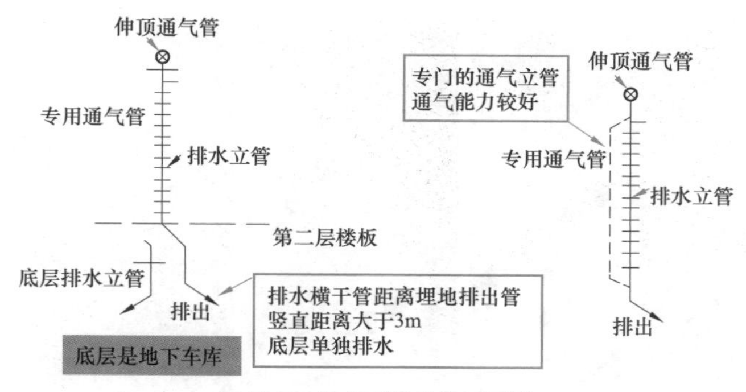

图 6-9　排水系统的类型图例

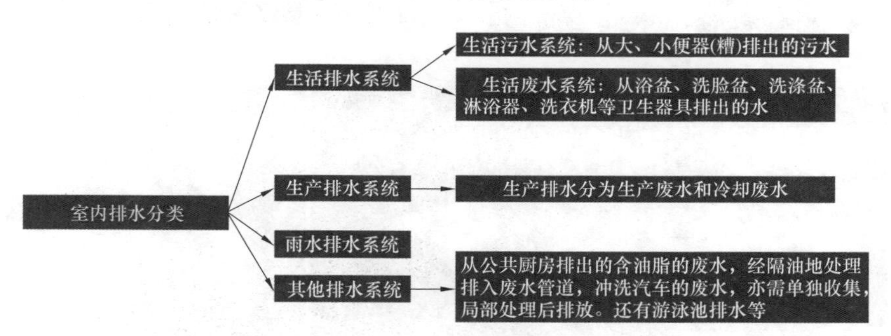

图 6-10　室内排水系统的分类

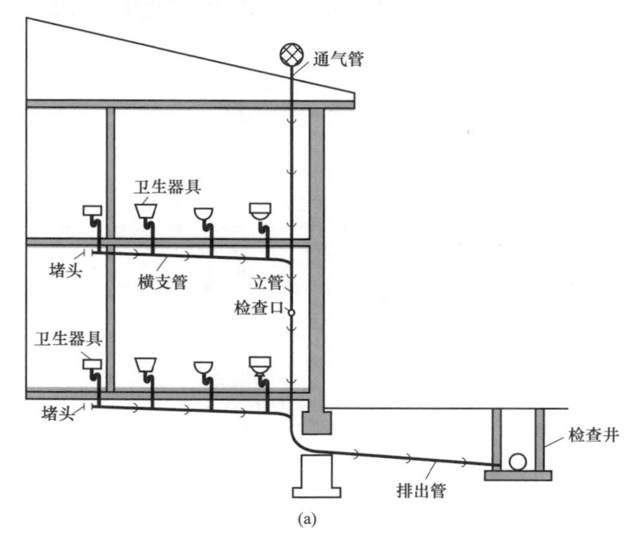

图 6-11　室内外排水系统的组成（一）
(a) 结构图

(b)

(c)

图 6-11　室内外排水系统的组成（二）
（b）阳台排水；（c）排水管

表 6-32　　污水横管的直线管段上检查口或清扫口间的最大距离

管道管径（mm）	清扫设备种类	距离（m）		
		生产废水	生活废水及生活污水成分接近的生产污水	含有大量悬浮物和沉淀物的生产污水
50~75	检查口	15	12	10
	清扫口	10	8	6
100~150	检查口	20	15	12
	清扫口	15	10	8
200	检查口	25	20	15

6.6.5　横支管的敷设

横支管可以设置在底层或埋设在地下，在楼层可以沿墙明装在地板上或是悬吊在楼板下。

当建筑有较高要求时，可采用暗装，将管道敷设在吊顶内，但是必须考虑要便于安装和检修。

架空或悬吊横管不得敷设在有特殊卫生要求的食品、通风小室、变配电间内，并且尽量避免管道结露、溺水而影响室内卫生与工作的正常进行。

架空管道的布置需要考虑建筑艺术、美观的要求，尽量避免通过大门、控制室等。

横管不得设计穿越沉降缝、烟道、风道，以及应设计避免穿越伸缩缝。当必须穿越时，需要设计采取相应的技术措施。

横支管不宜过长，以免落差太大，一般不得超过 10m，并且尽量少设计转弯，以避免阻塞。

最低排水横支管与立管连接处距排水立管管底垂直距离，不得小于表 6–33 的规定。排水支管连接在排出管或排水横干管上时，连接点距立管底部水平距离不宜小于 3.0m。

表 6–33　最低排水横支管与立管连接处距排水立管管底垂直距离

立管链接卫生器具的层数（层）	垂直距离（m）
≤ 4	0.45
5~6	0.75
7~19	3.00
≥ 20	6.00

6.6.6　污水立管的敷设

立管是接纳悬吊管或雨水斗流来的水流。污水立管一般敷设于靠近最脏、杂质最多的排水点处，一般在墙角、柱角沿墙、沿柱设置。设计时，避免穿越卧室和其他对卫生和环境安静要求较高的房间。

生活污水立管应避免设计靠近与卧室相邻的内墙。

立管的管径不得小于与其连接的悬吊管的管径。

现浇楼板可以预先设套管。

立管一般布置在墙角明装，无冻害地区也可以布置在墙外。建筑有较高要求时，可以在管槽或管井内设暗装。暗装时，需考虑检修的方便，并且检查口处需要设置检修门。

立管需要穿越楼层时，设计预留的孔洞尺寸一般较通过的管径大 50~100mm，具体可以参照表 6-34 来确定。另外，还需要在通过的立管外加设一段套管。

表 6-34　立管需要穿越楼层时设计预留的孔洞尺寸

管径（mm）	50	75~100	125~150	200~300
孔洞尺寸（mm × mm）	150 × 150	200 × 200	300 × 300	400 × 400

6.6.7　排出管位置的设计

排出管是将立管雨水引入检查井的一段埋地管。排出管可以设计埋在底层或悬吊在地下室的顶板下面。排出管的长度取决于室外排水检查井的位置。排出管管径不得小于立管的管径。

排出管自立管或清扫口到室外检查井中心的最大长度见表 6-35。

表 6-35　排出管自立管或清扫口到室外检查井中心的最大长度

排出管管径	50	75	100	>100
排出管最大长度（m）	10	12	15	20

排出管与立管的连接，一般设计采用 45° 弯头连接。排出管穿越承重墙时，要设计预留洞或预埋穿墙套管。管顶要设计留有作为沉降的空间。

排出管要根据土壤冰冻线深度、受压情况设计确定覆土深度。

当排出管穿越地下室墙壁时，一般需要设计有防水措施。当排出管穿越基础墙时，要设计预留洞，洞口尺寸需要保证建筑物沉陷时不压坏管道。一般情况下，宜设计不小于 150m 的净空。

排出管穿基础留洞尺寸见表 6-36。

表 6-36　排出管穿基础留洞尺寸

管径（mm）	50~75	⩾ 100
预留孔洞尺寸（宽 × 高）（mm × mm）	300 × 300	（d+300）×（d+200）

6.6.8　连接管

连接管是为承接雨水斗流来的雨水，以及将其引入悬吊管的一段短管。连接管的管径不得设计小于雨水斗短管的管径。

设计时，注意连接管需要牢固地固定在建筑物的承重结构上。

6.6.9 悬吊管

悬吊管是承接连接管流来的雨水，以及将它引入立管的一段管。悬吊管根据连接雨水斗的数量，可以分为单斗悬吊管、多斗悬吊管。连接两个及以上雨水斗的，多为多斗悬吊管。

设计时，注意悬吊管需要有不小于 0.003 的管坡，并且设计坡向立管。

6.6.10 埋地管

埋地管是接纳各立管流来的雨水，其一般敷设在室内地下，以及将雨水引到室外的雨水管道。

埋地管最小管径不得小于 200mm，最大管径不宜大于 600mm。埋地管不得穿越设备基础、可能受水发生危害的构筑物。

埋地管坡度应设计不小于 0.003。

6.6.11 排水水泵进出水管流速

水泵吸水管设计流速一般为 0.7~1.5m/s。

水泵出水管流速一般为 0.8~2.5m/s。

6.6.12 排水管流速

排水管渠的最小设计流速，一般符合下列规定：

（1）污水管道在设计充满度下，一般为 0.6m/s。

（2）雨水管道与合流管道在满流时，一般为 0.75m/s。

（3）明渠一般为 0.4m/s。

排水管道的最大设计流速，一般符合下列规定：

（1）金属管道为 10.0m/s。

（2）非金属管道为 5.0m/s（非压力流）。

（3）排水管道采用压力流时，压力管道的设计流速一般采用 0.7~2.0m/s。

6.6.13 住宅卫浴排水流量要求

住宅卫浴排水流量要求见表 6–37。

表 6–37　　住宅卫浴排水流量要求

排水口规格 ϕ（mm）	用于卫生洁具排水的配件流量（L/s）	用于地面排水的配件流量（L/s）
ϕ<10	≥ 0.45	≥ 0.16
10<ϕ<50	≥ 0.6	≥ 0.3
50<ϕ<70	≥ 1.0	≥ 0.4
75<ϕ<100		≥ 0.5

6.7 家装水路设计安装

6.7.1 总体要求

（1）用水器具的设置，需要以排水通畅，对橱柜功能影响最小为原则。

（2）厨房用水器具下部一般需要设计存水弯，并且不宜设计采用软管连接。

（3）厨房用水器具排水点距公共管井排水立管的水平距离，一般不宜设计小于1000mm，不应设计大于1500mm。

（4）厨房的用水器具排水点一般与厨房橱柜的设计有关，装修设计中容易与排水支管的接入点产生不协调的问题，从而难以安装排水管线，影响橱柜下部储藏功能等。

（5）当卫生间面积条件允许时，便溺、盥洗、洗浴三功能可以分离设计设置。

（6）卫生间如果有单独设置淋浴区，则淋浴区地漏宜设计在花洒下部，并且靠近排水立管处。

（7）卫生间排水管，可以设计采用带有内部螺旋降噪构造的铸钢排水管或聚氯乙烯芯层发泡管（PSP管）。

（8）用水器具排水点距支管排水接入点横向距离，一般不宜设计大于100mm。

（9）安装在吊顶内的热水给水管、冷水给水管，或者明露的热水给水管、冷水给水管，一般设计采取相应的保温措施或防结露措施。

（10）如果吊顶与管道井中设置了给排水管线，则在适宜的位置设计设置成品检修口。

（11）地漏应设计在易溅水的卫生器具附近，并且设计靠近竖向管井，以及设计与洗脸盆等器具合用横向排水管线。

（12）地漏设置一般需要避开家具、门、设备设施等，以及设计在易于清洁的部位。

（13）冷热水管铺设、安装，要遵守左热右冷的原则。

（14）给水管施工时，尽量减少接头的出现。

（15）给水管施工时，尽量减少卫生间墙面离地面5cm高度打孔。

（16）给水管施工时，尽量不走地面、尽量避免墙面横向槽。

（17）当洗衣机下水、拖把池下水、地漏用同一下水管时，两个地漏的高度要设计略微低于原地漏下水3~5mm。

（18）水路预埋弯头高度设计一致，允许误差不得大于2mm。

（19）如果冷热水管同时出现（如花洒、洗菜盆、面盆等给水管），则弯头间距设计在15~18cm，高度要统一，误差不得超出2mm。

（20）冷热水管弯头凸出墙面，一般控制在16~17mm，弯头不得凸出墙面。

（21）冷热水管弯头缩入墙面，一般不得超过2mm。

（22）所有给水管在设计铺设时，管壁与墙面间距要控制在 8~10mm。

（23）不同平面，水管与电路、燃气管平行铺设时，间距要设计不小于 50mm。

（24）水管与电路交叉时，水管设计在下，电管在上。

（25）水管与燃气交叉时，燃气设计在上，同时燃气与水管的距离要设计在不小于 100mm。

（26）水管与导线开关、插座的间距，设计不小于 150mm。

（27）水管与导线管的间距，设计不小于 100mm。

（28）闭水试验时间不低于 24h。试压压力为正常水压的 1.5 倍，最低水压不得小于 0.6MPa。

6.7.2　进水设计

进水的设计图例如图 6–12 所示。

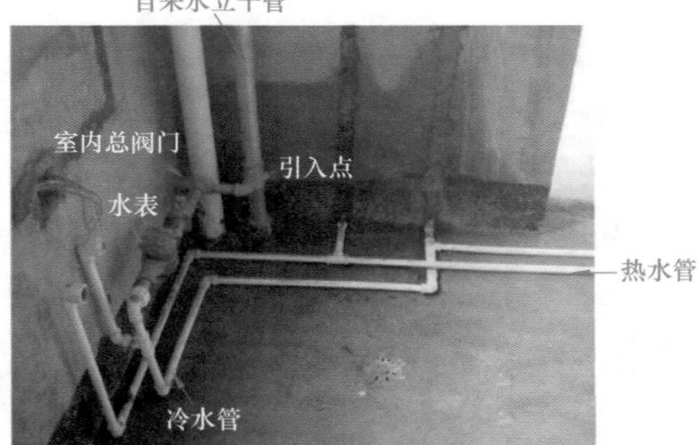

图 6–12　进水设计图例

6.7.3　水表的设置

水表的设置图例如图 6–13 所示。

图 6–13　水表设计图例

6.7.4 水管的布局要求

（1）冷水管与热水管的设计布局。冷水管在右边（下边），热水管在左边（上边）。

（2）水管设计排放，需要横平竖直，穿墙、穿梁时需要单独走一孔。

（3）设计管卡固定不大于 800mm，并且要牢固。

（4）水管与电线管平行时，需要设计不小于 100mm 的间距。

（5）水管与电线管交叉时，需要设计不小于 50mm 的间距。

（6）水管与燃气管平行时，需要设计不小于 50mm 的间距。

（7）水管与燃气管交叉时，需要设计不小于 10mm 的间距。

6.7.5 快热恒温式热水器水路的布置

快热恒温式热水器水路的布置图例如图 6-14 所示。

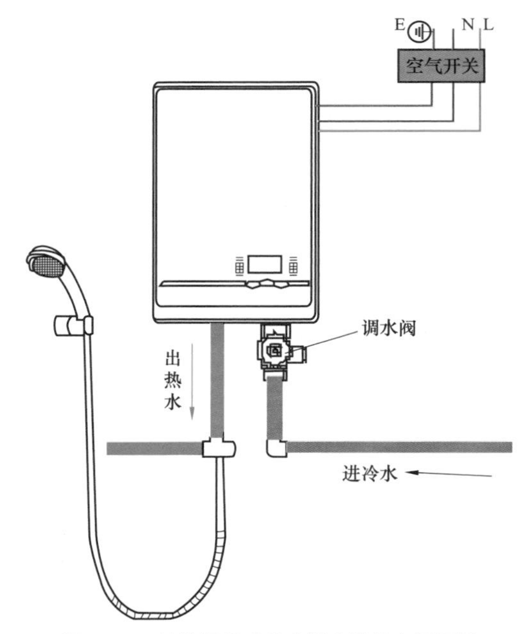

图 6-14 快热恒温式热水器水路的布置图例

6.7.6 混水龙头布置要求

混水龙头布置要求：两孔间距适合、两孔水平、最终的效果是装饰盖紧贴瓷砖，有关图例如图 6-15 所示。

6.7.7 卫生间水电设计案例

卫生间水电设计案例分别如图 6-16、图 6-17 所示。

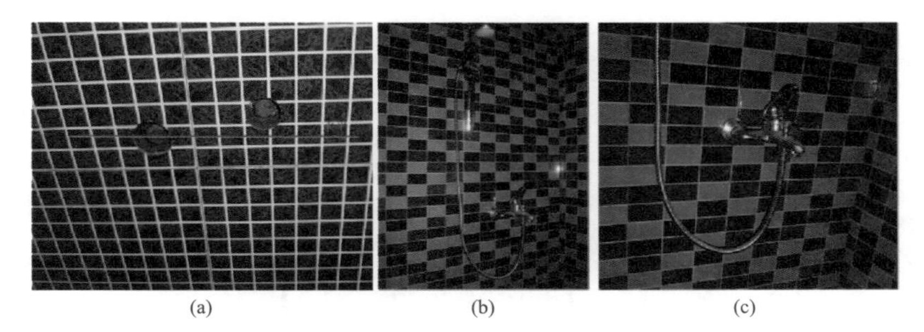

图 6-15　混水龙头设计要求图例

图 6-16　卫生间水电设计案例

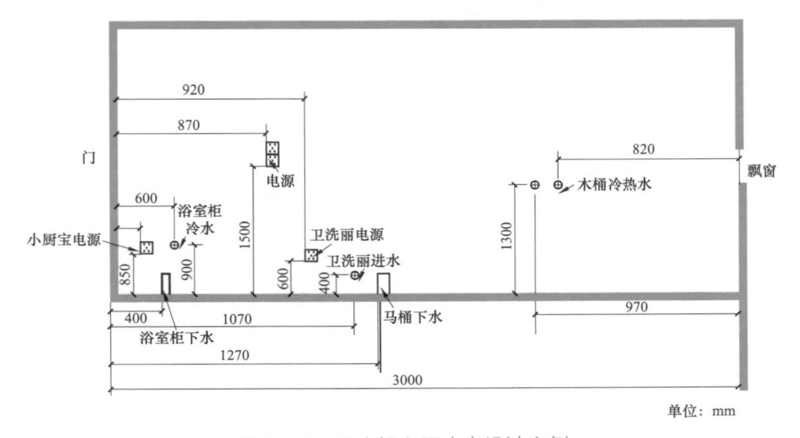

图 6-17　卫生间立面水电设计案例

6.7.8 台盆水路设计案例

台盆水路设计案例如图 6–18 所示。

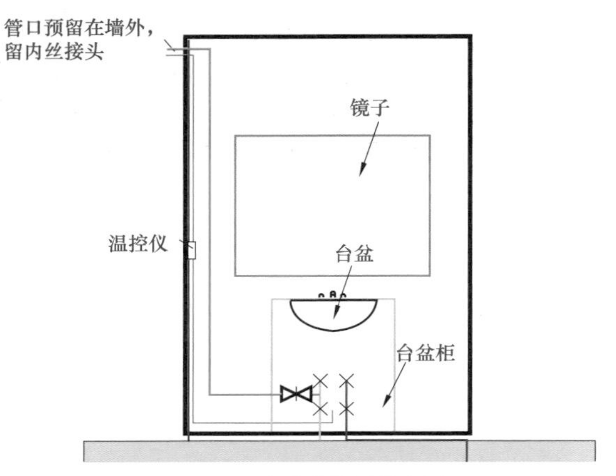

图 6–18 台盆水路设计案例

6.7.9 热水器水路设计案例

热水器水路设计案例如图 6–19 所示。

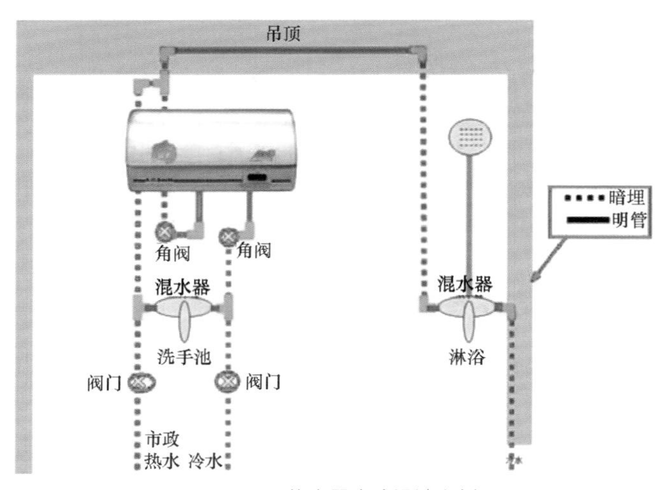

图 6–19 热水器水路设计案例

6.7.10 厨房水路设计案例

厨房水路设计案例如图 6–20 所示。

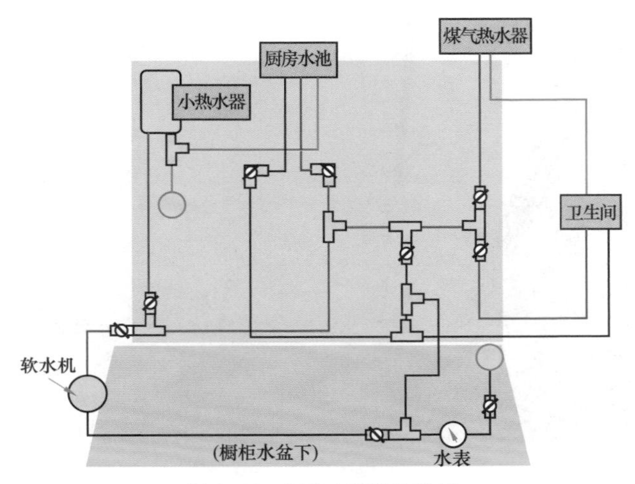

图 6–20 厨房水路设计案例

6.7.11 淋浴龙头水路设计案例

淋浴龙头水路设计案例如图 6–21 所示。

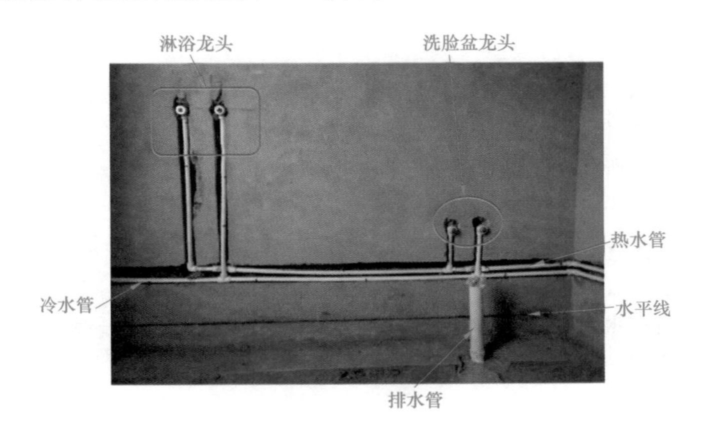

图 6–21 淋浴龙头水路设计案例

6.7.12 水电线路沿顶棚设计案例

水电线路沿顶棚设计案例如图 6–22 所示。

6.8 有关设备和设施

6.8.1 软水机水电设置要点

（1）由于不同的软水机设置、使用有所差异，设置前需要确定具体的软水机类型。

图 6-22　水电线路沿顶棚设计案例

（2）软水机一般设置在尽可能靠近压力水箱（井水系统）或水表（自来水）的地方。

（3）软水机在尽可能靠近排水良好的地漏处，或其他合适的排水口（洗衣盆、排水池、竖管等）的地方。

（4）软水机安装的区域，应能够保证万一出现软水机或连接管路漏水，不会对相邻区域的物品、建筑物的下层造成破坏。

（5）软水机所有软焊接一般只能使用无铅焊料和助熔剂。

（6）软水机一般不设置在冰点温度环境中应用。

（7）避免将软水机设置直接安装在阳光直射处。

（8）不能够设计超过软水机的进水口供水能力、最大允许进水口水压。

（9）根据软水机电源要求，正确设置电源插座。例如，一款软水机周边 2.5m 范围内需要设置一个 220V/50Hz 两孔电源插座。

软水机水电设计案例如图 6-23 所示。

6.8.2　反渗透纯水机设置案例

反渗透纯水机设置案例如图 6-24 所示。

6.8.3　净水器水电设置案例

家用净水器目前分为以超滤膜过滤为核心技术的超滤净水器（过滤孔径约为 0.01μm），与以反渗透膜为核心技术的 RO 净水器（过滤孔径约为 0.0001μm）。

净水器需要根据家庭水质来选择。当水质硬度较大，重金属超标时，可以选择反渗透净水器。当水质浊度大，存在异色异味，存在部分有机物时，可以选择超滤净水器。

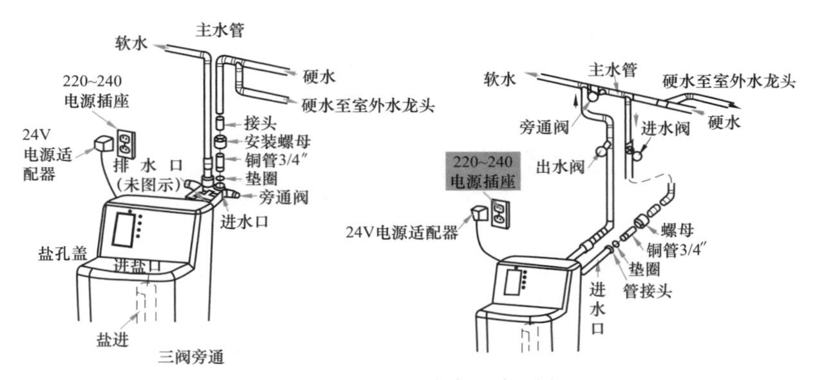

图 6-23 软水机水电设计案例

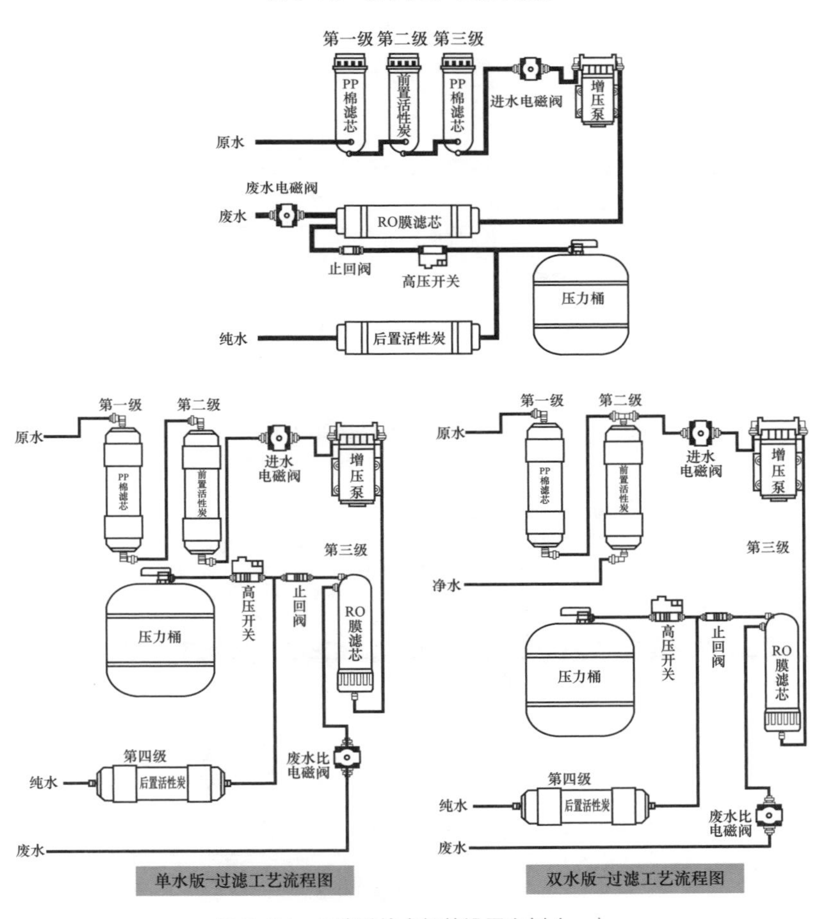

图 6-24 反渗透纯水机的设置案例（一）

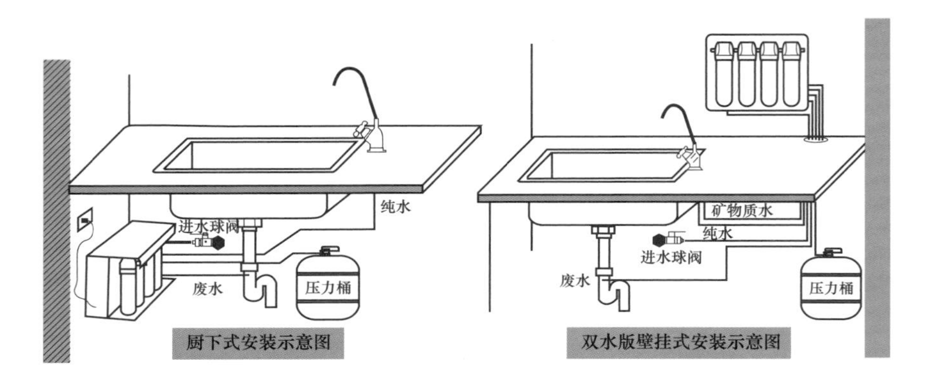

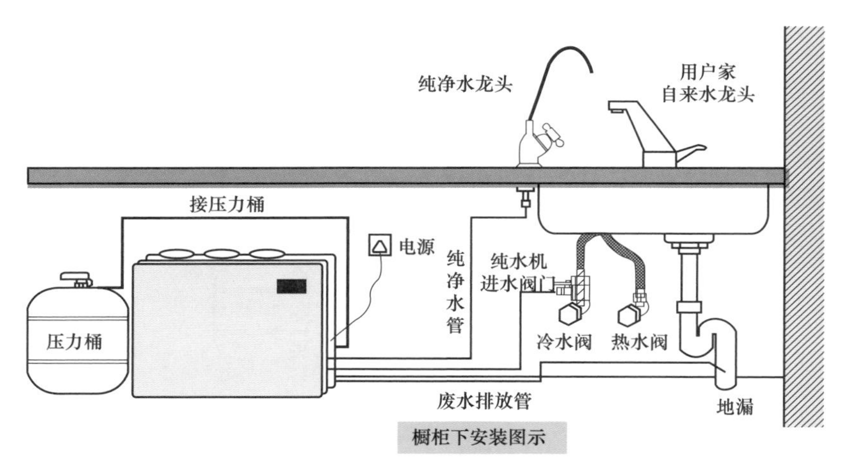

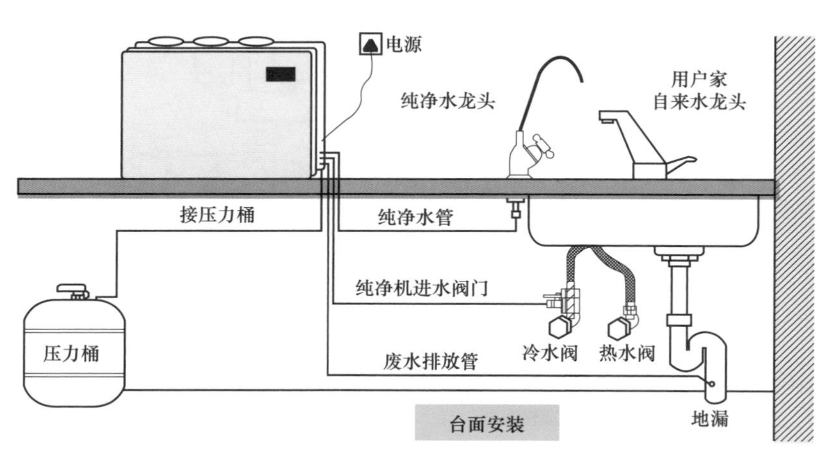

图 6-24　反渗透纯水机的设置案例（二）

家用净水器进水压力如果超过 0.3MPa，则可以在净水器前面设置一个减压阀，以免水压过高，可能导致超滤膜破裂而漏水。如果进水压力低于 0.1MPa，则可以在净水器前面设置一个自动增压阀，以免净水器产水量降低。

净水器设置案例如图 6–25 所示。

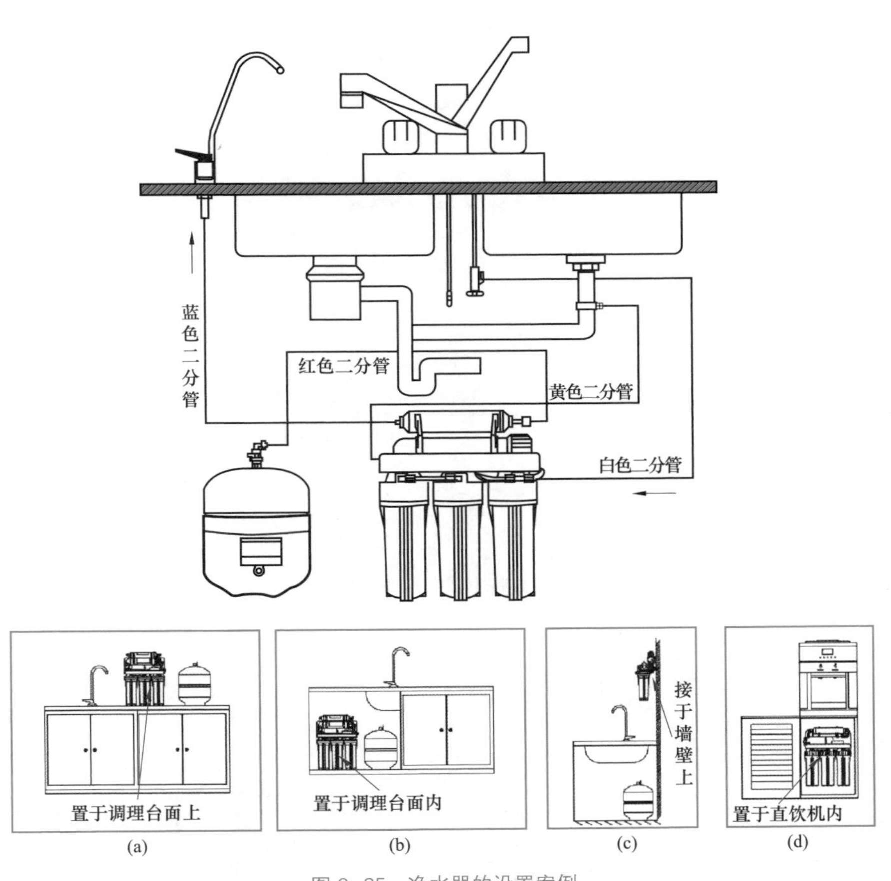

图 6–25　净水器的设置案例

(a) 置于调理台面上；(b) 置于调理台面内；(c) 接于墙壁上；(d) 置于直饮机内

6.8.4　直饮水机水电设置案例

直饮水机核心控制部件功能：

（1）开关电源。能够将 220V 交流电转换成 24V 直流电。

（2）电脑盒。能够控制整个机器制水过程。

（3）高压泵。220V 交流电动机，起增压作用，为反渗透膜能够正常工作创造一个稳定的环境。

（4）低压开关。能够防止水泵空转或供水不足。当原水压力低或停水时，低压开关自动切断电源使整机停止运转。

（5）进水电磁阀。能够接通或切断原水路。

（6）冲洗电磁阀。能够受电脑盒控制定期对机器管路进行冲洗。

（7）单向阀。能够控制水流方向。

（8）紫外线灯。能够有效抑制管路内可能的细菌滋生。

（9）流量传感器。能够检测系统流量。

直饮水机的技术参数见表 6-38。

表 6-38　　直饮水机技术参数

产品名称	AR1000-F1 型直饮水机	AR1000-F1 型直饮水机
净水流量	2L/min	3L/min
额定功率	280W	330W
电源	AC 220V/50Hz	
使用原水	市政自来水，符合 GB 5749—2006《生活饮用水卫生标准》	
进水压力	0.15~0.40MPa	
进水水温	5-38℃	
额定总净水量	9000L	10000L
净重	20kg	25kg
出水水质	符合《生活饮用水水质处理器卫生安全与功能评价规范——反渗透处理装置》	
防触电保护类型	I 类	

直饮水机水路设计案例如图 6-26 所示。

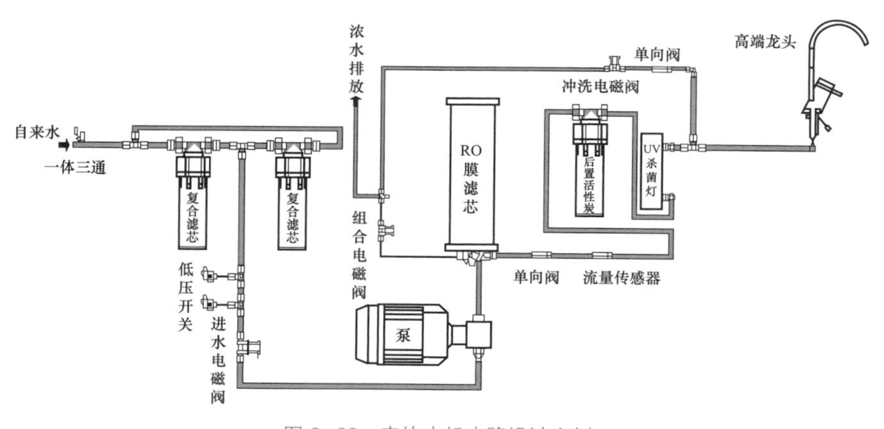

图 6-26　直饮水机水路设计案例

直饮水机有关不正确的设置案例如图 6–27 所示。

图 6–27　直饮水机有关不正确的设置案例

直饮水机设置和使用要点：

（1）不要将直饮水机设置在靠近火源的地方。

（2）不要将直饮水机设置在阳光直射的地方。

（3）下水道堵塞时，不要使用直饮水机。

（4）直饮水机的进水水温不得高于 38℃。

（5）不要在温度低于 5℃环境下使用。

（6）需要设置可靠的接地线的插座。

［1］阳鸿钧，等. 家装电工现场通［M］. 北京:中国电力出版社，2014.

［2］阳鸿钧，等. 电动工具使用与维修 960 问［M］. 北京：机械工业出版社，2013.

［3］阳鸿钧，等. 装修水电工看图学招全能通［M］. 北京：机械工业出版社，2014.

［4］阳鸿钧，等. 水电工技能全程图解［M］. 北京：中国电力出版社，2014.

［5］阳鸿钧，等. 装修水电技能速通速用很简单［M］. 北京：机械工业出版社，2016.

［6］阳鸿钧，等. 家装水电工技能速成一点通［M］. 北京：机械工业出版社，2016.

标准对数远视力表

小数记录　　　　5分记录

0.1　　　　4.0

0.12　　　　4.1

0.15　　　　4.2

0.20　　　　　4.3

儿 童 视 力 表

小数记录　　5分记录

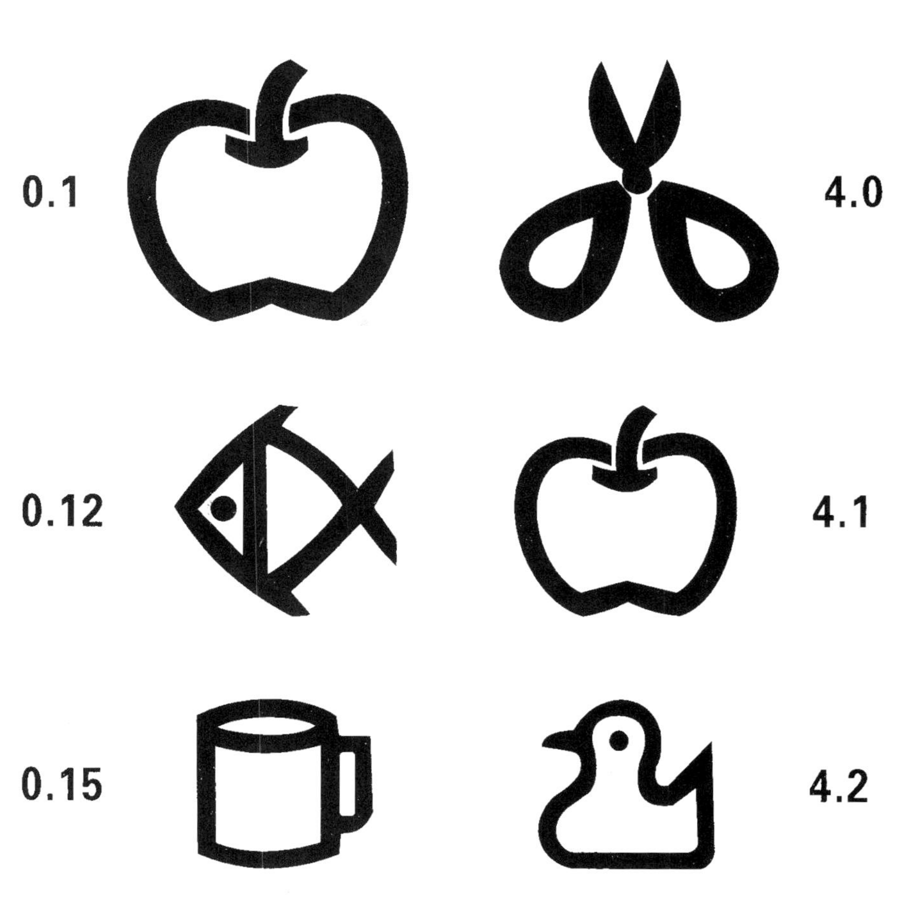

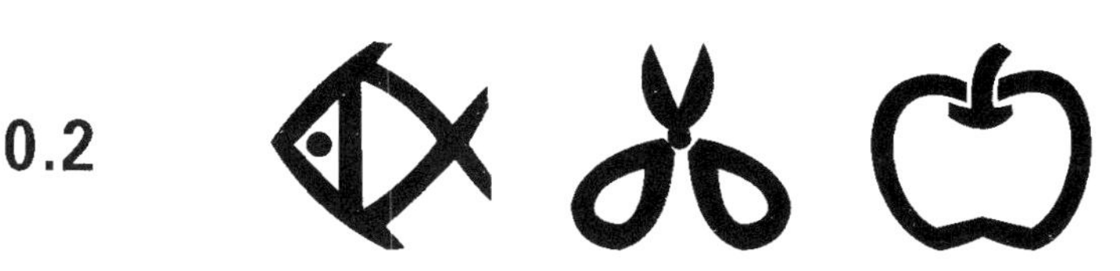

4.3

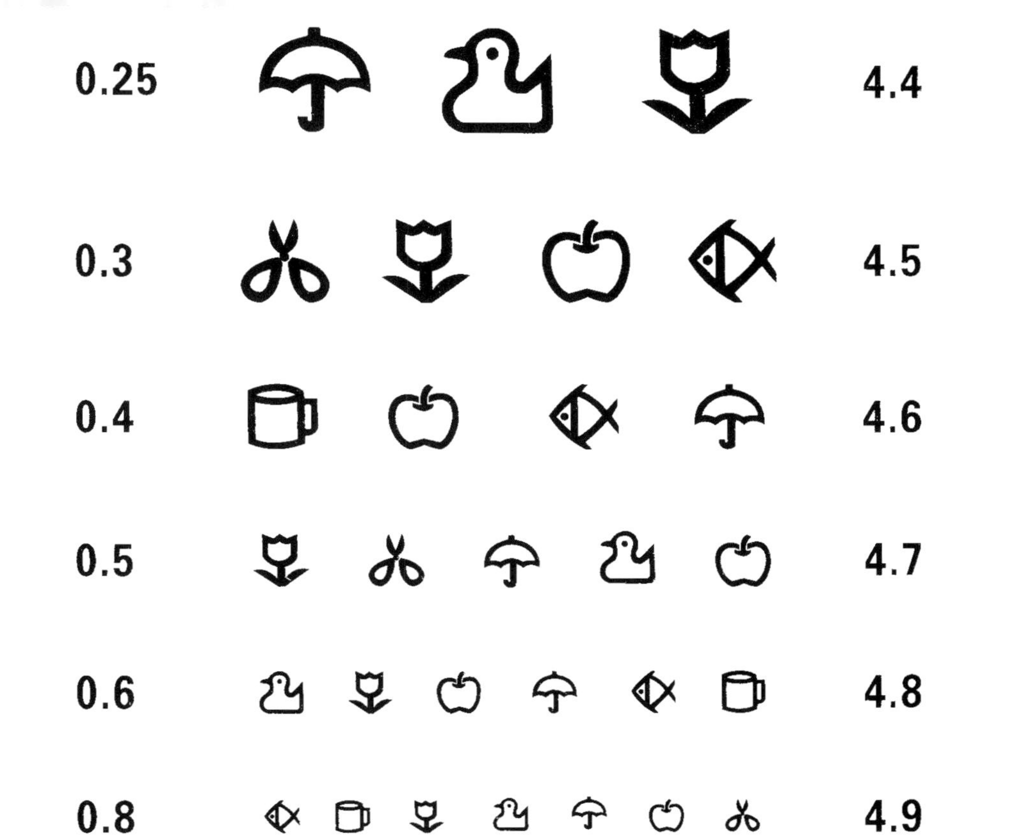

1.0 5.0

1.2 5.1

1.5 5.2

2.0 5.3

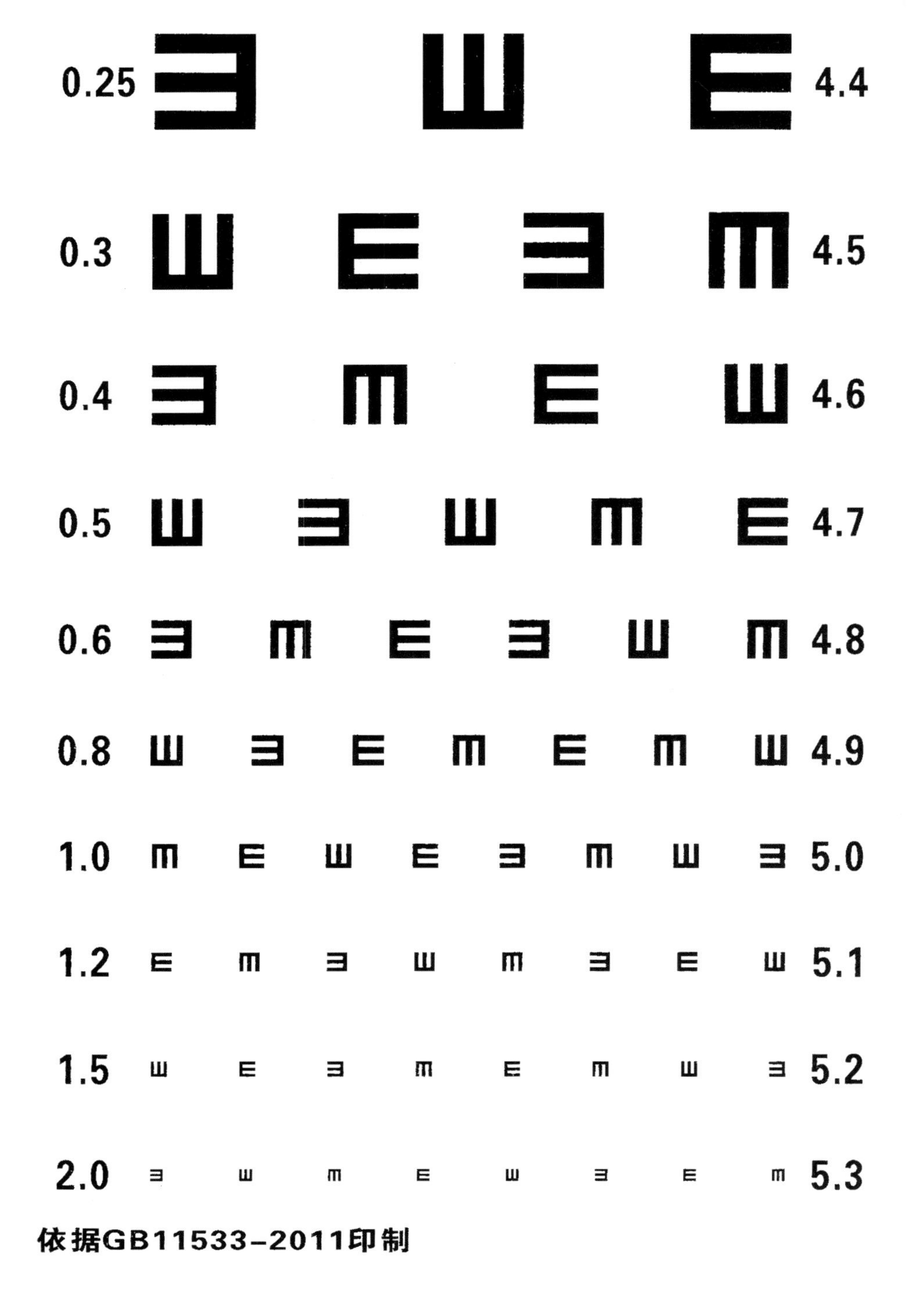
0.25 4.4
0.3 4.5
0.4 4.6
0.5 4.7
0.6 4.8
0.8 4.9
1.0 5.0
1.2 5.1
1.5 5.2
2.0 5.3
依据GB11533-2011印制